JN144755

絵心がなくてもできる
Wordで
素敵な
お絵描き
高倉 幸江 著

目次

第3章 お姫さまを描こう

第4章 山の風景を描こう

第5章 年賀状を作ろう

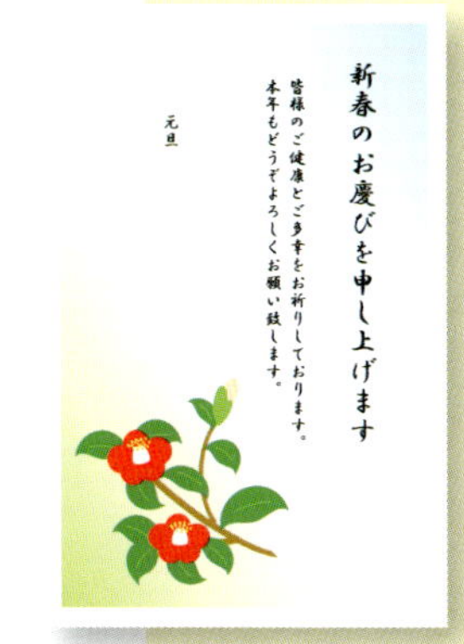

付録

付属CD-ROMの使い方

付属CD-ROMの内容

本書に添付されているCD-ROMは、以下のようなファイル構成になっています。P.5を参考にお絵描きをスタートする前に、CD-ROMの内容をお使いのパソコンにあらかじめコピーしてください。

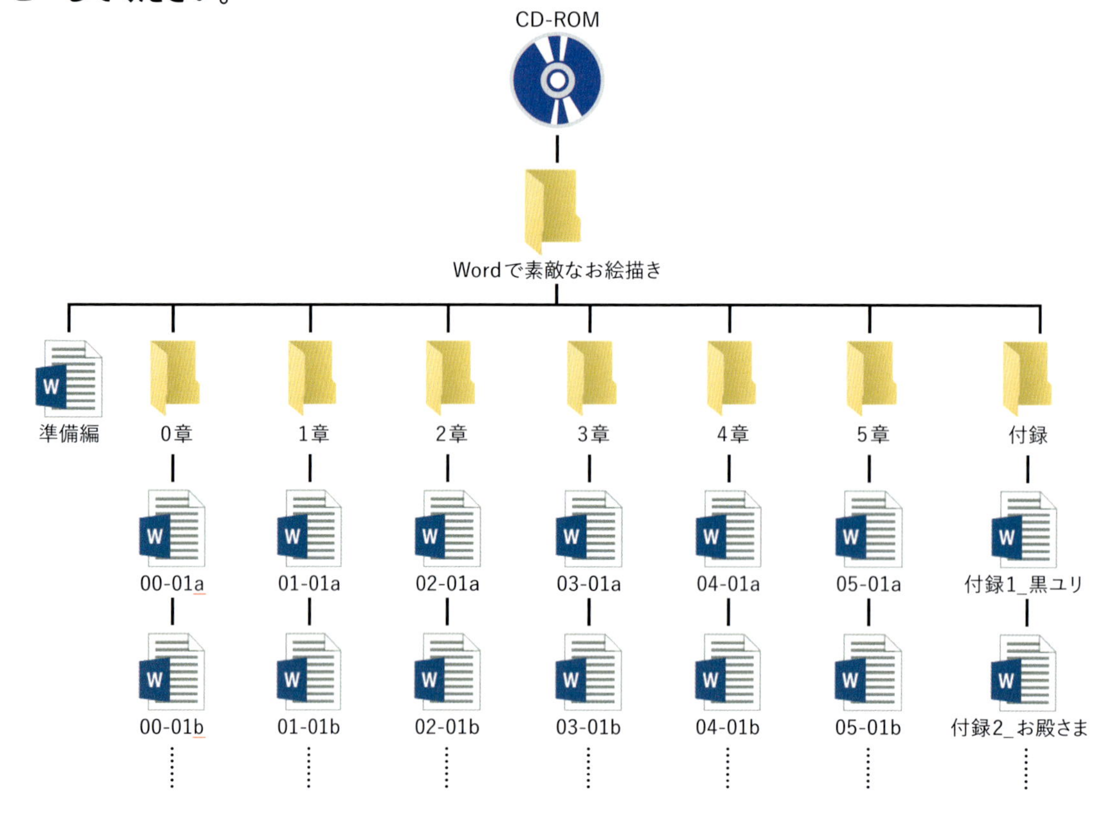

準備編ファイル

「準備編」ファイルは、P.6からのクイックアクセスツールバーの移動とボタン登録の作業で必要になります。

0〜5章フォルダー

0〜5章のフォルダーには、各セクションで使用する「練習ファイル」と「完成ファイル」が入っています。各セクションの最初の状態の「練習ファイル」には「a」、最後の状態の「完成ファイル」には「b」の文字がファイル名に付いています（上記赤線部分）。そのほか、各章で使用する素材ファイルが含まれている場合もあります。

付録フォルダー

付録フォルダーには、各付録の完成ファイルが入っています。そのほか、付録で使用する素材ファイルも含まれています。

付属CD-ROMの内容をコピーする

お使いのパソコンに付属CD-ROMをセットし、以下の手順に従って、操作を行ってください。

1 付属CD-ROMをドライブに入れると、通知メッセージが表示されるので、クリックします①。

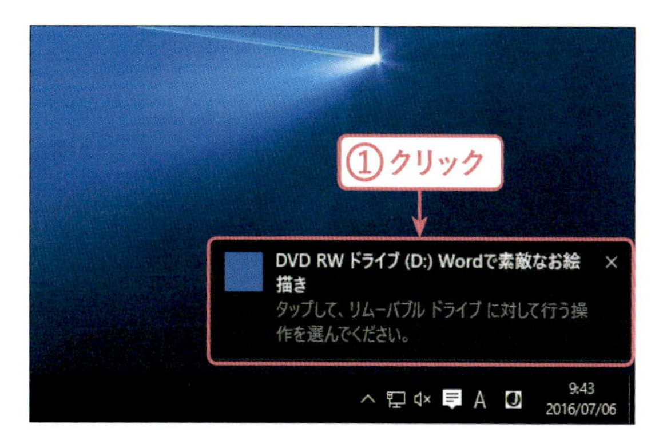

MEMO

ここで表示されるメッセージは初回のみ表示されます。以降はこのときに選択した動作が自動的に実行され、次回からはCD-ROMを入れると、すぐにCD-ROMの内容が表示されるようになります。

2 ［フォルダーを開いてファイルを表示］をクリックします①。

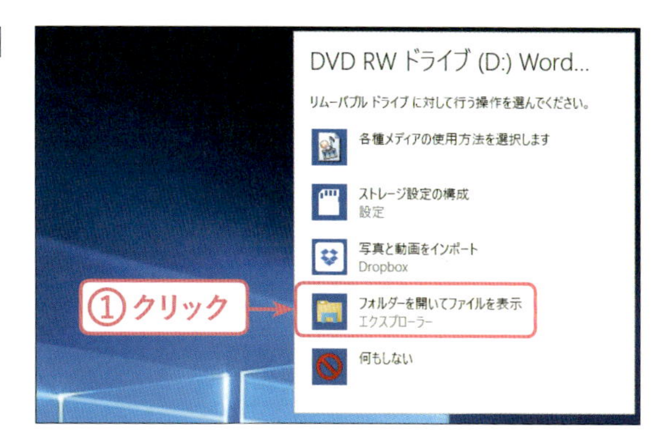

3 CD-ROMの内容が表示されるので、［Wordで素敵なお絵描き］フォルダーをクリックして①、デスクトップにドラッグします②。

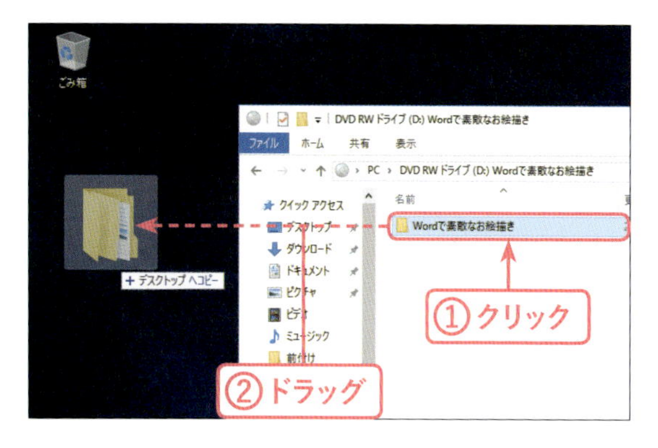

4 デスクトップにコピーしたフォルダーをダブルクリックすると①、内容が表示されます。

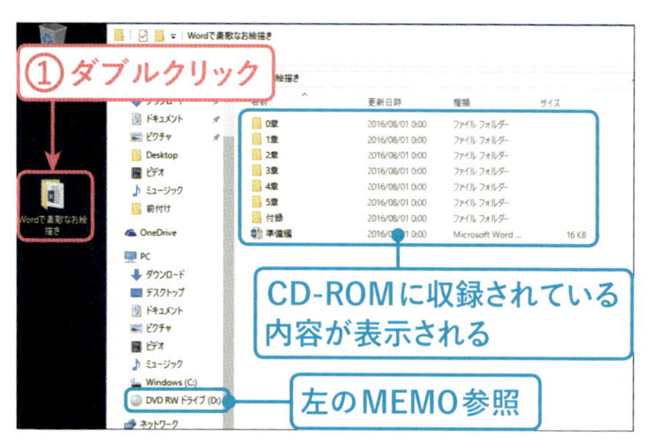

MEMO

CD-ROMをドライブにセットしても何も反応がない場合は、CD（またはDVD）ドライブのアイコンをクリックすると、CD-ROMの内容が表示されます。

絵を描く準備をしよう

たくさんあるWordの機能の中から、絵を描くのに便利なツールを「クイックアクセスツールバー」に登録して絵を描きやすくします。一度設定しておくと次のファイルにも機能は反映されますが、文章を作成するときには問題ありません。**絵を描きはじめる前に、下記の手順に従い、各操作を必ず行ってください。**本書は、Word 2016をもとに解説していますが、Word 2013でも同様に読み進めることができます。

Before

After

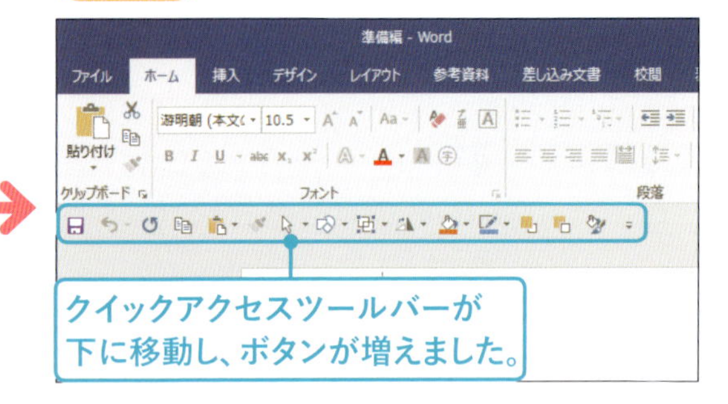

クイックアクセスツールバーを移動する

ここでは、クイックアクセスツールバーを移動する操作をします。P.5を参考に、事前に付属CD-ROMの内容をコピーしておいてください。

1 付属CD-ROMからデスクトップにコピーした[Wordで素敵なお絵描き]フォルダーを開き、[準備編]ファイルをダブルクリックします①。

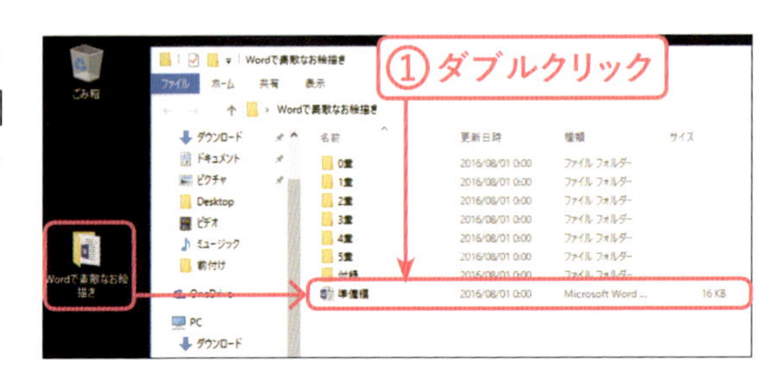

2 Wordが起動して文書が開きます。クイックアクセスツールバーは、初期画面ではタイトルバーの左端にあります。[クイックアクセスツールバーのユーザー設定] をクリックし①、[リボンの下に表示]をクリックします②。

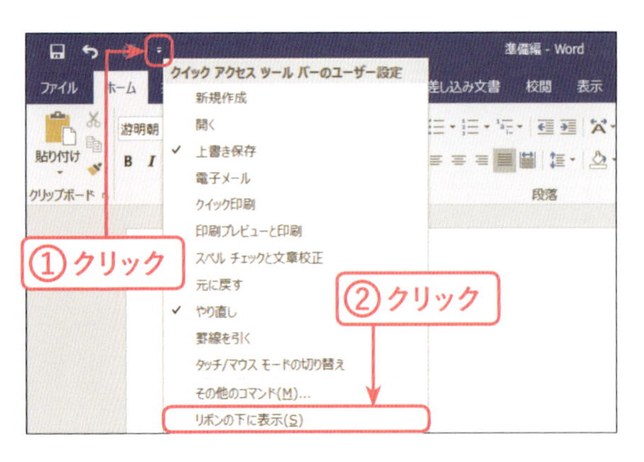

3 リボンの下に移動しました。初期画面では［上書き保存］、［元に戻す］、［繰り返し入力］のボタンがすでに表示されています。ここに、以降からの操作で、ボタンを登録していきます。

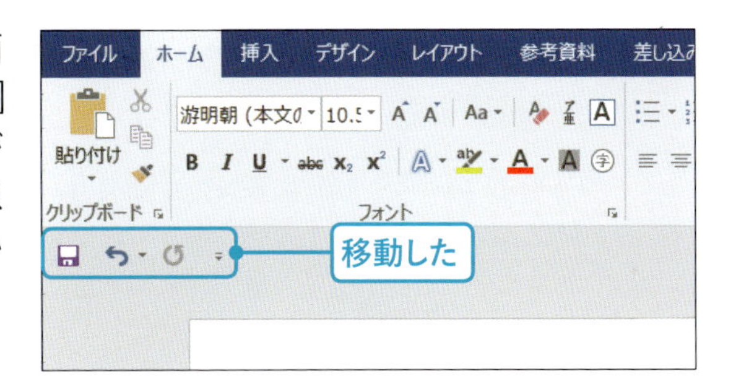

クイックアクセスツールバーにボタンを登録する

ここからは、絵を描く際によく使う12個のボタンを、クイックアクセスツールバーに登録する方法を紹介します。

スタート！

1 ［コピー］ボタンを登録する

図形の1つをクリックします①。続いて、［ホーム］タブをクリックし②、［コピー］を右クリックし③、［クイックアクセスツールバーに追加］をクリックします④。

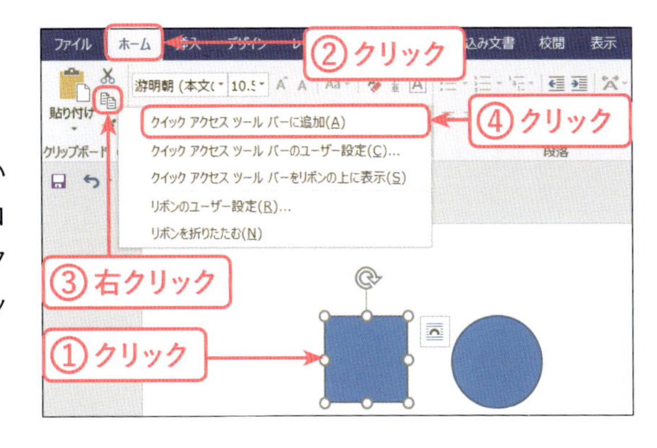

2 ［貼り付け］ボタンを登録する

図形が選択された状態で、［ホーム］タブの［貼り付け］の上で右クリックし①、［クイックアクセスツールバーに追加］をクリックします②。

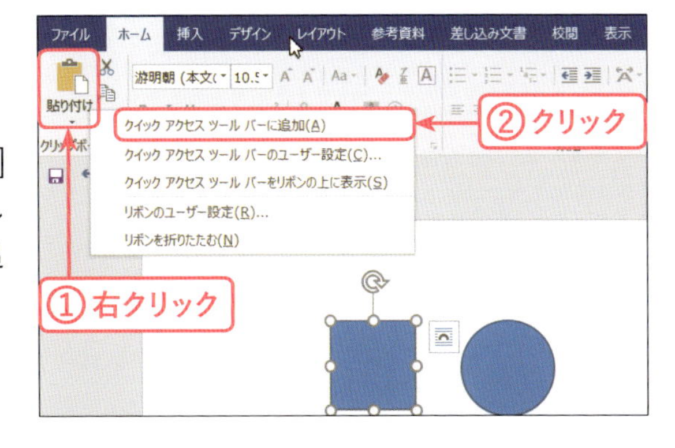

ゆっくりで大丈夫

3 ［書式のコピー/貼り付け］ボタンを登録する

図形が選択された状態で、［ホーム］タブの［書式のコピー/貼り付け］を右クリックし①、［クイックアクセスツールバーに追加］をクリックします②。

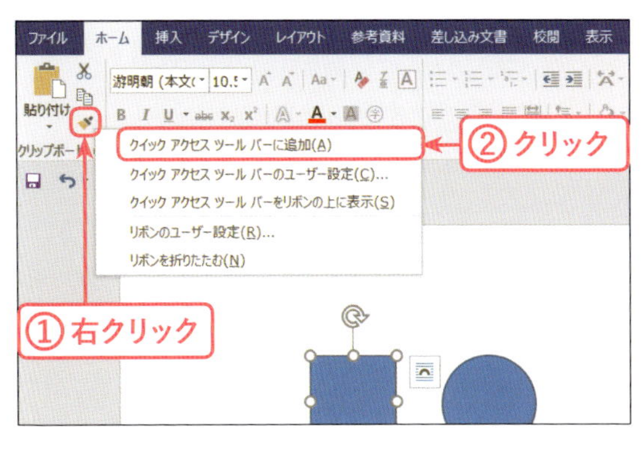

［オブジェクトの選択］ボタン  を登録する

図形が選択された状態で、［ホーム］タブの右端にある［選択］をクリックします①。［オブジェクトの選択］を右クリックし②、［クイックアクセスツールバーに追加］をクリックします③。

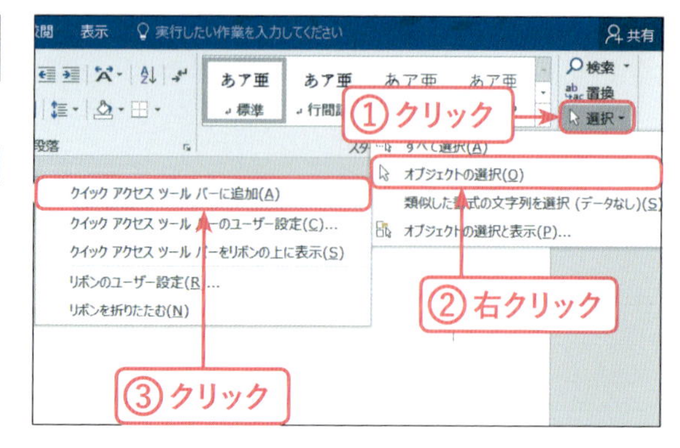

［図形の作成］ボタン を登録する

図形が選択された状態で、［挿入］タブをクリックし①、［図形］を右クリックして②、［クイックアクセスツールバーに追加］をクリックします③。

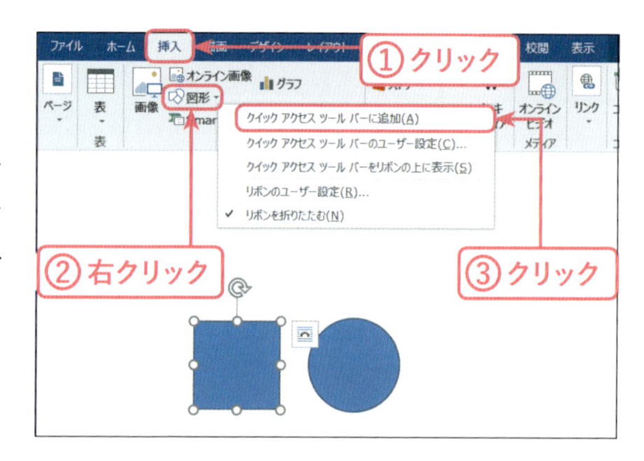

［オブジェクトのグループ化］ボタン を登録する

Shiftキーを押しながら2つの図形をクリックして選択します①。［書式］タブをクリックして②、［オブジェクトのグループ化］を右クリックし③、［クイックアクセスツールバーに追加］をクリックします④。

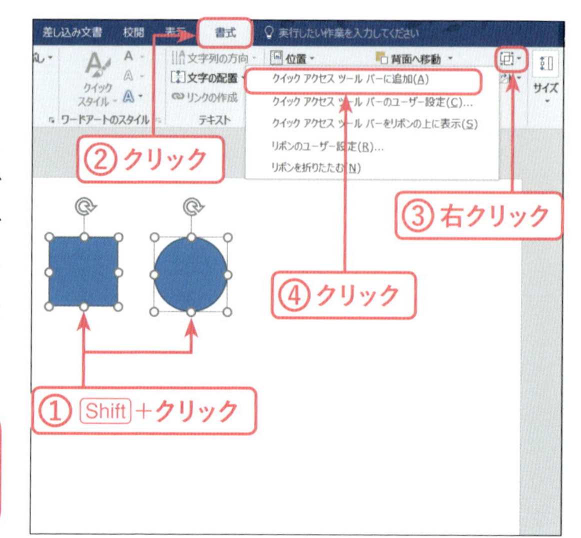

MEMO

［描画ツール］の［書式］タブは、図形を選択している状態のときに表示される機能です。

［オブジェクトの回転］ボタン を登録する

図形が選択された状態で、［書式］タブの［オブジェクトの回転］を右クリックし①、［クイックアクセスツールバーに追加］をクリックします②。

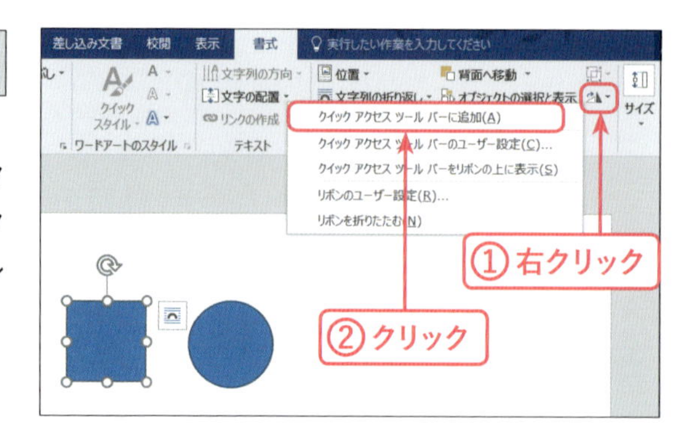

[図形の塗りつぶし]ボタンを登録する

図形が選択された状態で、[書式]タブの[図形の塗りつぶし]を右クリックし①、[クイックアクセスツールバーに追加]をクリックします②。

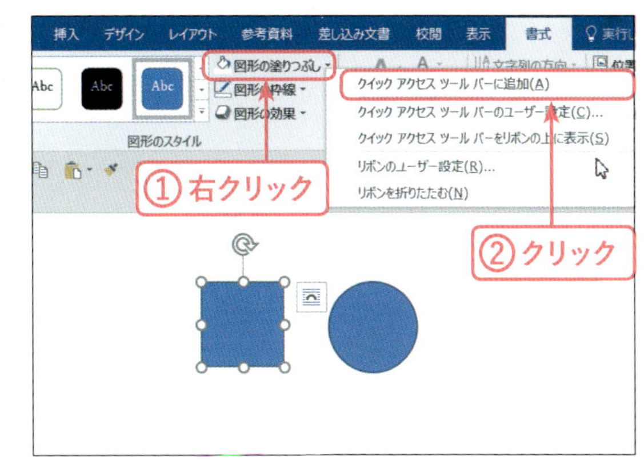

[図形の枠線]ボタン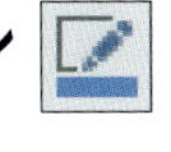を登録する

図形が選択された状態で、[書式]タブの[図形の枠線]を右クリックし①、[クイックアクセスツールバーに追加]をクリックします②。

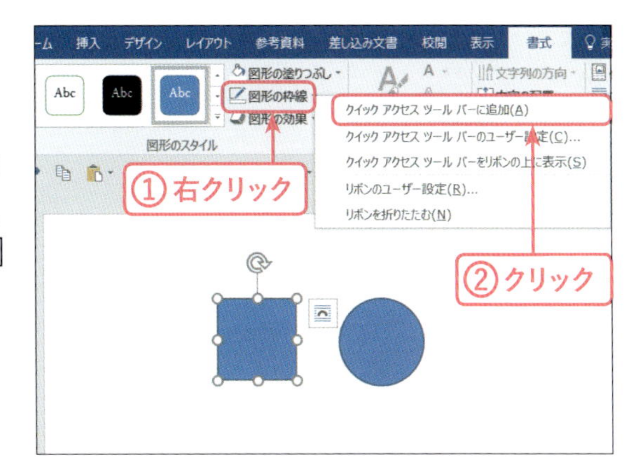

[最前面へ移動]ボタン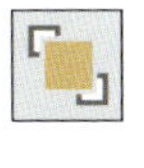を登録する

図形が選択された状態で、[書式]タブの[前面へ移動]の▼をクリックします①。[最前面へ移動]を右クリックし②、[クイックアクセスツールバーに追加]をクリックします③。

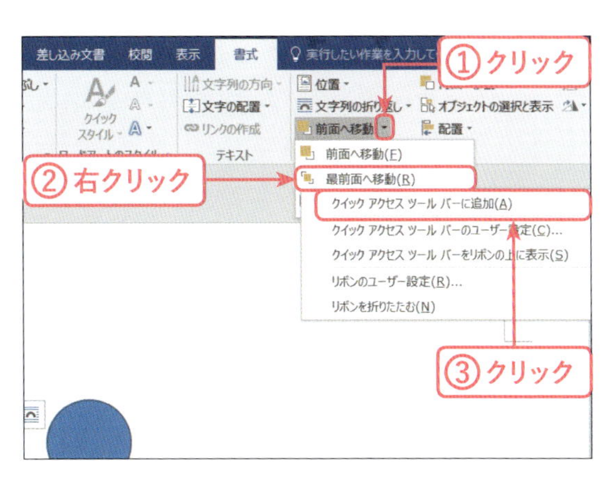

[最背面へ移動]ボタン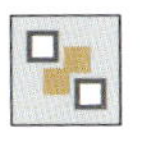を登録する

図形が選択された状態で、[書式]タブの[背面へ移動]の▼をクリックします①。[最背面へ移動]を右クリックして②、[クイックアクセスツールバーに追加]をクリックします③。

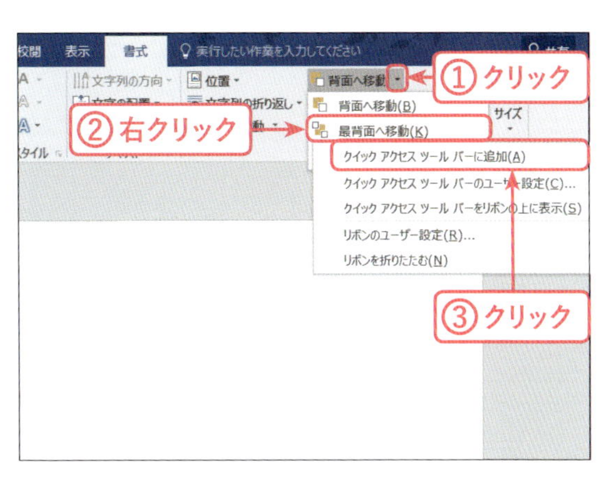

12 [図形の書式設定]ボタン  を登録する

図形が選択された状態で、[書式]タブの[図形のスタイル]にある[図形の書式設定]にマウスポインターを合わせて右クリックし①、[クイックアクセスツールバーに追加]をクリックします②。

完成!

13 [クイックアクセスツールバー]の完成

以上でクイックアクセスツールバーに12個のボタン登録ができました。これでボタンの位置は、本書のWord画面と同じになりました。

画面を固定する設定

新規ファイルで絵を描きはじめる際、キーボードのEnterキーを複数回押して「ページ全体」に改行マークを入れておきます。これは改行マークが先頭行だけにあるときに、画面の下側で図を作成すると、画面が先頭行へ移動してしまい、作成した図を探すという手間が増えます。これを防ぐため、改行マークを全体に入れておく必要があります。

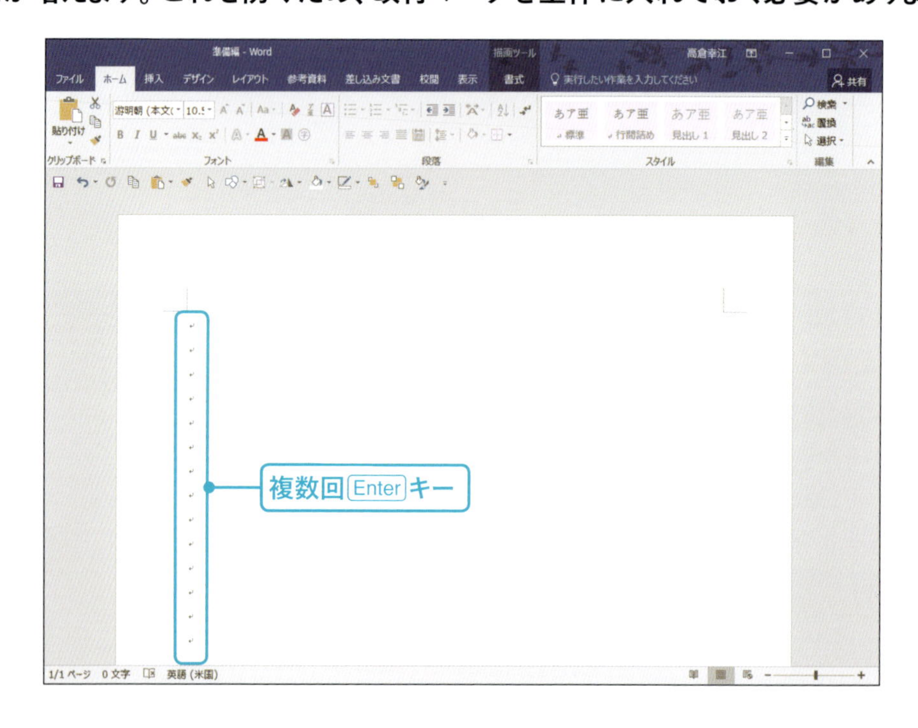

図形を自由に配置できるようにする設定

図を挿入したときや貼り付けたとき、図が常に前面（上）になるように設定します。

1 [ファイル]タブをクリックします①。

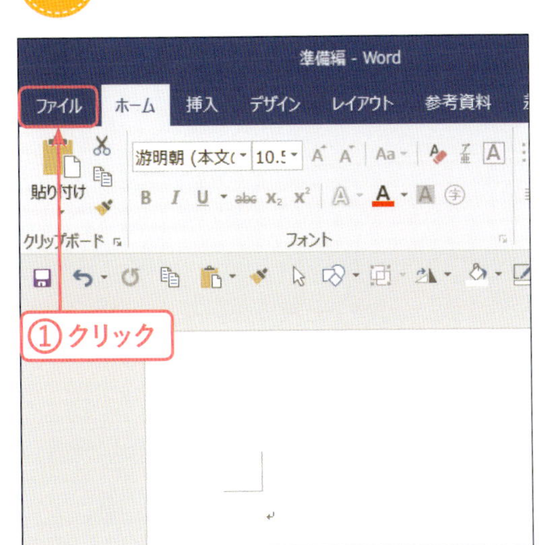

2 [オプション]をクリックします①。

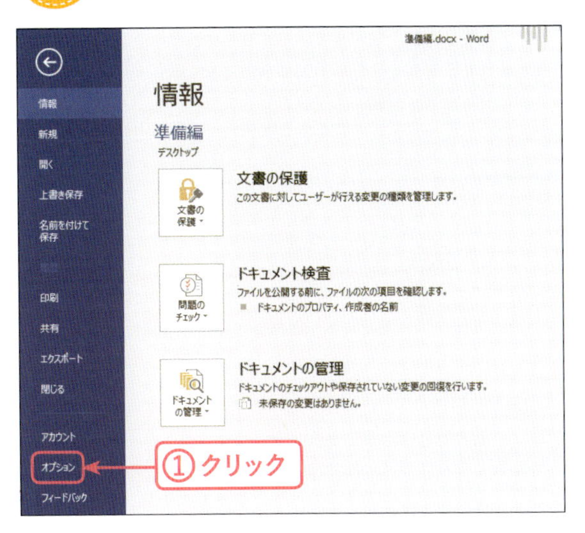

3 [Wordのオプション]画面が表示されます。[詳細設定]をクリックし①、スクロールバーを下にドラッグして②、[切り取り、コピー、貼り付け]にある[図を挿入/貼り付ける形式]の▼をクリックします③。[前面]をクリックし④、[OK]をクリックします⑤。これで、Wordの設定は終了です。Wordファイルの[閉じる] × をクリックし、[準備編]ファイルを閉じてください。

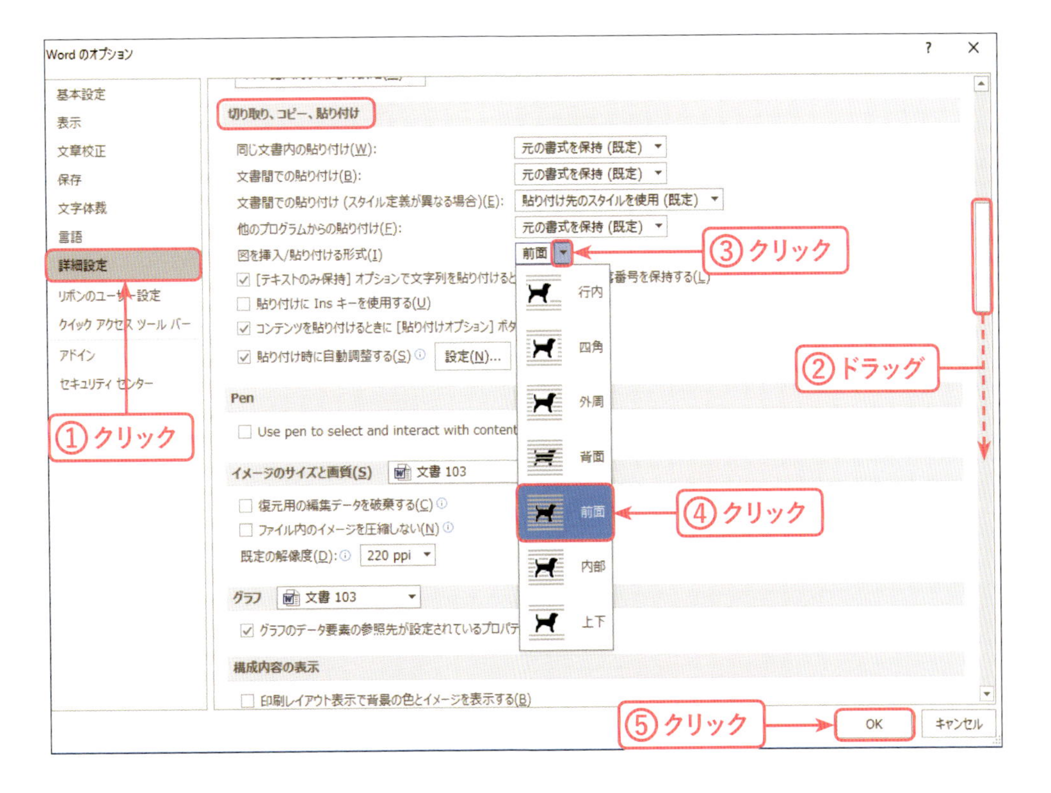

本書で使用する Wordの画面を知ろう

Word 2016（またはWord 2013）を起動し、新規の文書を作成した状態の画面について解説します。

Word 2016の操作画面

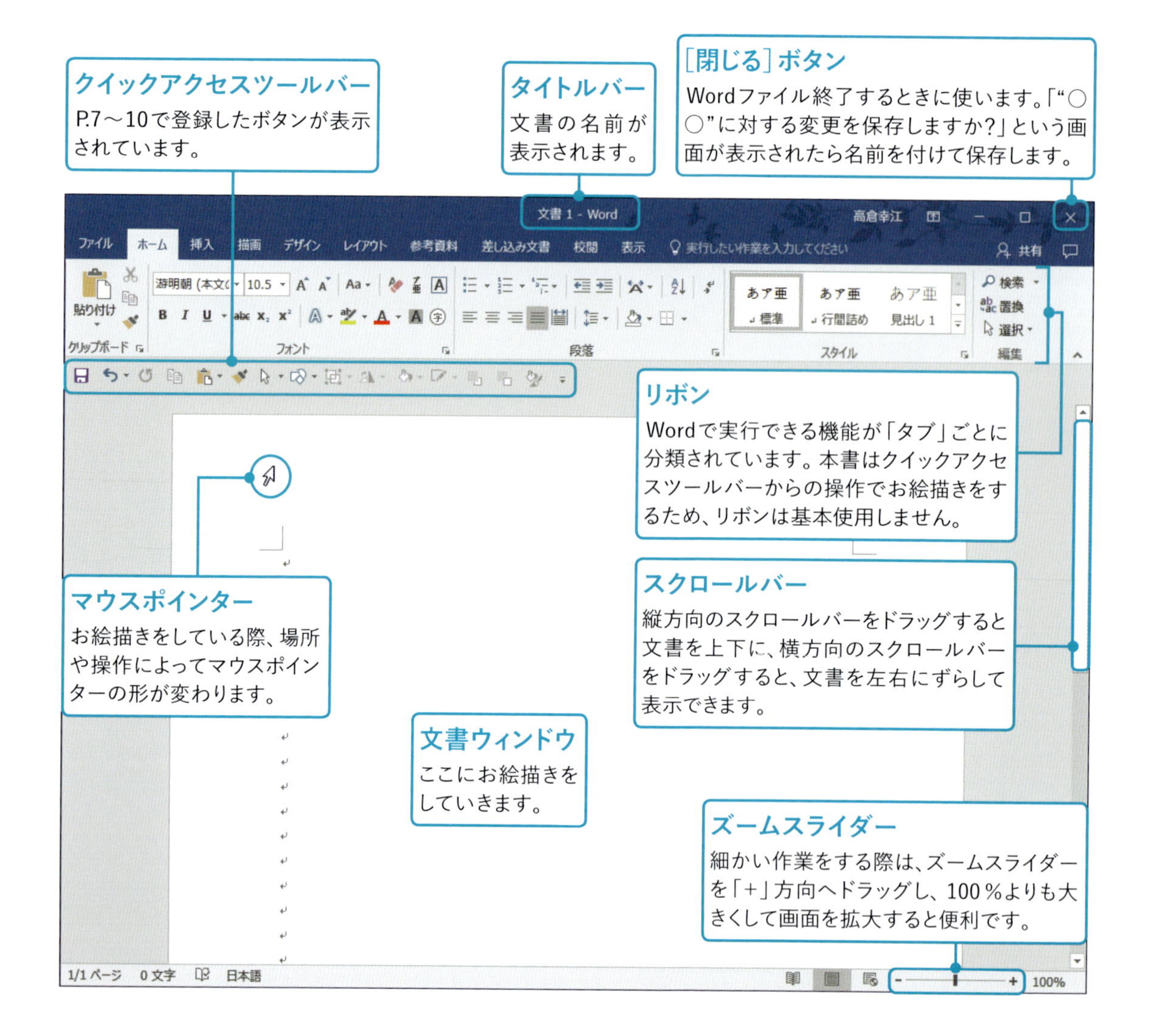

［図形の書式設定］作業ウィンドウを表示

図形を選択中に、［図形の書式設定］ をクリックすると①、［図形の書式設定］作業ウィンドウ（以降、「作業ウィンドウ」）が右側に表示されます。グラデーションやテクスチャの設定時によく使う機能です。

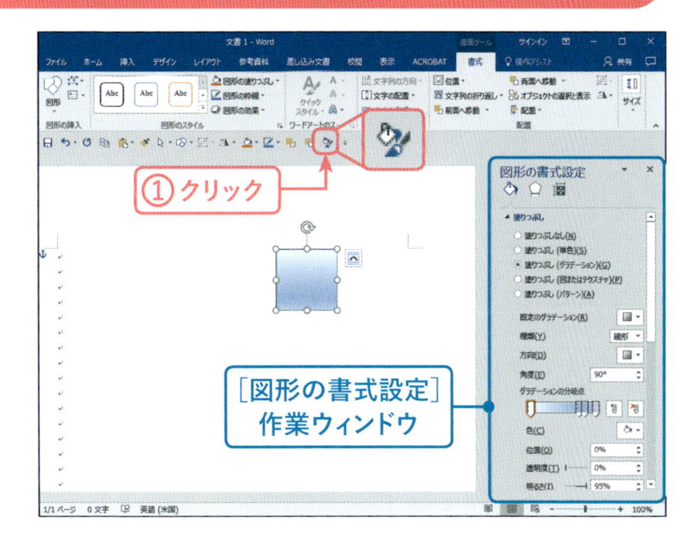

 作業ウィンドウを切り離す

作業ウィンドウの上部にポインターを移動すると が表示されるので、ドラッグすると作業ウィンドウが切り離され①、画面が広く使えます。なお、本書は切り離した状態で解説を行います。

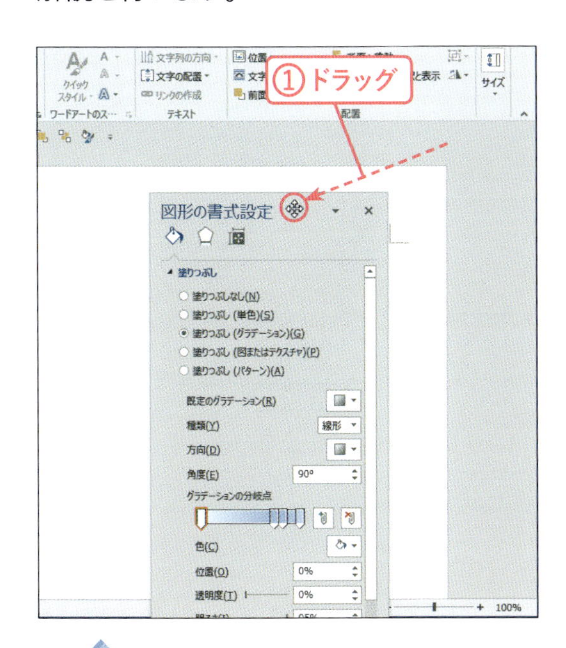

MEMO

作業ウィンドウを元に戻すには、切り離されたウィンドウの上部にマウスポインターを移動して を表示させ、ダブルクリックします。

 作業ウィンドウを閉じる

作業ウィンドウを閉じるには、［閉じる］ ボタンをクリックします①。

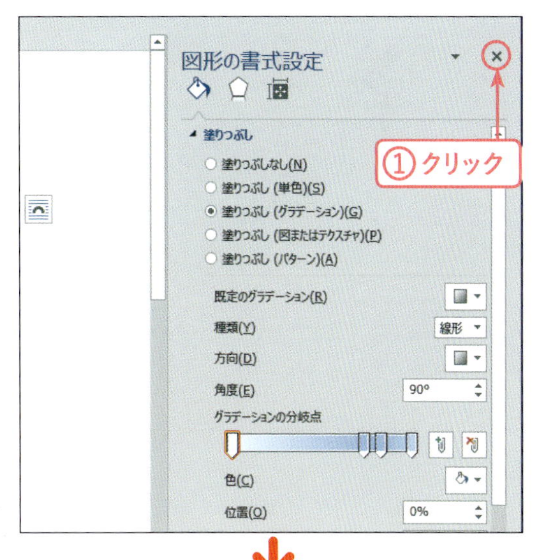

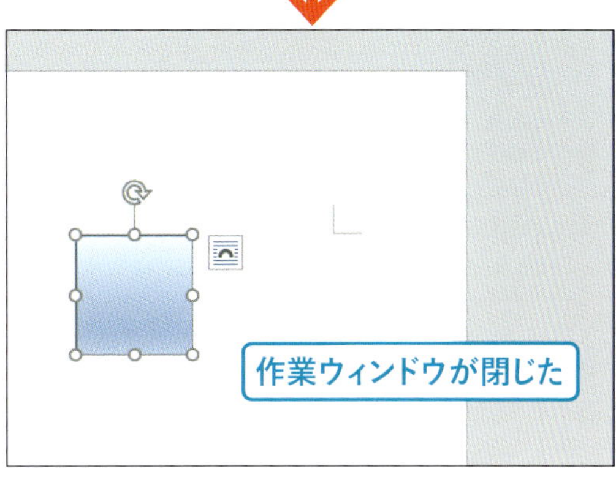

本書の使い方

本書は、「クイックアクセスツールバー」を使って絵を描く操作をします。はじめに、P.6「絵を書く準備をしよう」で、クイックアクセスツールバーを完成させてから次の章へお進みください。
本文は❶、❷、❸…の順番に並んでいます。この順番で操作をしてください。
それぞれの手順には、①、②、③…のように数字が入っています。この数字は、操作画面内にも対応する数字で、操作を行う場所と操作内容を示しています。

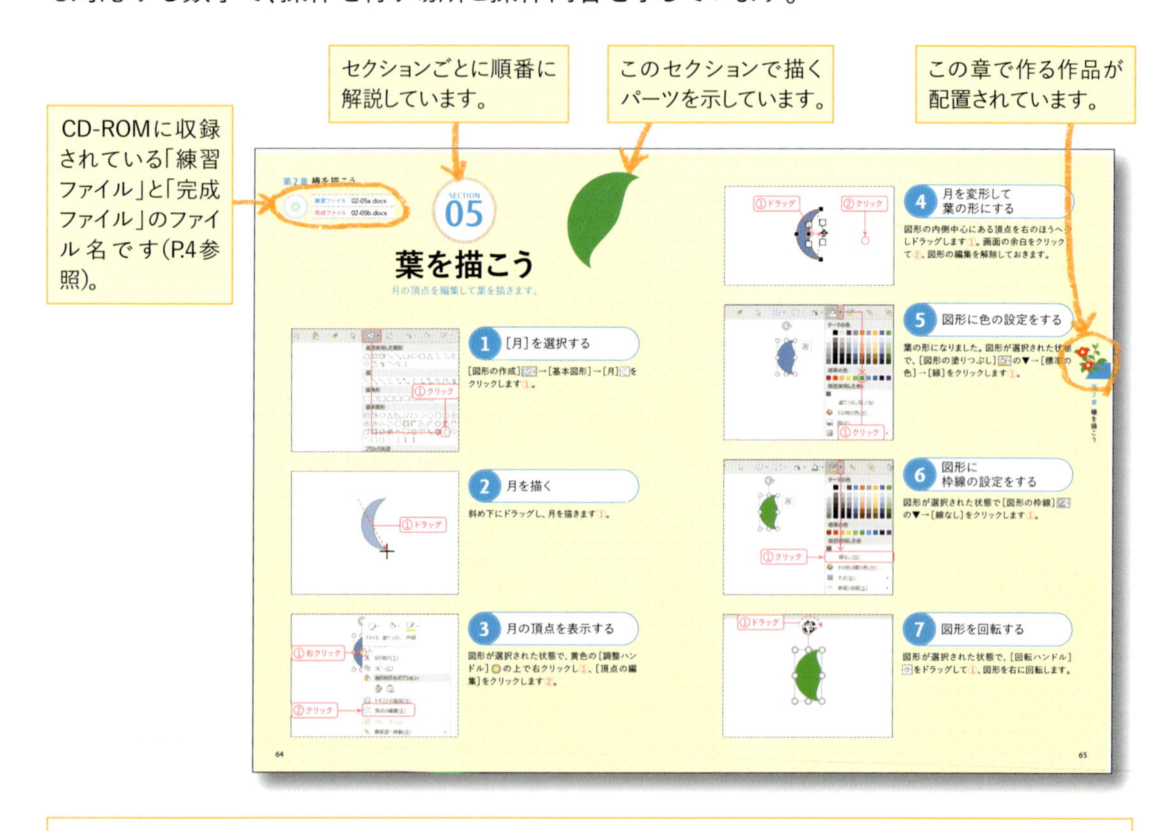

ご注意：ご購入・ご利用の前に必ずお読みください

- 本書に記載された内容は、情報の提供のみを目的としています。したがって、本書を用いた運用は、必ずお客様自身の責任と判断によって行ってください。これらの情報の運用の結果について、技術評論社および著者はいかなる責任も負いません。
- 本書は、Windows 10およびWord 2016/2013を対象にしています。ソフトウェアに関する記述は、特に断りのない限り、2016年8月現在での最新バージョンをもとにしています。ソフトウェアはバージョンアップされる場合があり、本書での説明とは機能内容や画面図などが異なってしまうこともありえます。あらかじめご了承ください。
- 付属CD-ROMは、Windows 10用です。また、収録されているデータは、お客様のパソコンのフォント状況によっては正しく表示・印刷されない場合があります。
- 付属CD-ROMに収録されているデータの著作権はすべて著者に帰属しています。本書をご購入いただいた方のみ、個人的な目的に限り自由にご利用いただけます。
- 以上の注意事項をご承諾いただいた上で、本書をご利用願います。これらの注意事項をお読みいただかずに、お問い合わせいただいても、技術評論社および著者は対処しかねます。あらかじめ、ご承知おきください。

第0章

図形の使い方を覚えよう

「クイックアクセスツールバー」は
完成していますか？
まだの場合は、
P.6「絵を描く準備をしよう」を
参照してください。

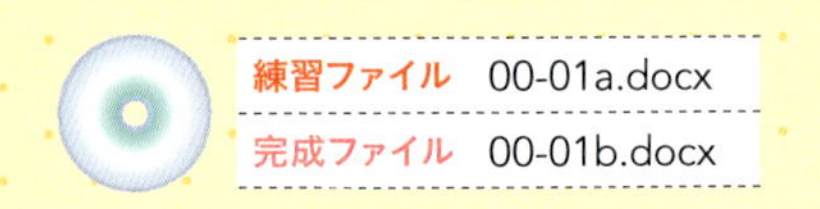

図形を描こう

題材をイメージして図形を選び、お絵描きのスタートです。

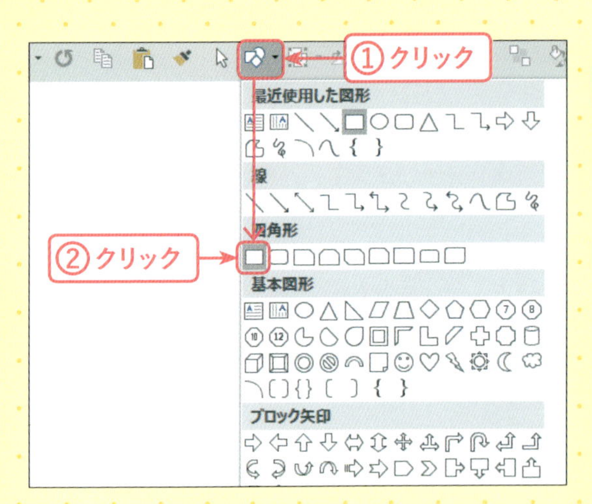

1 図形を選択する

クイックアクセスツールバー(P.6「絵を描く準備をしよう」で作成)の[図形の作成] をクリックし①、ここでは[四角形]→[正方形/長方形] をクリックします②。

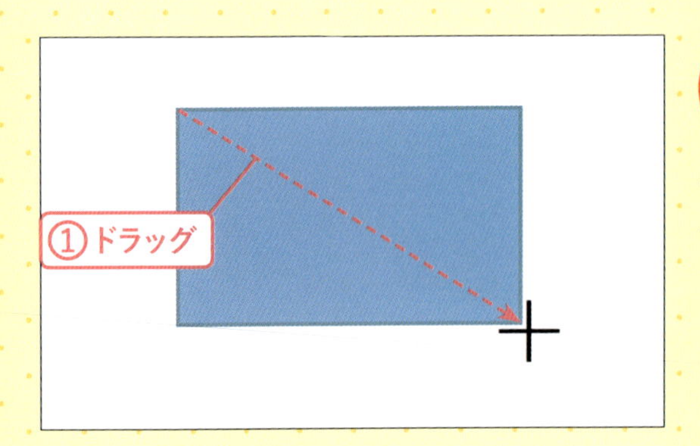

2 長方形を描く

マウスポインターが「+」に変わった状態で、斜め下にドラッグします①。

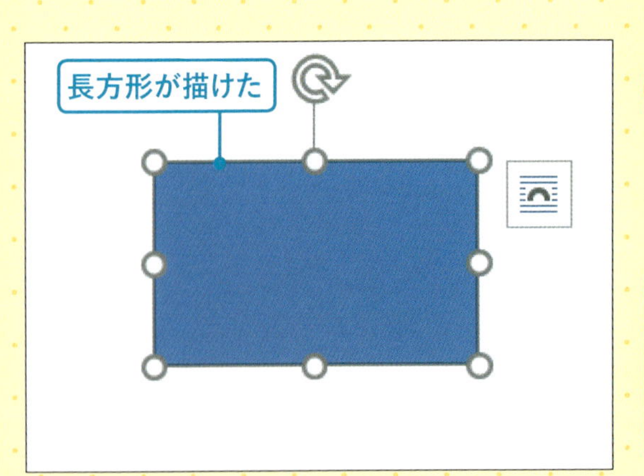

3 図形が描けた

長方形が描けました。

MEMO

手順❷で、Shiftキーを押しながらドラッグすると、縦横比が同じサイズに描ける図形があります。四角形は「正方形」に、楕円は「正円」に、二等辺三角形は「正三角形」に描けます。

練習ファイル 00-02a.docx
完成ファイル 00-02b.docx

図形を拡大／縮小しよう

選んだ図形のおおよその大きさを決めます。

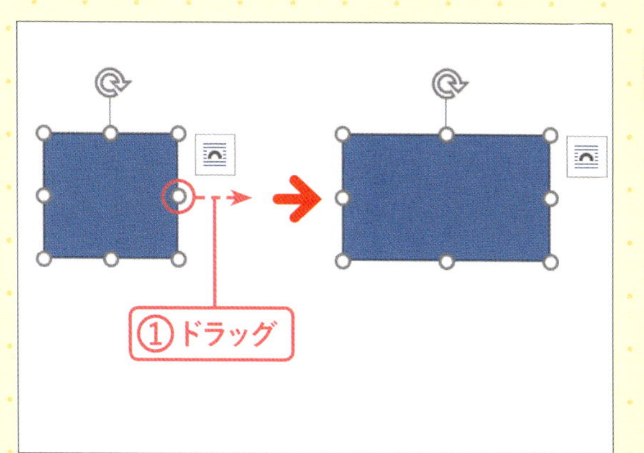

1 図形を拡大する

図形が選択された状態で、[サイズハンドル]を外側へドラッグします①。図形が大きくなりました。

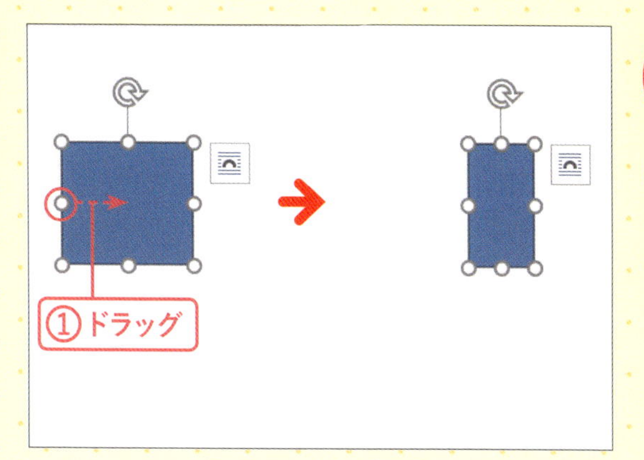

2 図形を縮小する

図形が選択された状態で、[サイズハンドル]を内側へドラッグします①。図形が小さくなりました。

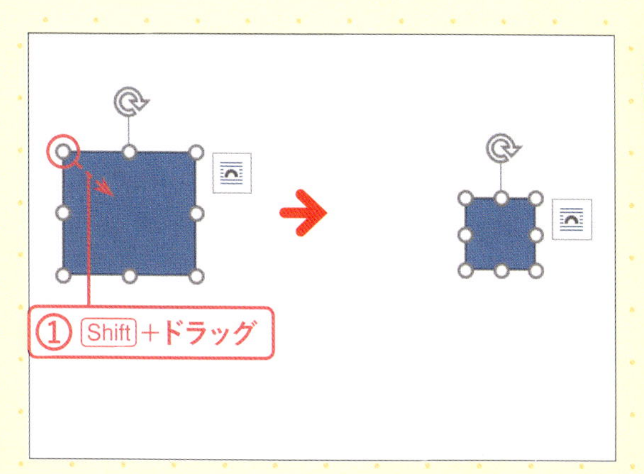

3 縦横比を変えずに拡大／縮小する

図形が選択された状態で、Shiftキーを押しながら角の[サイズハンドル]をドラッグします①。縦横比を変えずに図形の大きさが変わりました。

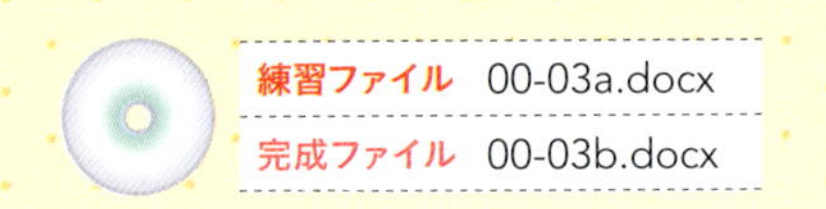

図形に色を塗ろう

絵のイメージに合う色を探して図形に塗ります。

1 図形に色の設定をする

図形が選択された状態で、[図形の塗りつぶし]の▼→[標準の色]→[黄]をクリックします①。

MEMO
図形に色を設定しない場合は、[塗りつぶしなし]をクリックすることで、透明にできます。

2 枠線に色の設定する

図形が選択された状態で、[図形の枠線]の▼→[テーマの色]→[緑、アクセント6]をクリックします①。

MEMO
枠線に色を設定しない場合は、[線なし]をクリックすることで、線がなくなります。

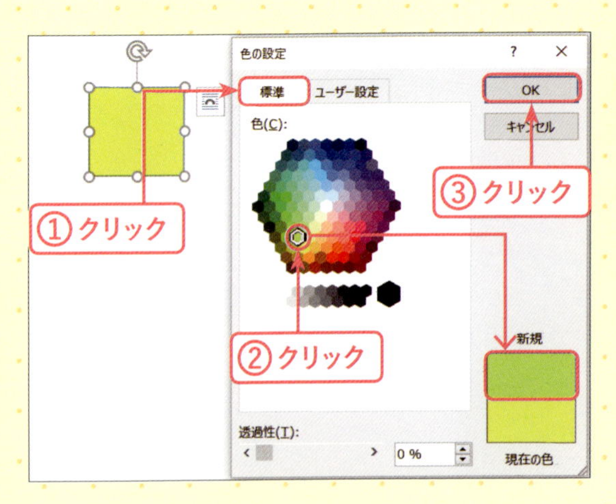

3 その他の色を設定する

[標準の色]に希望の色がない場合は、[その他の色]からさらに多くの色を選ぶことができます。図形が選択された状態で、[図形の塗りつぶし]の▼→[その他の色]→[標準]をクリックします①。色をクリックして選ぶと②、「新規」の欄に表示されるので、[OK]をクリックします③。

練習ファイル 00-04a.docx
完成ファイル 00-04b.docx

同じ図形を増やそう

1つの図形をかんたんに増やすことができる、とても便利な機能です。

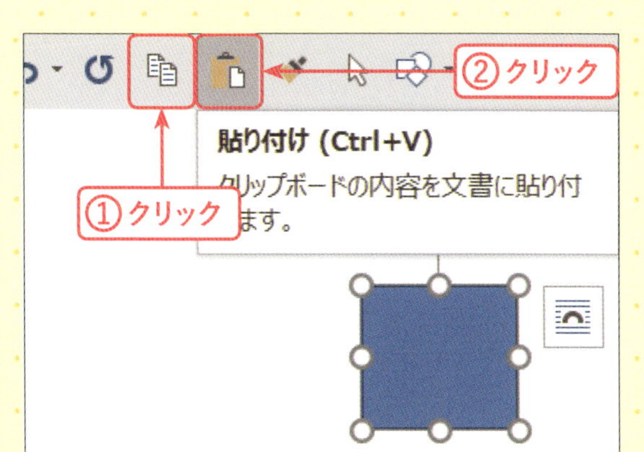

1 図形をコピーする

図形が選択された状態で、[コピー] をクリックし①、続いて[貼り付け] をクリックします②。

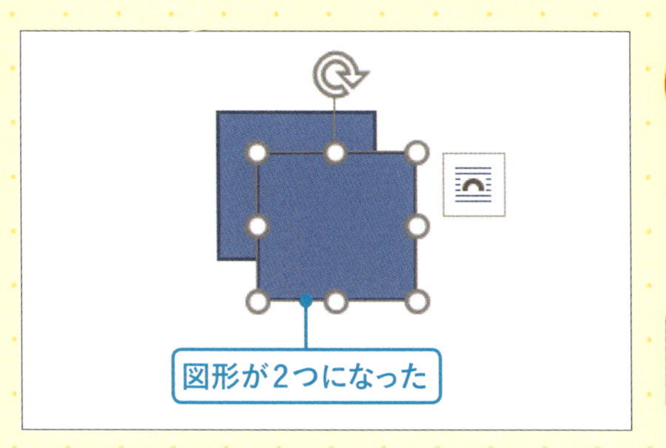

2 貼り付けられた

貼り付けられ、同じ図形が2つになりました。

MEMO
[コピー] は1回クリックするだけで、連続して何回も貼り付けすることができます。

CHECK! かんたんに図形を増やす

図形が選択された状態で、Ctrlキーを押しながらDキーを押すと、手順❶の操作をしなくても、かんたんに図形を増やすことができます。図形を増やす作業は多く出てくるので、このショートカットキーを覚えておくと便利です。

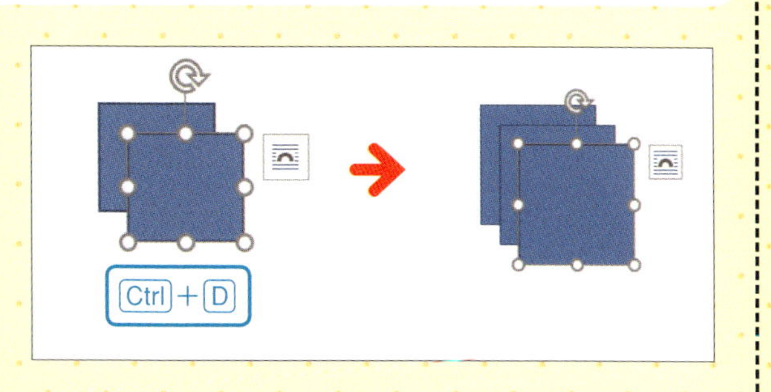

図形を回転させよう

目的に合わせて図形の向きを変えます。

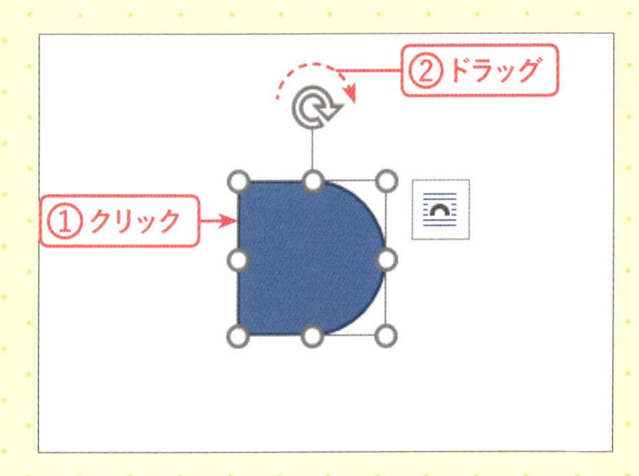

1 回転ハンドルを表示する

図形をクリックして選択すると①、図形の上部に[回転ハンドル]が表示されます。[回転ハンドル]にマウスポインターをあてるとに変わるので、この状態で回転させたいほうへドラッグします②。回転中はに変化します。

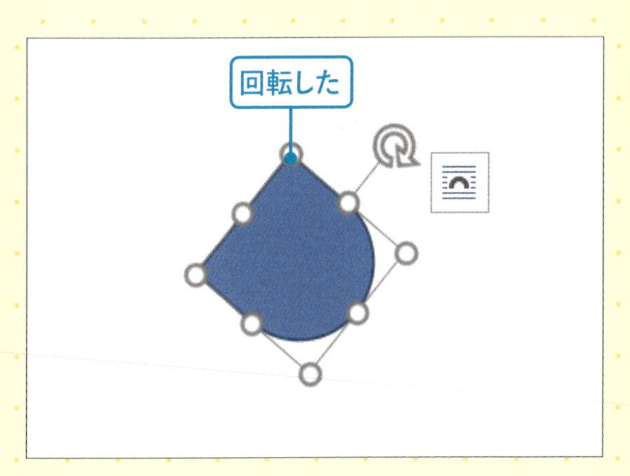

2 図形が回転した

図形が回転しました。

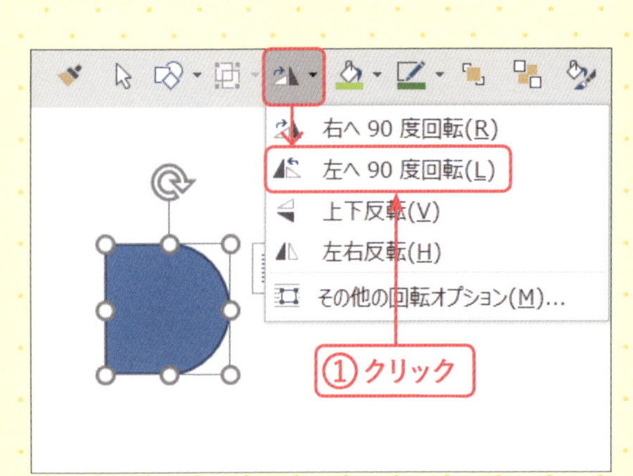

3 図形を90度回転させる

ここでは図形を左へ90度回転させます。図形が選択された状態で、[オブジェクトの回転]→[左へ90度回転]をクリックします①。

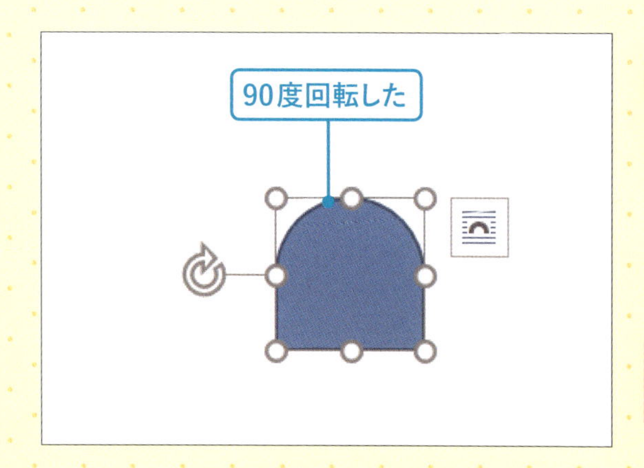

4 楕円が回転した

図形が左へ90度回転しました。

MEMO
手順❸で［右へ90度回転］をクリックすると、右へ回転します。

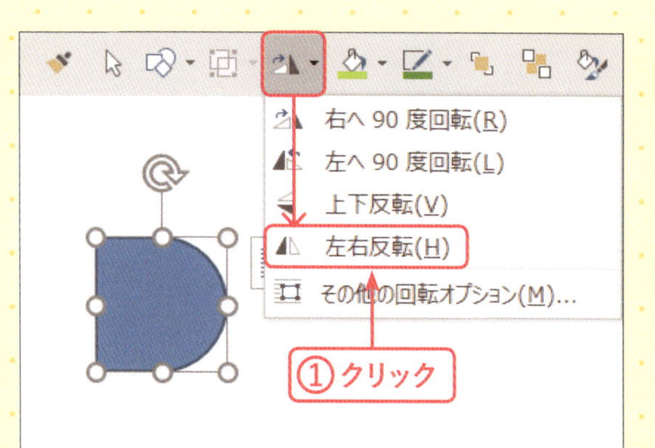

5 図形を左右反転させる

ここでは図形を左右に反転させます。図形が選択された状態で、［オブジェクトの回転］→［左右反転］をクリックします①。

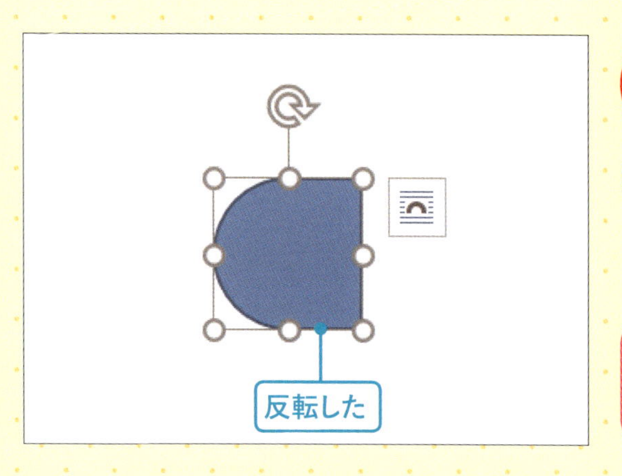

6 図形が反転した

図形が左右反転しました。

MEMO
手順❺で［上下反転］をクリックすると、上下が反転します。

第0章 図形の使い方を覚えよう

CHECK! サイズハンドルでかんたんに図形の向きを変える

図形の端にある［サイズハンドル］でもかんたんに図形の向きを変えられます。ここでは左端の［サイズハンドル］を右方向へドラッグしています。上下の向きを変える場合も、同様にして上下の向きを変えられます。

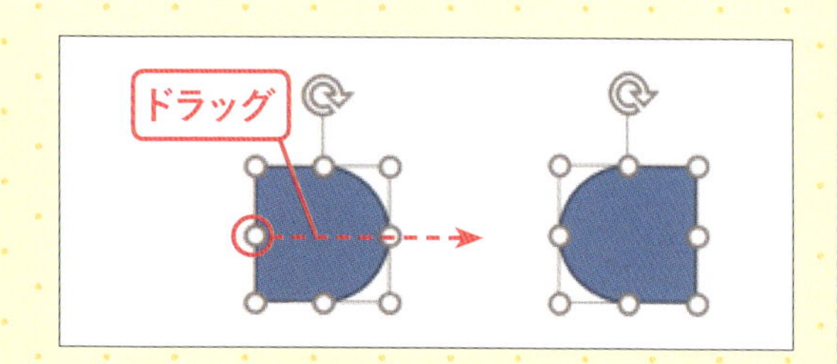

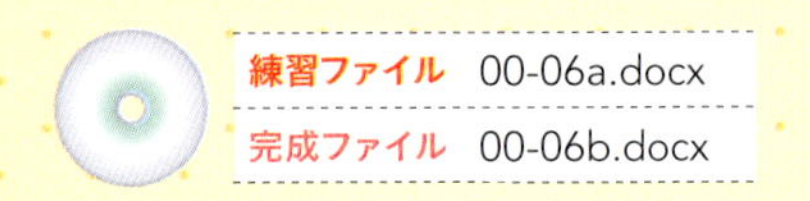

図形を変形しよう

ハンドルを操作して今の図形を目的の図形に変えます。

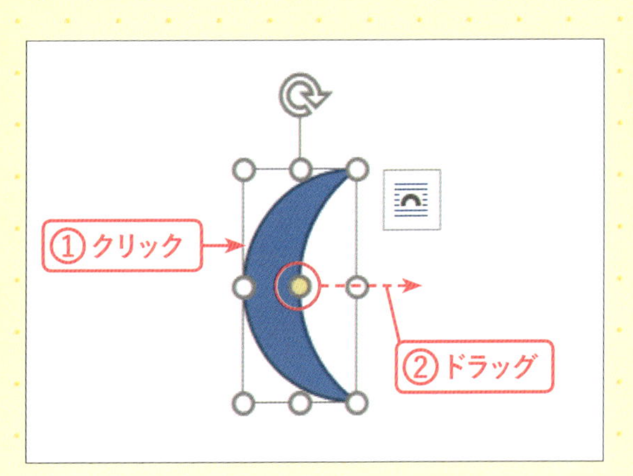

1 調整ハンドルを表示する

図形をクリックして選択すると①、黄色の［調整ハンドル］が表示される図形があります。［調整ハンドル］を右へドラッグします②。

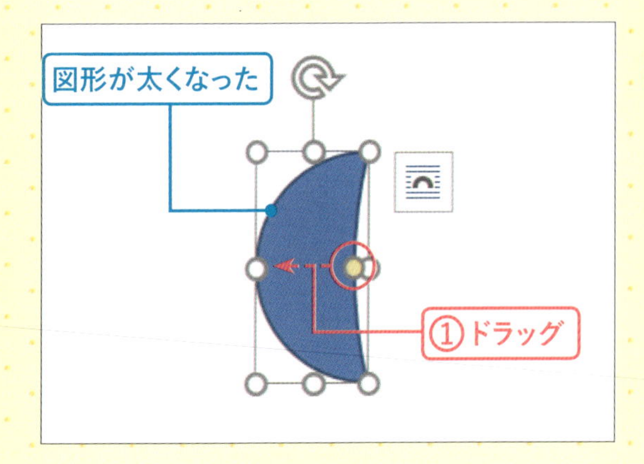

2 月が太くなった

月の図形が太くなりました。今度は［調整ハンドル］を左へドラッグします①。

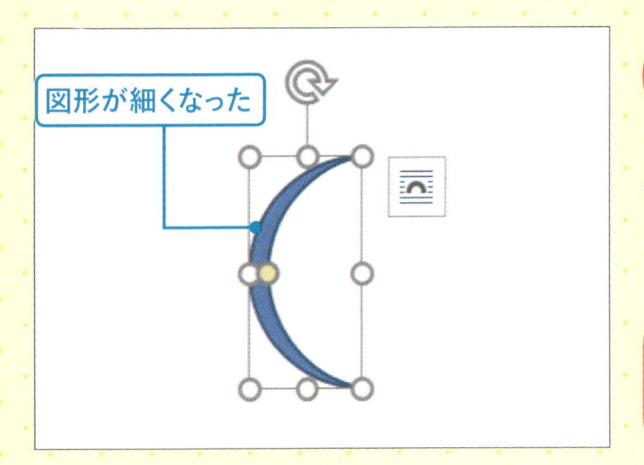

3 月が細くなった

月の図形が細くなりました。

MEMO

図形を選択したときに［調整ハンドル］が表示される場合は、その図形を変形することができます。

練習ファイル 00-07a.docx
完成ファイル 00-07b.docx

SECTION 07

図形の重なり順を変えよう

いくつかの図形を重ねて絵に組み立てます。

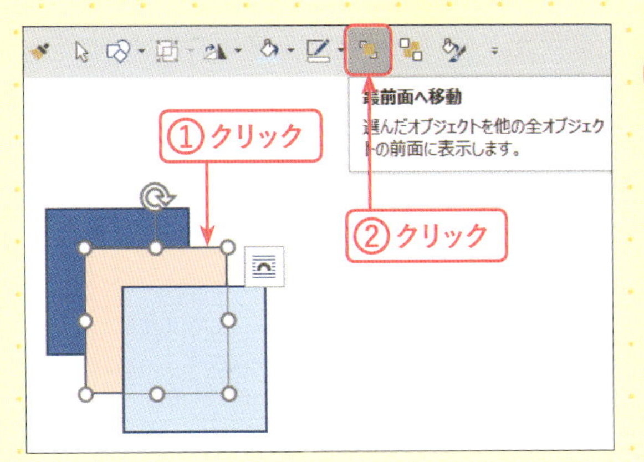

1 図形を最前面へ移動する

移動したい図形（ここではピンクの図形）をクリックして選択し①、[最前面へ移動] をクリックします②。

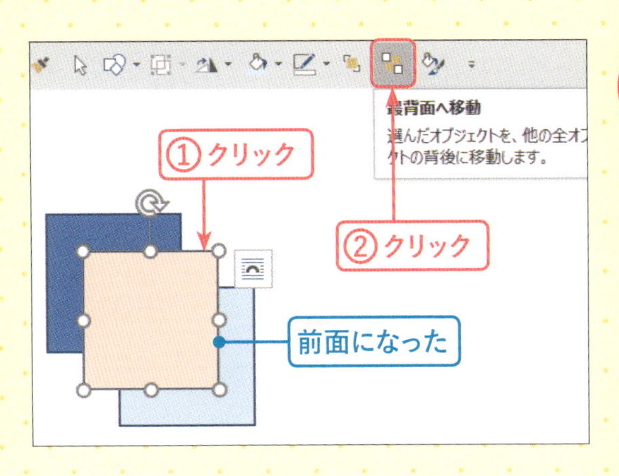

2 図形を最背面へ移動する

ピンクの図形が前面に移動しました。今度は最背面に移動します。移動したい図形（ここではピンクの図形）をクリックして選択し①、[最背面へ移動] をクリックします②。

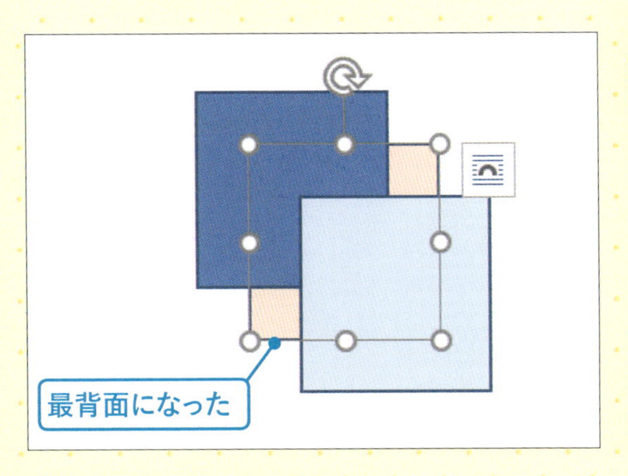

3 最背面に移動した

図形が最背面に移動しました。

MEMO

図形は新しく描いたもの、またはコピー&貼り付けしたものが前面（上）に重なって表示されます。

複数の図形をグループ化しよう

組み合わせた図形を1つにまとめて絵に仕上げます。

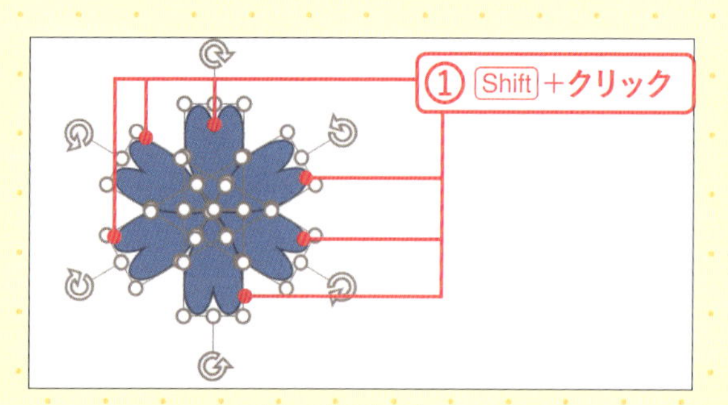

1 図形を1つずつ選択する

Shiftキーを押しながらグループ化したい図形を1つずつクリックします①。

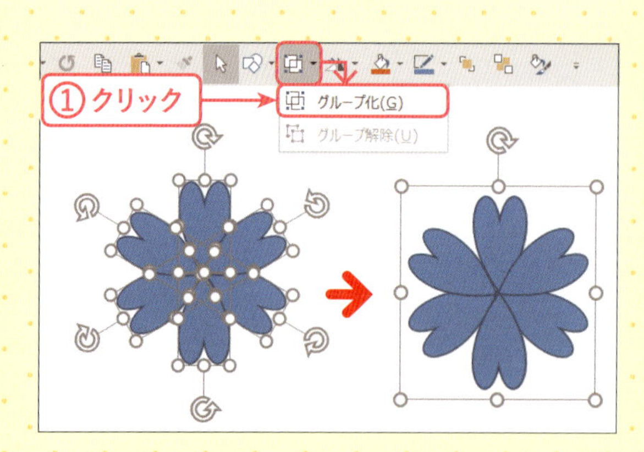

2 図形をグループ化する

図形が選択された状態で、[オブジェクトのグループ化] → [グループ化] をクリックします①。グループ化され、1つの図形として扱えるようになりました。

CHECK! グループ化を解除する

・クイックアクセスツールバーから解除する

上記手順❷で[オブジェクトのグループ化] →[グループ解除]をクリックします。

・右クリックから解除する

グループ化を解除したい図形の上で右クリックし、[グループ化]→[グループ解除]をクリックします。

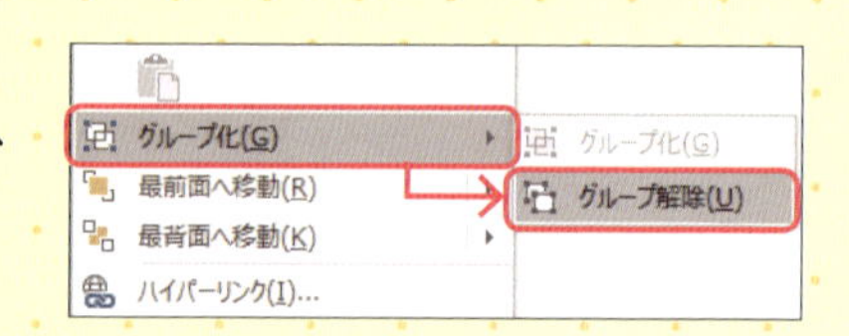

はじめはクイックアクセスツールバーから操作し、慣れてきたら右クリック操作をするようにしましょう。なお、右クリックで表示されるメニューは、今現在できる機能が表示されています。

パンダを描こう

「クイックアクセスツールバー」は
完成していますか?
まだの場合は、
P.6「絵を描く準備をしよう」を
参照してください。

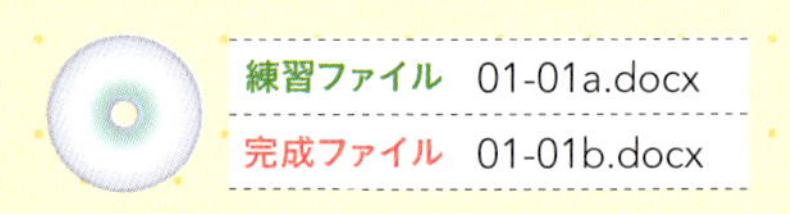

顔を描こう

楕円を少しだけ横長にすると、ふっくらとした顔の図形が描けます。

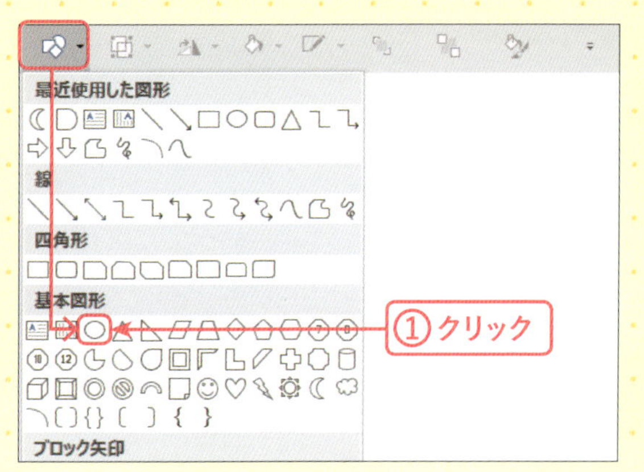

1 [楕円]を選択する

[図形の作成]→[基本図形]→[楕円](Word 2013は[円/楕円])をクリックします①。

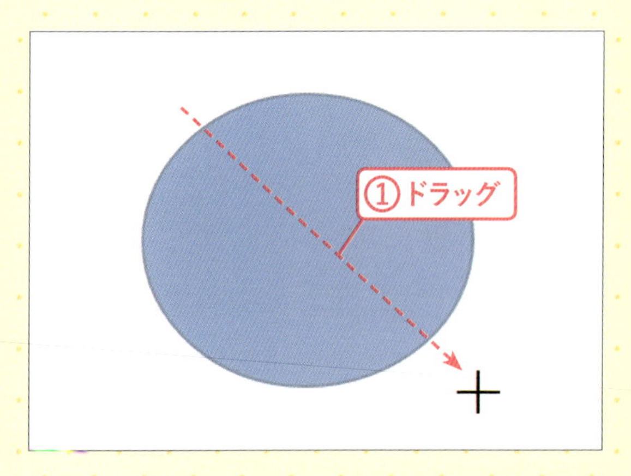

2 円を描く

マウスポインターが「+」になった状態で、斜め下にドラッグします①。

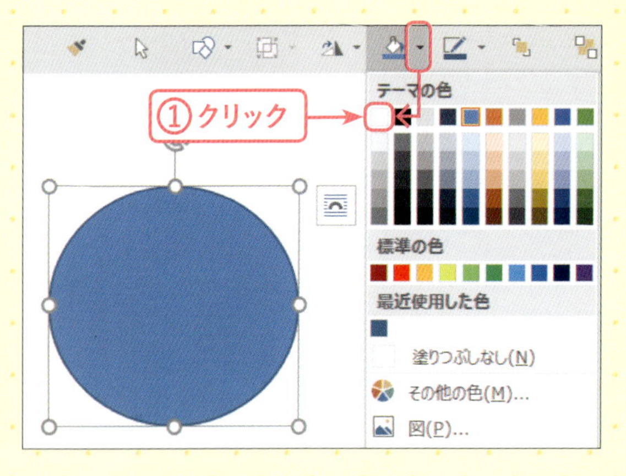

3 図形に色の設定をする

楕円が描けました。図形が選択された状態で、[図形の塗りつぶし]の▼→[テーマの色]→[白、背景1]をクリックします①。

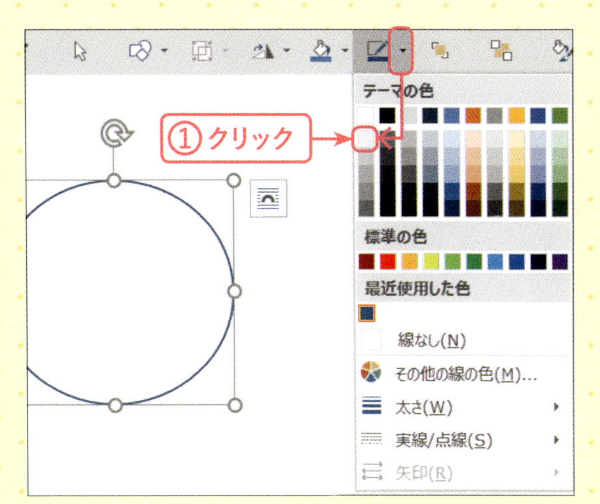

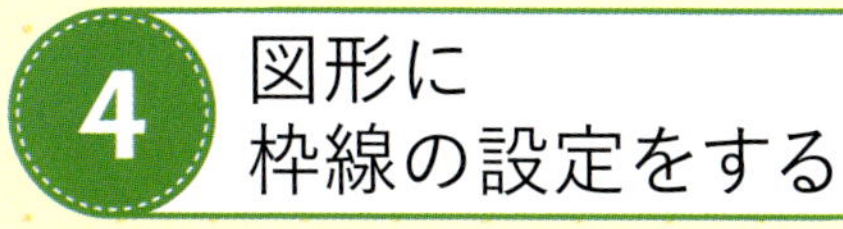

4 図形に枠線の設定をする

図形が選択された状態で、[図形の枠線] の▼→[テーマの色]→[白、背景1、黒+基本色5%]をクリックします①。

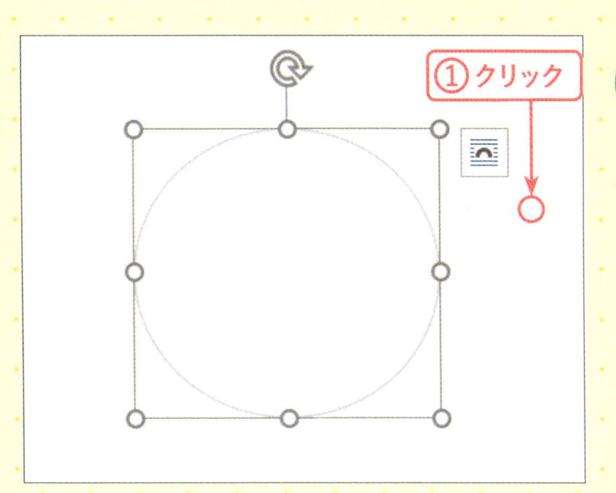

5 顔の輪郭が描けた

顔の輪郭ができました。図形以外の場所をクリックすると①、図形の選択が解除されます。

CHECK! ファイルを保存する

絵を描いているときは、文書作成などよりも複雑な操作を行っているので、こまめにファイルを保存するようにしましょう。
クイックアクセスツールバーの左端にあるフロッピーの形をした[上書き保存] をクリックします。[名前を付けて保存]画面が表示されたら、保存先を指定し、文書の名前を入力してから保存します。
描いているときはつい夢中になって保存を忘れてしまいがちです。せっかく描いた絵が途中で消えたりしないようにすることが大切です。

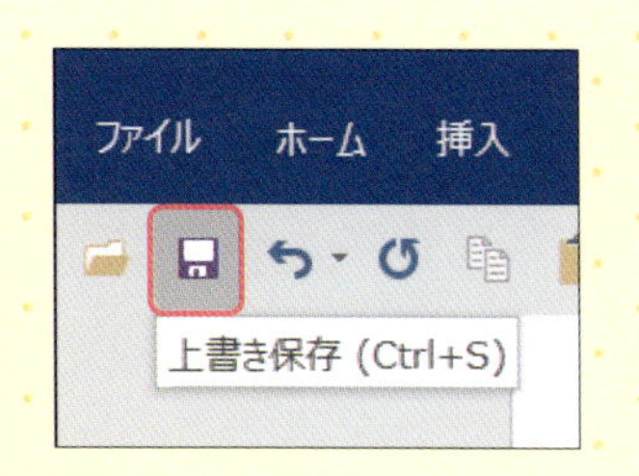

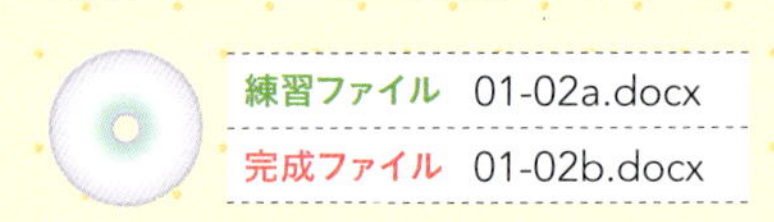

耳を描こう

楕円を縦長に描き、顔の幅の4分の1くらいの幅に調整します。

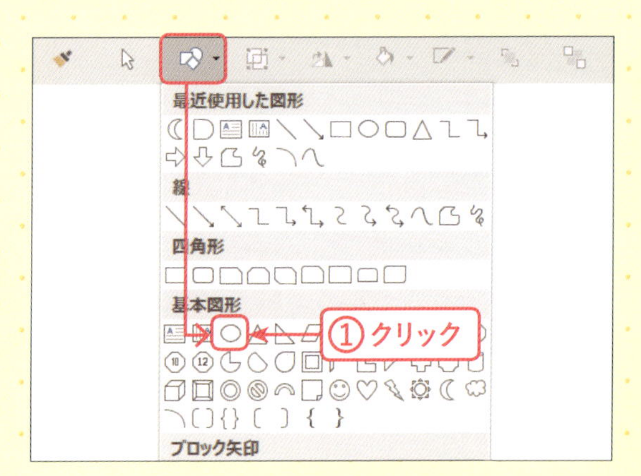

1 [楕円]を選択する

[図形の作成] →[基本図形]→[楕円]
(Word 2013は[円/楕円])をクリックします①。

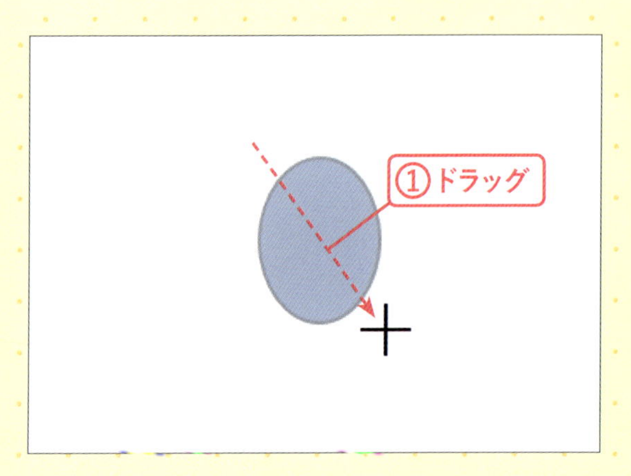

2 楕円を描く

マウスポインターが「＋」になった状態で斜め下にドラッグし、縦長の楕円を描きます①。

3 図形に色の設定をする

図形が選択された状態で、[図形の塗りつぶし] の▼→[テーマの色]→[黒、テキスト1]をクリックします①。

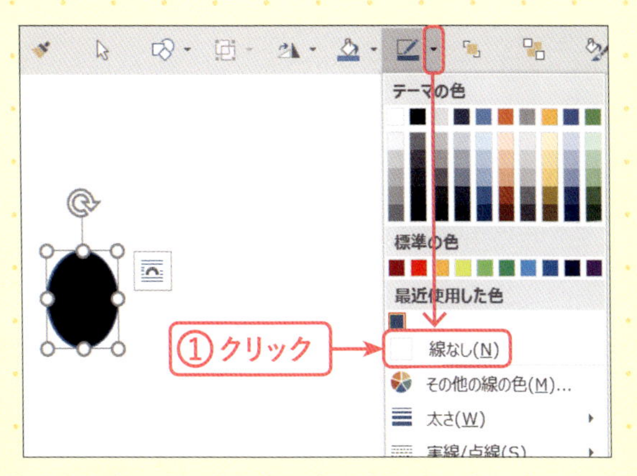

4 図形に枠線の設定をする

図形が選択された状態で、[図形の枠線]の▼→[線なし]をクリックします①。

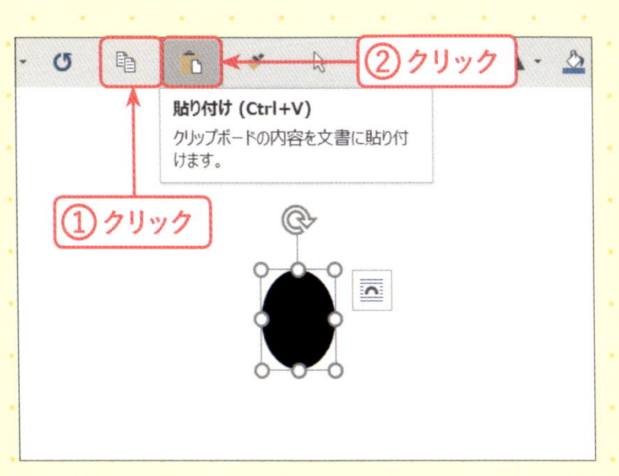

5 耳を複製する

基本となる耳の図形ができました。図形が選択された状態で、[コピー]をクリックします①。続いて[貼り付け]をクリックします②。

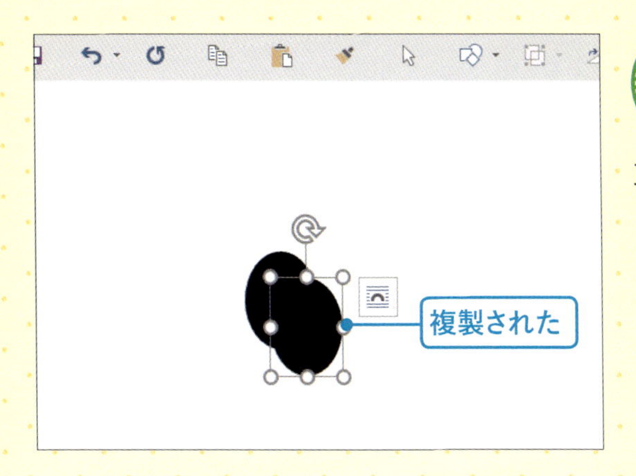

6 耳が2つになった

耳が前面に複製されました。

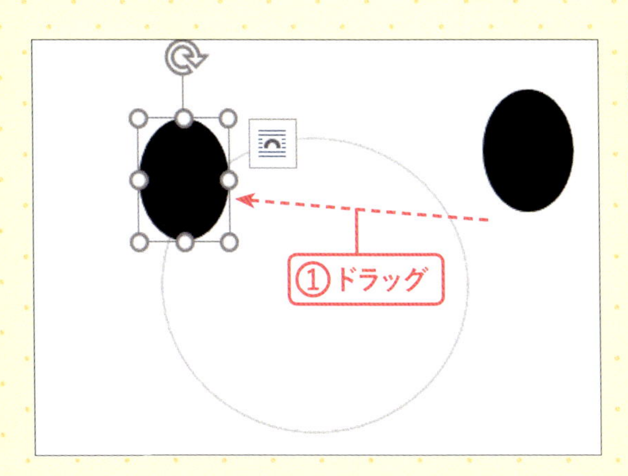

7 顔の図形に耳を重ねる

図形が選択された状態で、図のように顔の図形までドラッグします①。

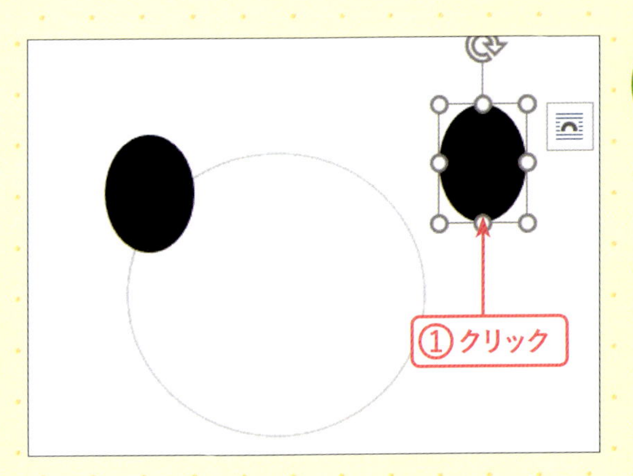

8 1つ目の耳が移動した

もう1つの耳をクリックして選択します①。

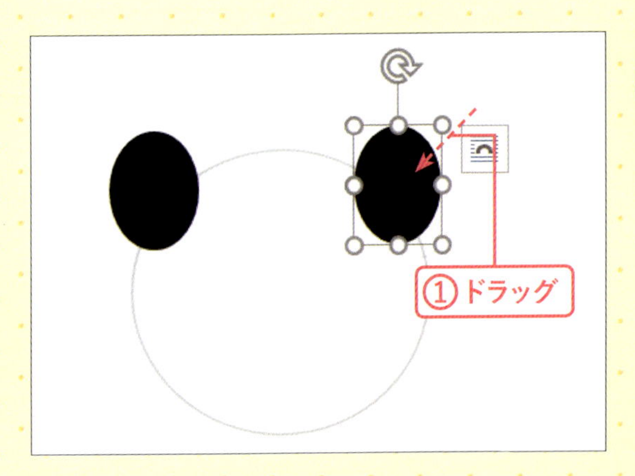

9 2つ目の耳を移動する

図のように顔の図形までドラッグします①。

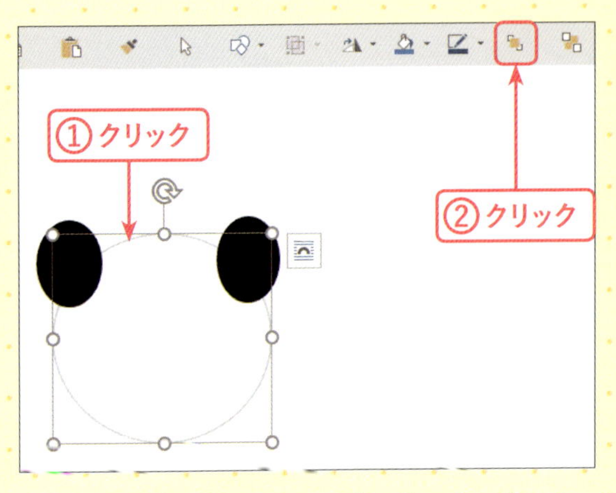

10 顔を前面へ移動する

顔をクリックして選択し①、[最前面へ移動]をクリックします②。

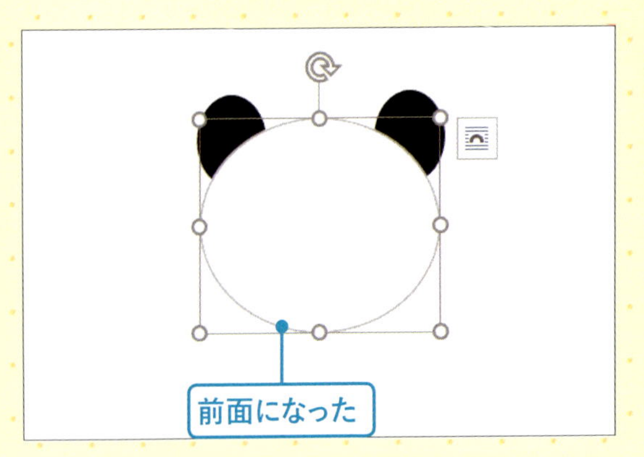

11 前面に移動した

顔が耳より前面に移動されました。

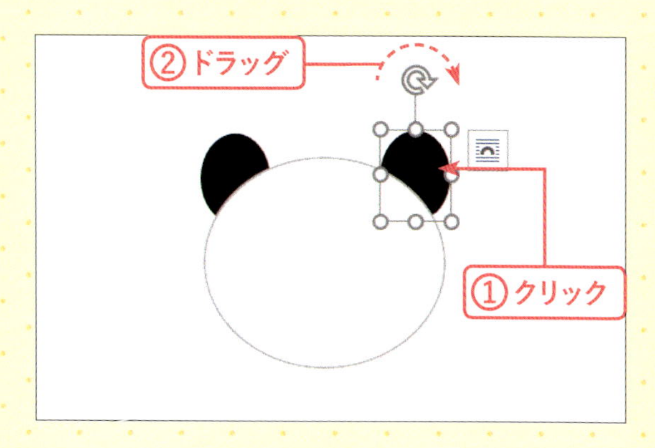

12 右耳を回転する

右耳をクリックして選択します①。[回転ハンドル]を右へドラッグし②、耳を回転します。

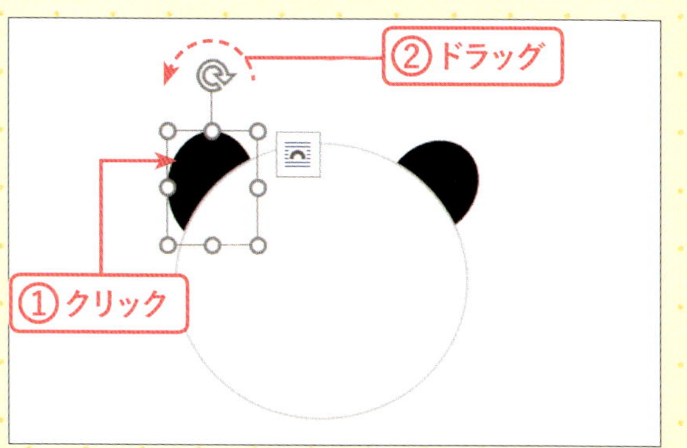

13 左耳を回転する

右耳が回転しました。次は左耳をクリックして選択し①、[回転ハンドル]を左へドラッグし②、同じように耳を回転します。

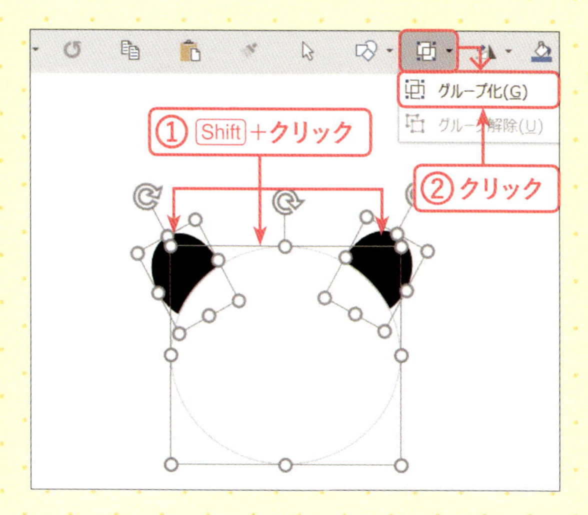

14 3つの図形を選択する

Shiftキーを押しながら3つの図形をクリックして選択します①。[オブジェクトのグループ化]→[グループ化]をクリックします②。

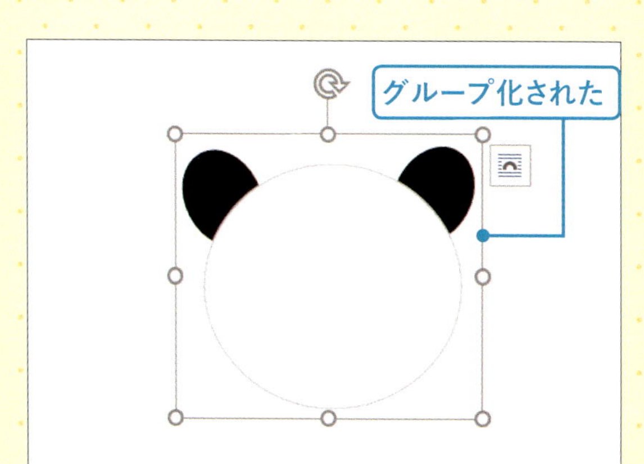

15 グループ化された

3つの図形がグループ化され、1つのオブジェクトとして扱えるようになりました。

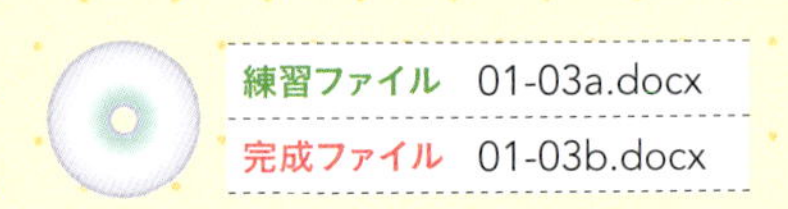

目を描こう

3つの小さい楕円を操作するので、はじめは大きく描いて、あとで縮小します。

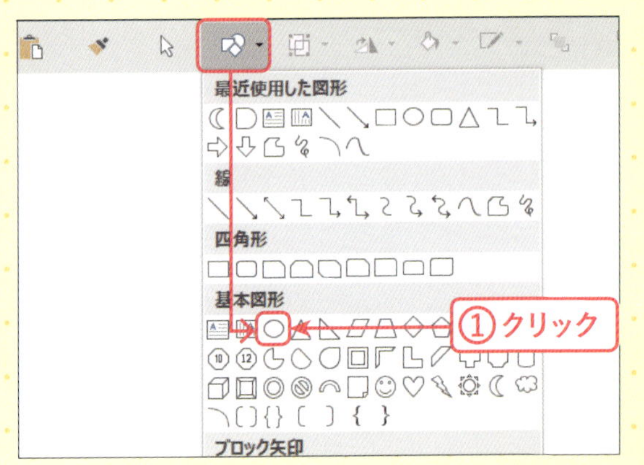

1 [楕円]を選択する

[図形の作成]→[基本図形]→[楕円](Word 2013は[円/楕円])をクリックします①。

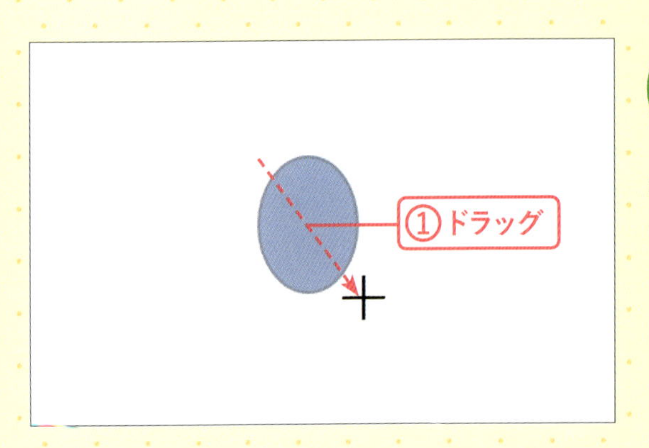

2 楕円を描く

斜め下にドラッグし、楕円を描きます①。

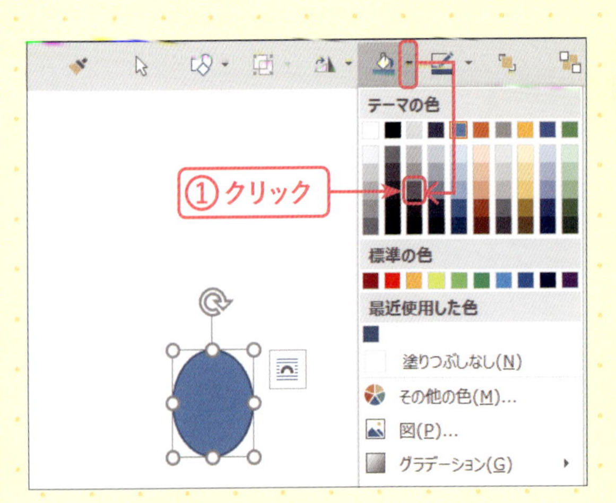

3 図形に色の設定をする

図形が選択された状態で、[図形の塗りつぶし]の▼→[テーマの色]→[薄い灰色、背景2、黒+基本色50%]をクリックします①。

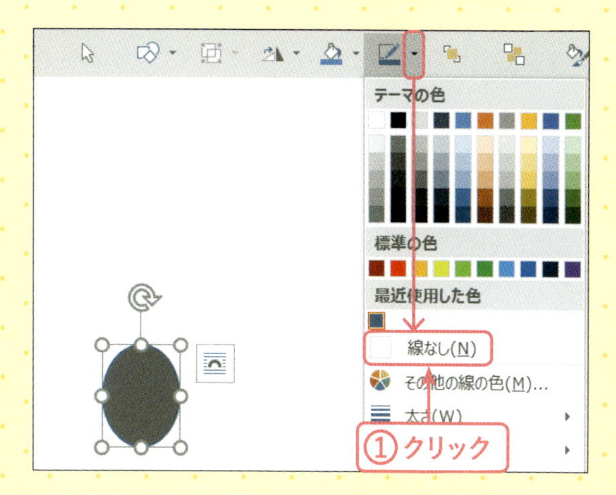

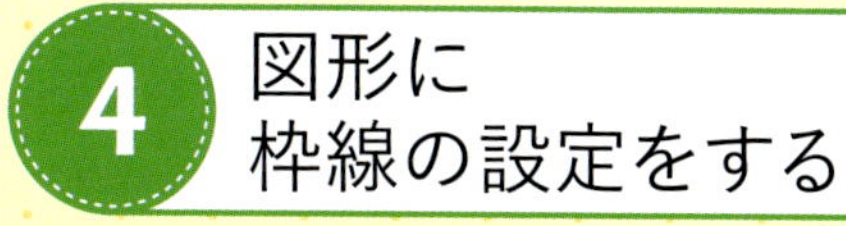

4 図形に枠線の設定をする

図形が選択された状態で［図形の枠線］の▼→［線なし］をクリックします①。

5 目の周りの図形が描けた

目の周りの図形ができました。

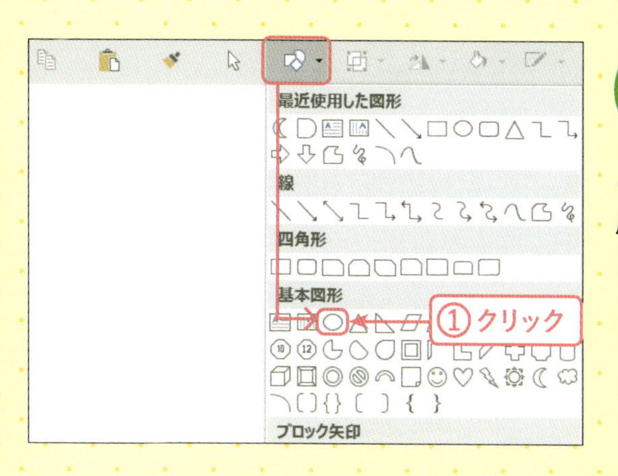

6 楕円を選択する

ここでは黒目を描いていきます。［図形の作成］→［基本図形］→［楕円］（Word 2013は［円/楕円］）をクリックします①。

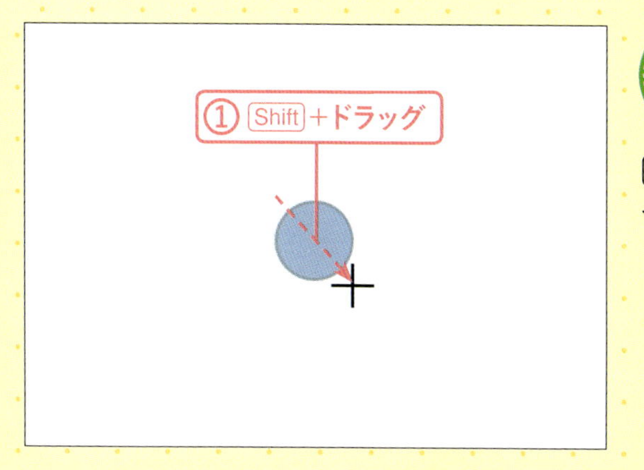

7 正円を描く

Shiftキーを押しながらドラッグし①、図のように小さい正円を描きます。

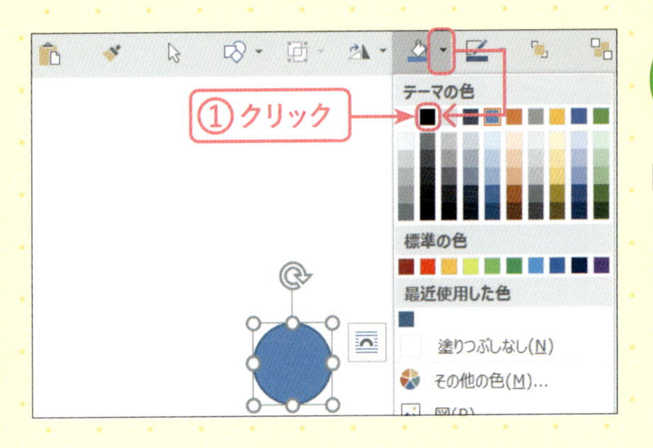

8 図形に色の設定をする

図形が選択された状態で、[図形の塗りつぶし]の▼→[テーマの色]→[黒、テキスト1]をクリックします①。

9 図形に枠線の設定をする

図形が選択された状態で[図形の枠線]の▼→[線なし]をクリックします①。

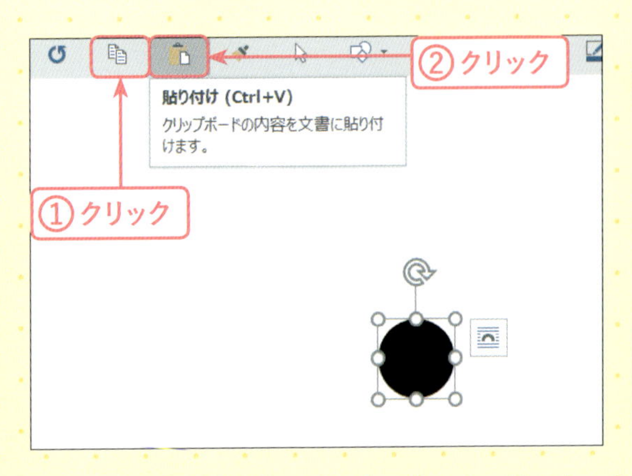

10 図形を複製する

目の中の光を描くために、図形を複製します。図形が選択された状態で、[コピー]をクリックし①、[貼り付け]をクリックします②。

> **MEMO**
> 図形が選択された状態でCtrl+Dキーを押すと、かんたんに複製できます。

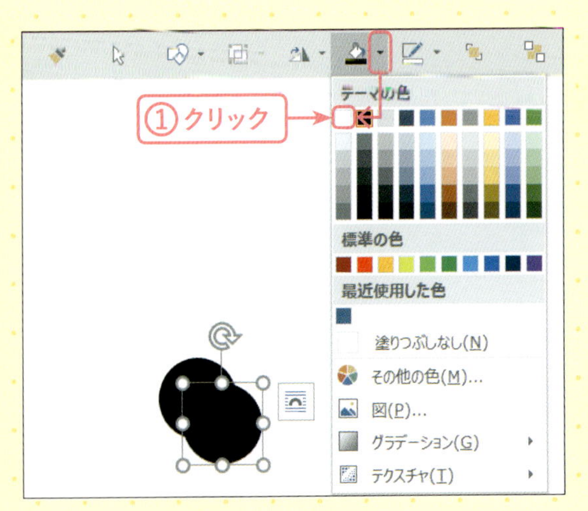

11 図形に色の設定をする

黒目が2つになりました。前面の図形が選択されている状態で、[図形の塗りつぶし]の▼→[テーマの色]→[白、背景1]をクリックします①。

> **MEMO**
> 次の手順で図形が見えやすいように、[正方形/長方形]で四角を描き、[最背面へ移動]をクリックして背景を描いておきます。

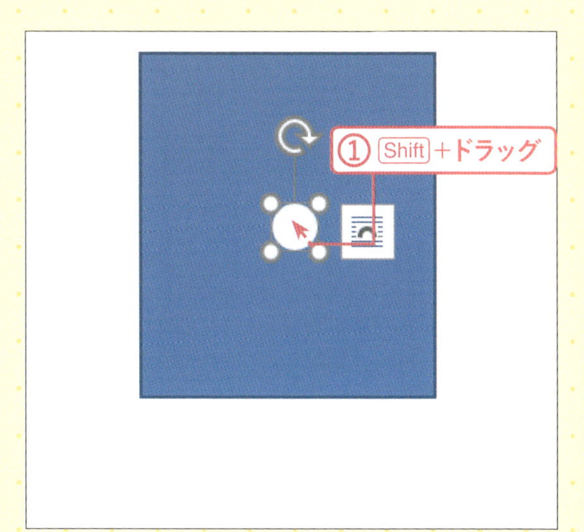

12 正円を小さくする

白くなりました。図形が選択されている状態で、Shiftキーを押しながら図形の内側へ向かってドラッグし①、正円を小さくします。

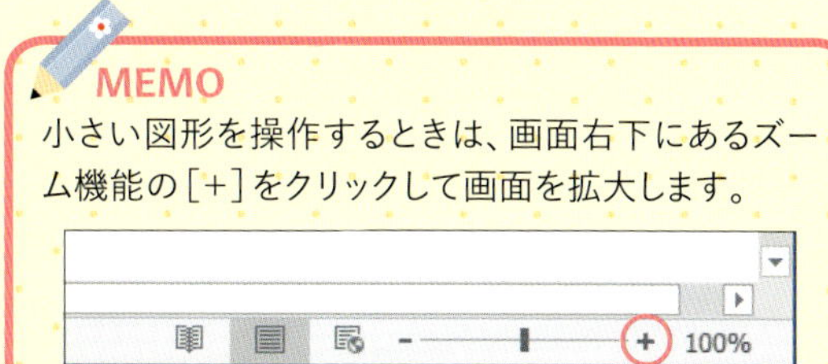

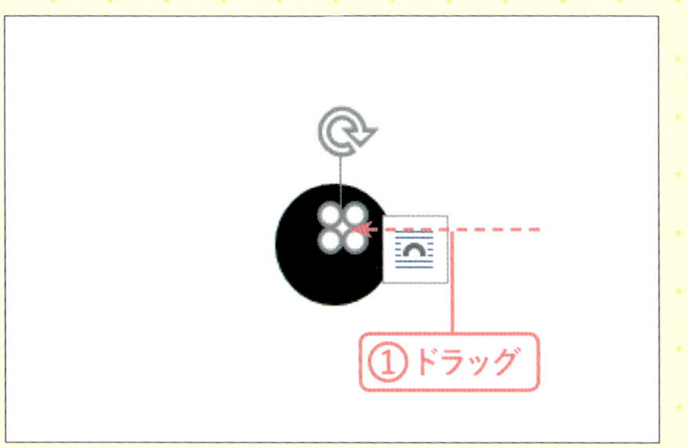

13 2つの正円を重ねる

黒目の正円の右上に、白い正円をドラッグして重ねます①。

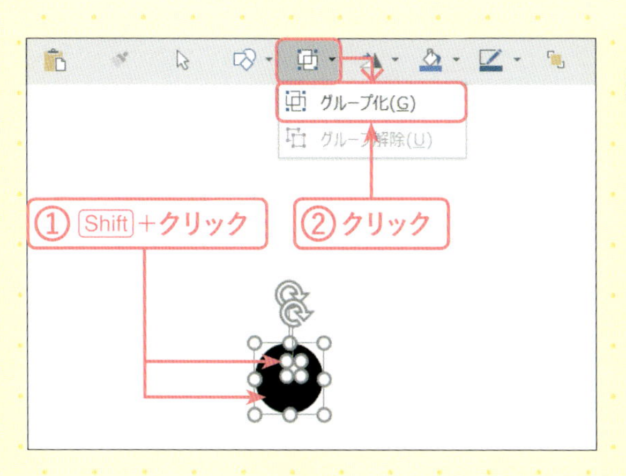

14 グループ化する

Shiftキーを押しながら2つの図形をクリックして選択します①。続いて［オブジェクトのグループ化］→［グループ化］をクリックします②。

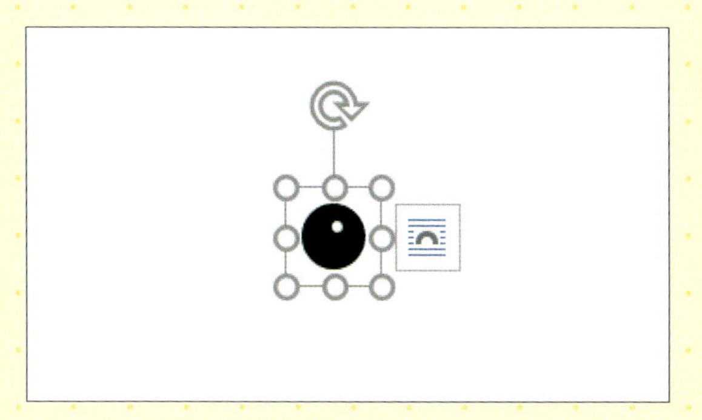

15 黒目ができた

グループ化され、光が付いた黒目ができました。

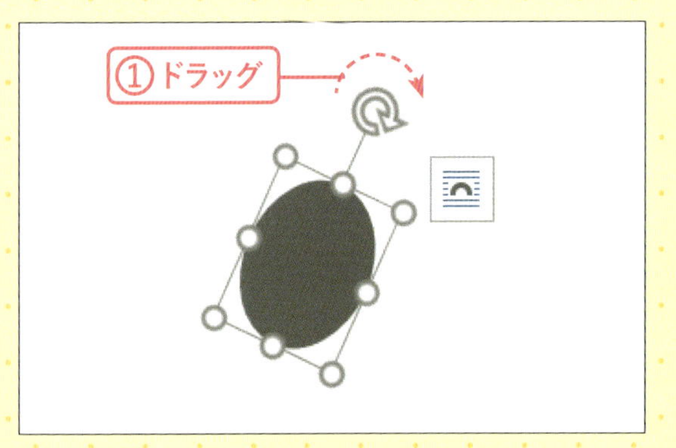

16 目の周りの図形を回転させる

手順❺で作った目の周りの図形を選択し、ドラッグして図のように右へ回転します①。

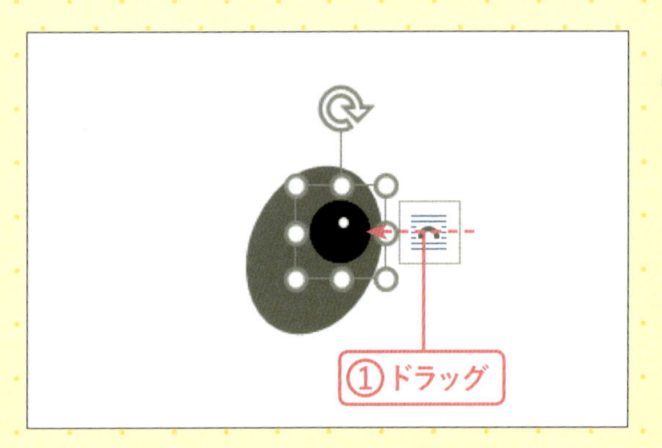

17 黒目を重ねる

黒目を選択し、ドラッグして①、図のように目の周りの図形の上に重ねます。

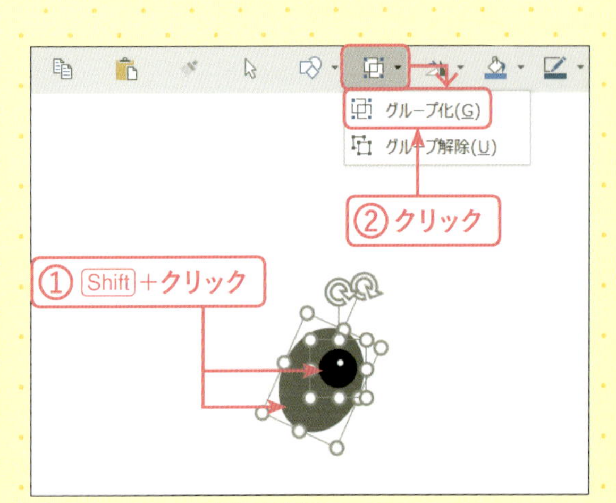

18 グループ化する

Shiftキーを押しながら2つのパーツをクリックします①。[オブジェクトのグループ化]→[グループ化]をクリックします②。

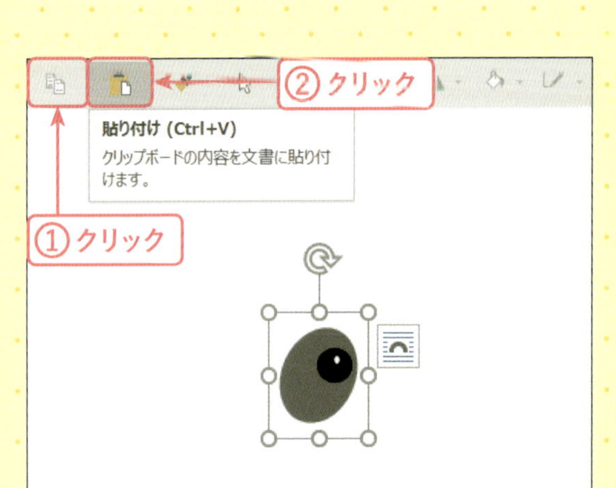

19 目を複製する

グループ化されました。目の図形が選択された状態で、[コピー]をクリックし①、続いて[貼り付け]をクリックします②。

MEMO

図形が選択された状態でCtrl+Dキーを押すと、かんたんに複製できます。

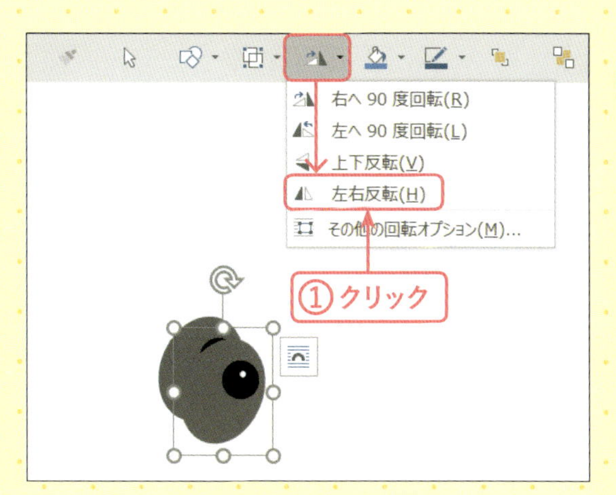

20 前面の目を回転する

目が2つになりました。前面の目が選択された状態で、[オブジェクトの回転]→[左右反転]をクリックします①。

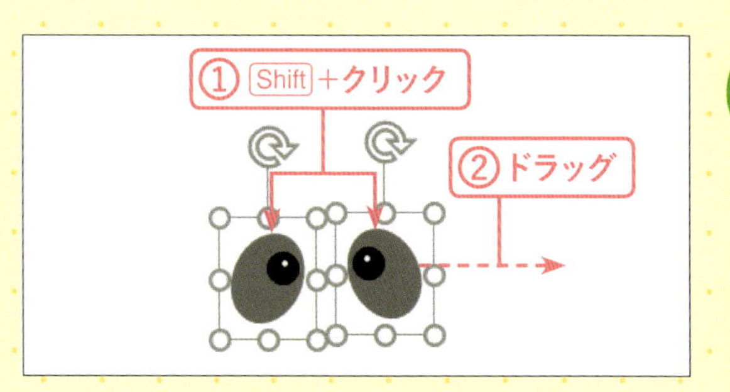

21 目を顔に重ねる

目が反転され、右目になりました。図のように左右に並べ、Shiftキーを押しながら2つの目をクリックして選択し①、顔の上にドラッグします②。

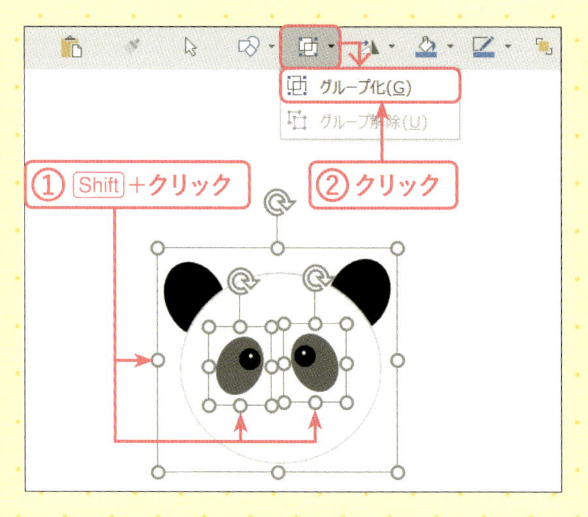

22 グループ化する

顔とのバランスを見て、目の位置や大きさを調整します。Shiftキーを押しながら両目と顔をクリックして選択します①。[オブジェクトのグループ化]→[グループ化]をクリックします②。

23 グループ化された

目と顔がグループ化されました。

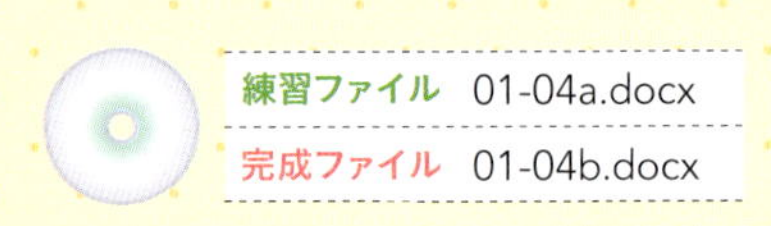

鼻を描こう

月の図形を変化させて2つの図形にして重ねます。

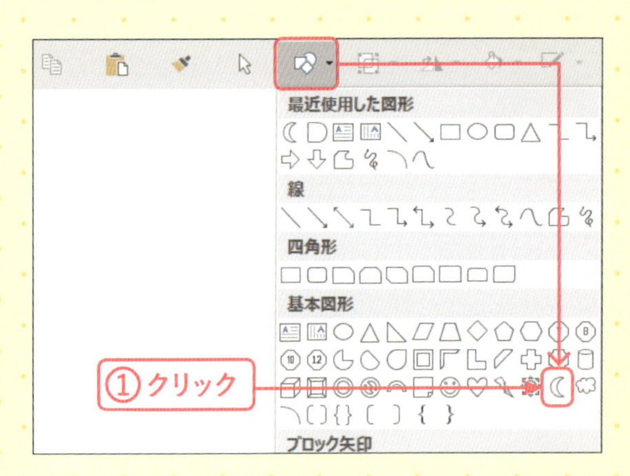

1 [月]を選択する

[図形の作成]] →[基本図形]→[月] をクリックします①。

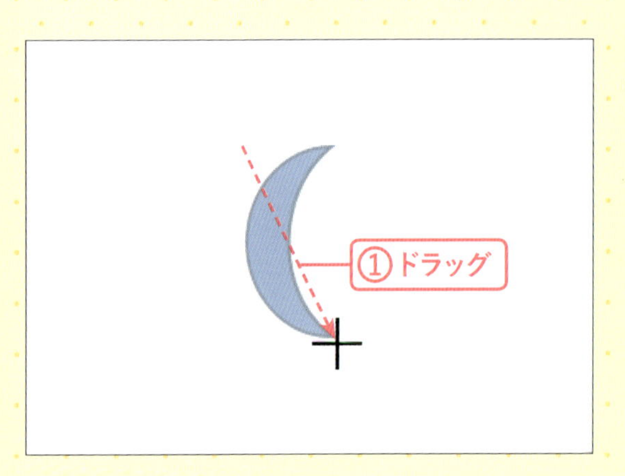

2 月を描く

図のようにドラッグして、月を描きます①。

3 月を複製する

月が選択されている状態で、[コピー] をクリックし①、続いて[貼り付け] をクリックします②。

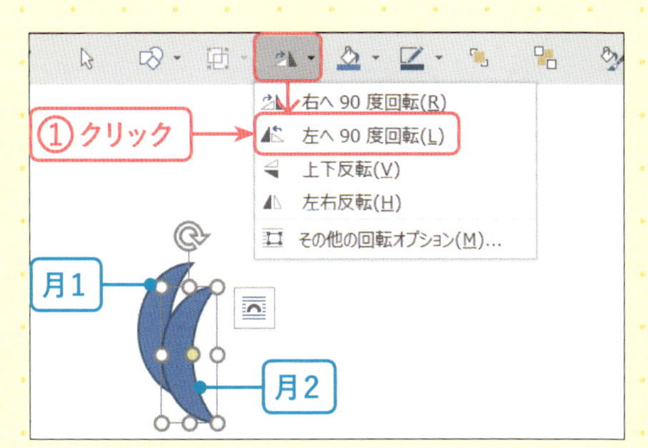

4 月2を回転する

月が2つになりました。前面の月を「月2」、背面の月を「月1」とします。「月2」が選択されている状態で、[オブジェクトの回転] →[左へ90度回転]をクリックして横向きにします①。

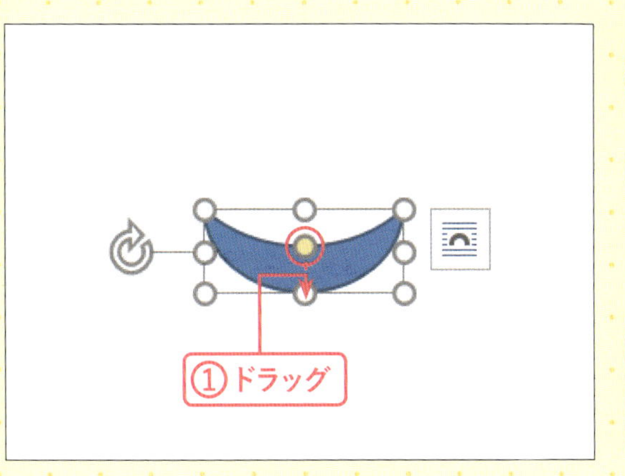

5 月2を変形する

「月2」が横向きになりました。「月2」が選択されている状態で、[調整ハンドル] を下へ止まるまでドラッグします①。

MEMO

ここでは作業しやすいように、「月1」と「月2」を離して作業しています。

6 図形に枠線の設定をする

枠線だけになりました。[図形の枠線] の▼→[テーマの色]→[白、背景1、黒+基本色5%]をクリックします①。

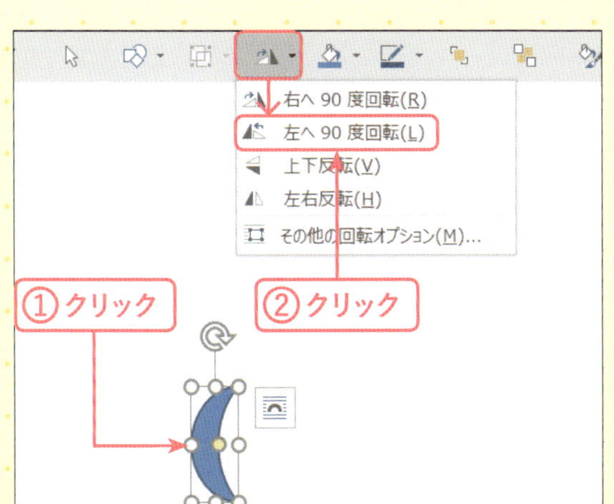

7 月1を回転する

「月1」をクリックして選択し①、[オブジェクトの回転] →[左へ90度回転]をクリックして横向きにします②。

第1章 パンダを描こう

8 月1を変形する

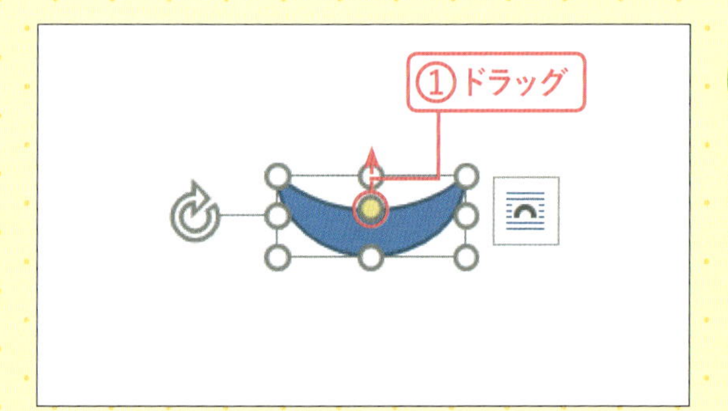

[調整ハンドル] を上方へ止まるまでドラッグし①、月を太くします。

9 月1に色の設定をする

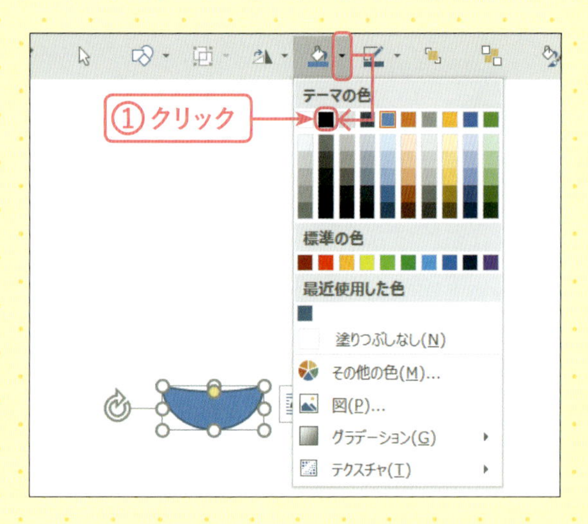

「月1」が選択された状態で、[図形の塗りつぶし] の▼→[テーマの色]→[黒、テキスト1]をクリックします①。

10 月1に線の設定をする

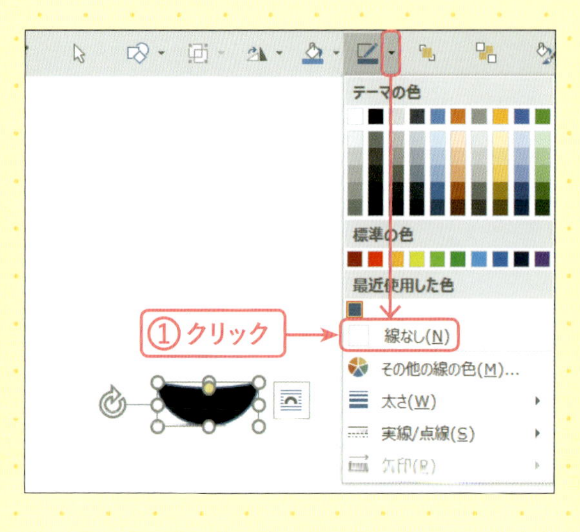

「月1」が選択された状態で、[図形の枠線] の▼→[線なし]をクリックします①。

11 月1と月2を組み合わせる

図のように「月1」は全体を縮小して「月2」に重ねます①。

12 大きさを調整する

図を参考に、黒い図形はさらに縮小し、線は横幅を狭め、調整します①。

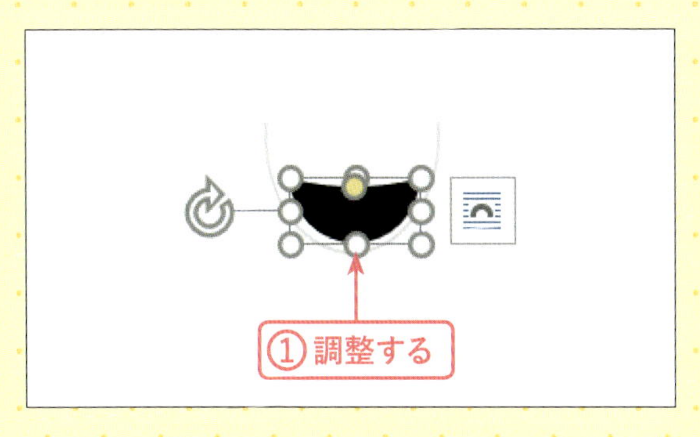

13 図形をグループ化する

Shiftキーを押しながら2つの図形をクリックして選択します①。続いて［オブジェクトのグループ化］→［グループ化］をクリックします②。これで鼻ができました。

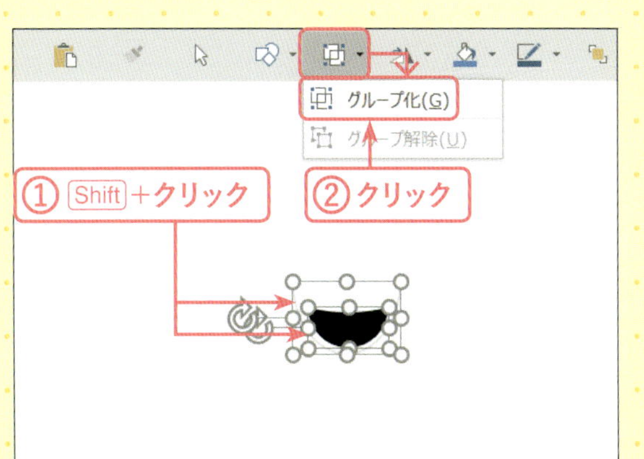

14 鼻を顔の上に重ねる

グループ化された鼻を、図のように顔に重ねます①。

15 鼻と顔をグループ化する

Shiftキーを押しながら顔と鼻をクリックして選択し①、［オブジェクトのグループ化］→［グループ化］をクリックします②。これでパンダの顔ができました。

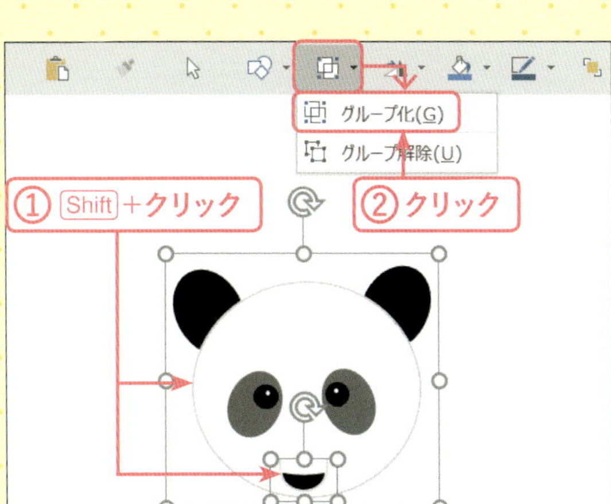

MEMO

グループ化する前に、必要であれば目と鼻の位置や大きさを調整します。

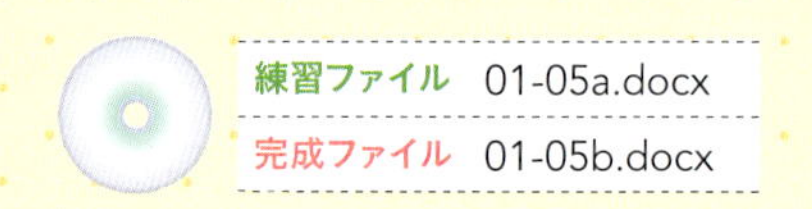

体を描こう

顔の2倍くらいの幅の楕円を横長に描きます。

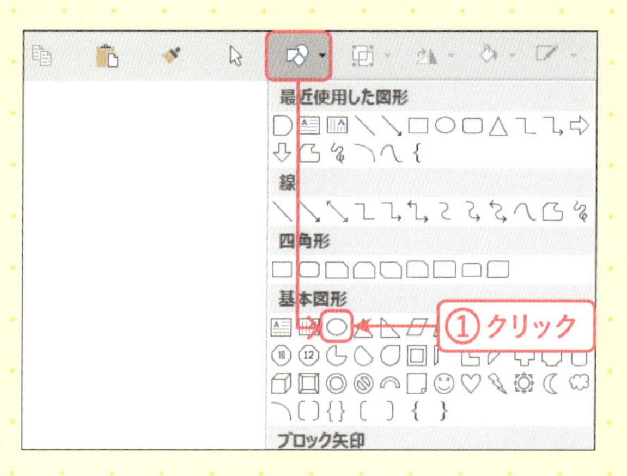

1 [楕円]を選択する

[図形の作成]→[基本図形]→[楕円](Word 2013は[円/楕円])をクリックします①。

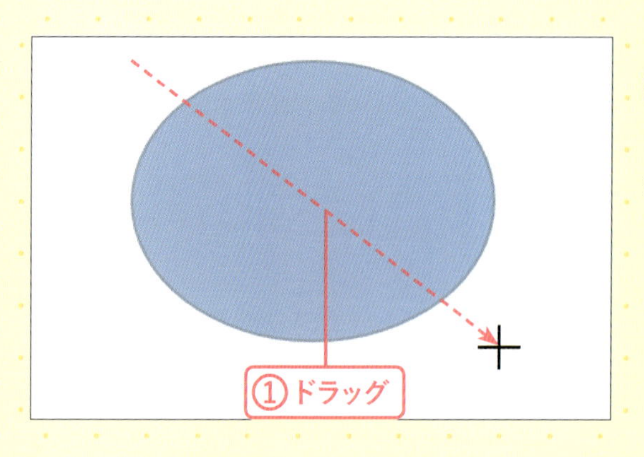

2 楕円を描く

斜め下にドラッグし、楕円を描きます①。

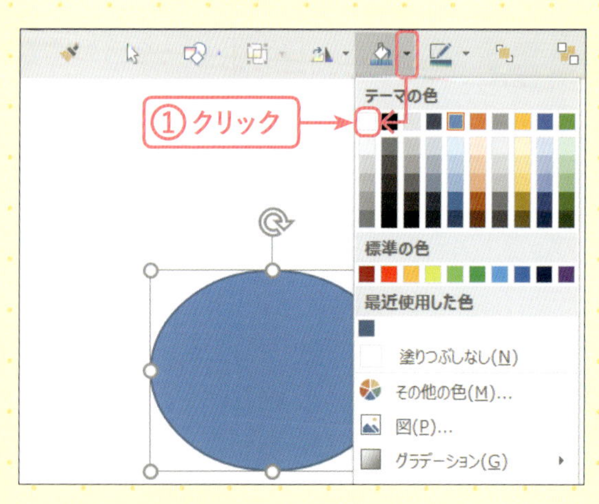

3 図形に色の設定する

図形が選択された状態で、[図形の塗りつぶし]→[図形の塗りつぶし]の▼→[テーマの色]→[白、背景1]をクリックします①。

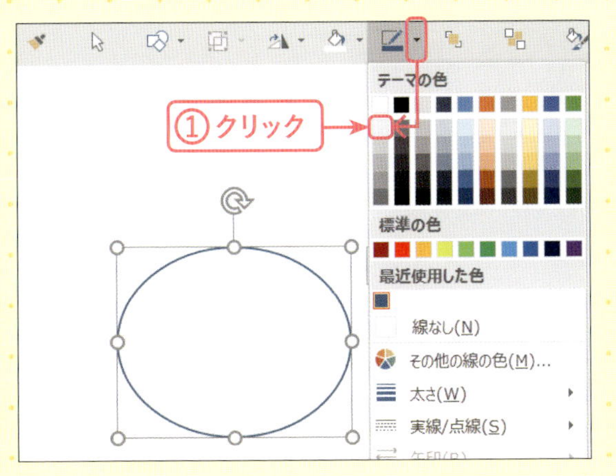

4 図形に枠線の設定をする

図形が選択された状態で[図形の枠線] の▼→[テーマの色]→[白、背景1、黒+基本色5%]をクリックします①。

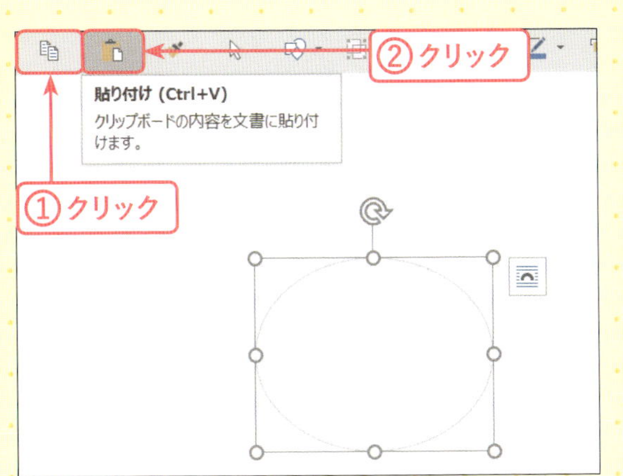

5 楕円を複製する

図形が選択された状態で、[コピー] をクリックし①、続いて[貼り付け] をクリックします②。

MEMO

図形が選択された状態でCtrl+Dキーを押すと、かんたんに複製できます。

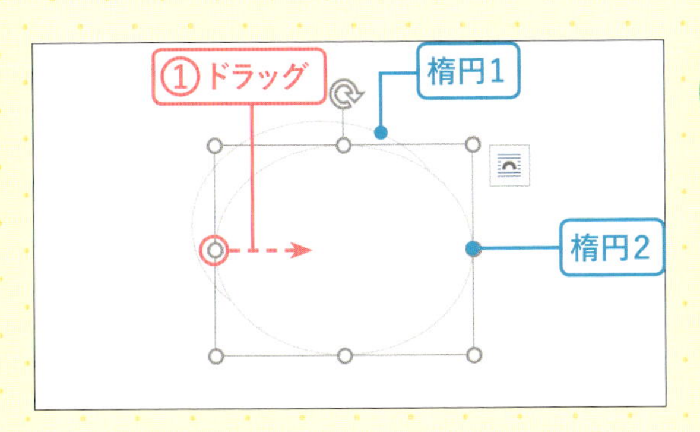

6 楕円2の横幅を縮小する

楕円が2つになりました。背面の楕円を「楕円1」、前面の楕円を「楕円2」とします。「楕円2」が選択された状態で、[サイズハンドル]を楕円の中心へ向かってドラッグし①、縮小します。

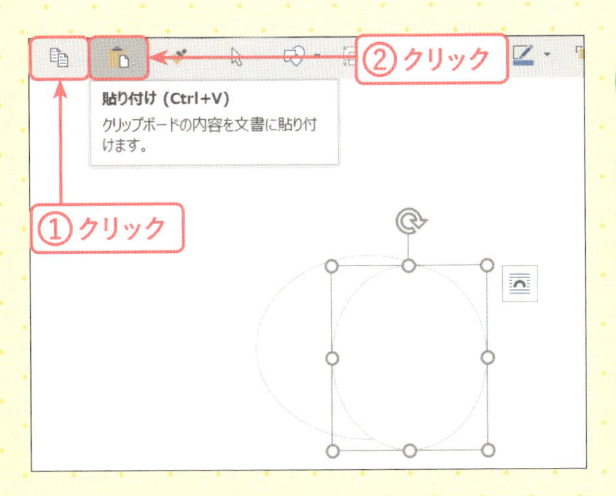

7 楕円2を複製する

「楕円2」が選択された状態で、[コピー] をクリックし①、続いて[貼り付け] をクリックします②。

8 楕円3を移動する

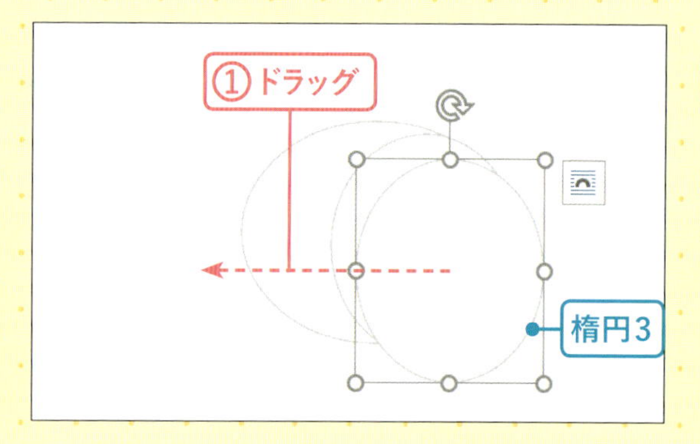

「楕円2」と同じ図形が複製されました。この楕円を「楕円3」とします。「楕円3」をドラッグして①、「楕円1」の上に移動します。

9 楕円2を移動する

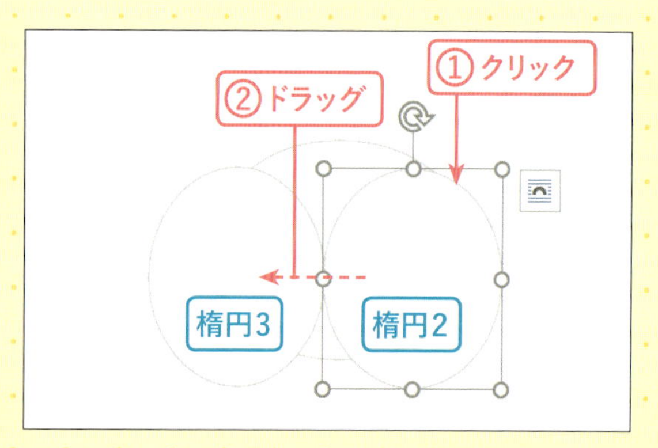

「楕円2」をクリックして選択し①、「楕円1」と「楕円3」の間へドラッグして移動します②。

10 楕円2に色の設定をする

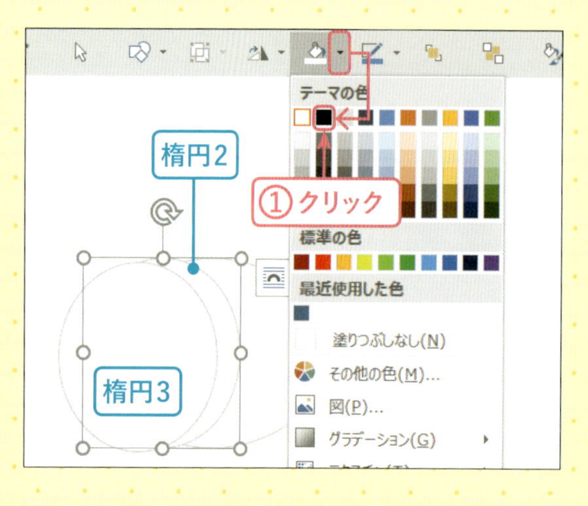

「楕円2」が選択された状態で、[図形の塗りつぶし] の▼→[テーマの色]→[黒、テキスト1]をクリックします①。

11 楕円2に枠線の設定をする

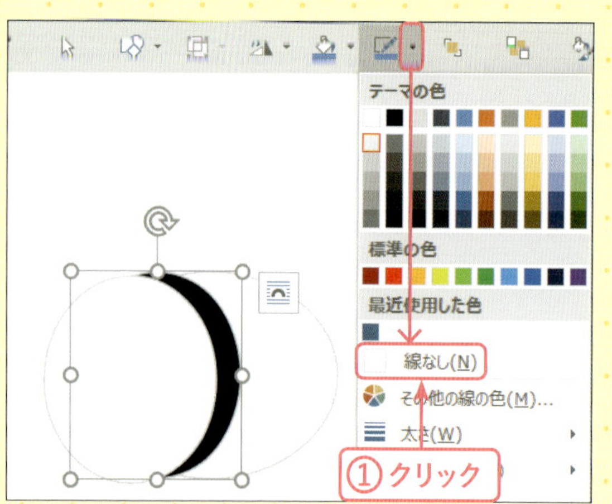

「楕円2」が選択された状態で、[図形の枠線] の▼→[線なし]をクリックします①。

12 3つの楕円をグループ化する

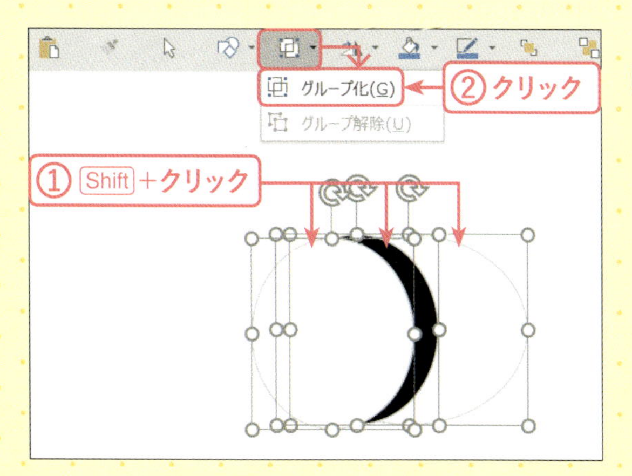

Shiftキーを押しながら3つの楕円をクリックし①、[オブジェクトのグループ化]→[グループ化]をクリックします②。

13 顔を最前面にする

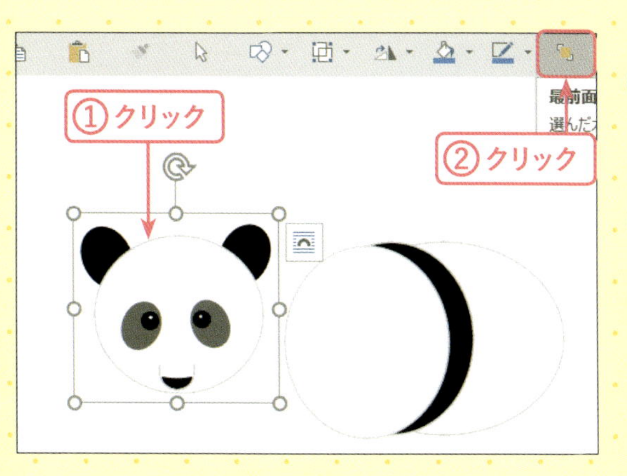

顔をクリックして選択し①、[最前面へ移動]をクリックします②。

14 顔を体に重ねる

顔が選択された状態で、図のように体に重ねます①。

15 体と顔をグループ化する

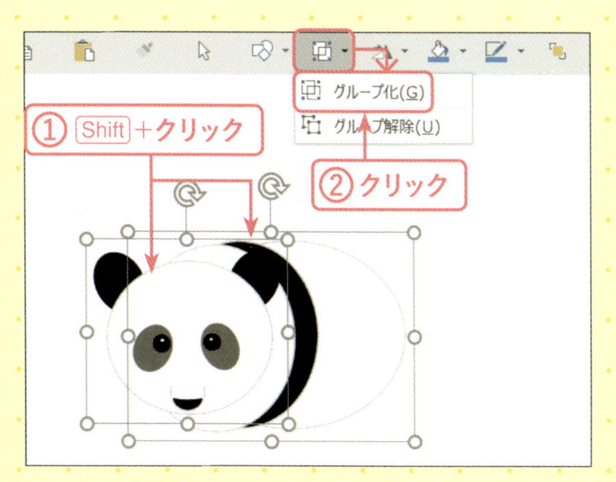

Shiftキーを押しながら顔と体をクリックし①、[オブジェクトのグループ化]→[グループ化]をクリックします②。グループ化され、体と顔ができました。

第1章 パンダを描こう

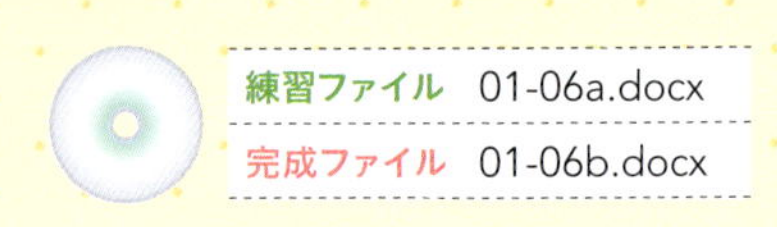

足を描こう

2つの図形を組み合わせて、足と甲のパーツを描きます。

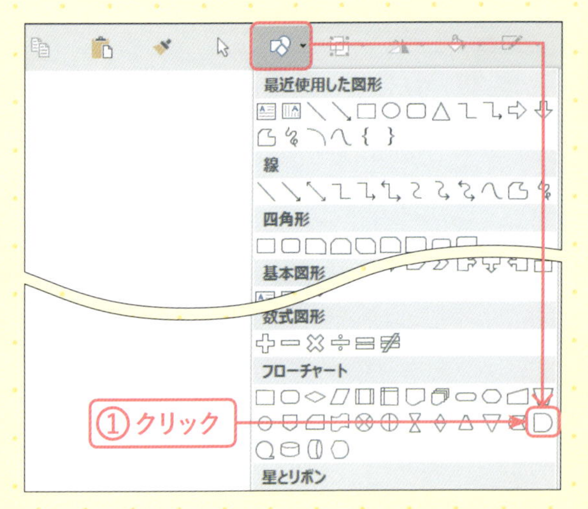

1 [論理積ゲート]を選択する

[図形の作成]] →[フローチャート]→[フローチャート:論理積ゲート] をクリックします①。

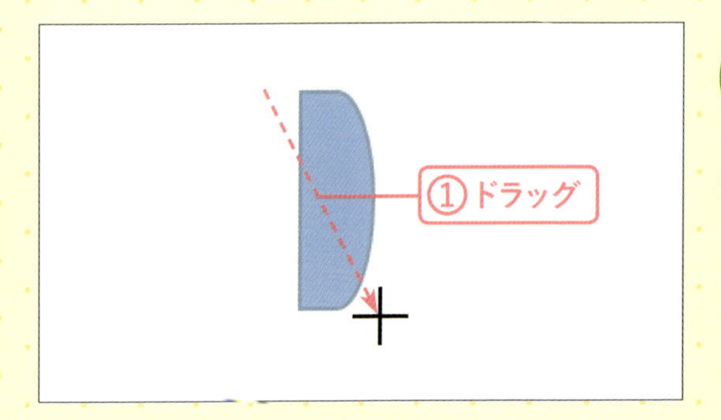

2 縦長の図形を描く

斜め下にドラッグし、縦長の図形を描きます①。

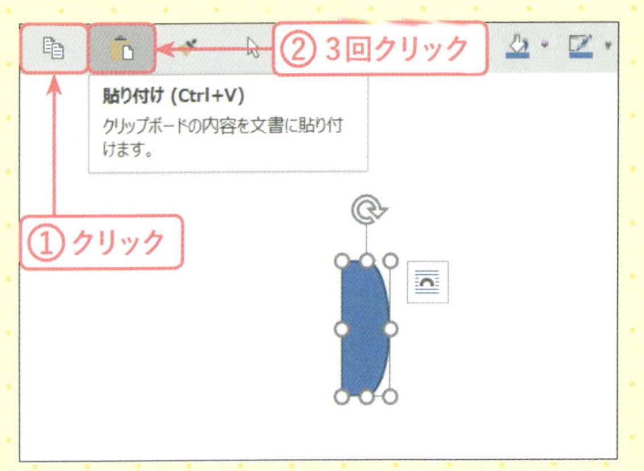

3 図形を複製する

図形が選択された状態で、[コピー] をクリックし①、続いて[貼り付け] を3回クリックします②。

MEMO
図形が選択された状態でCtrl+Dキーを押すと、かんたんに複製できます。

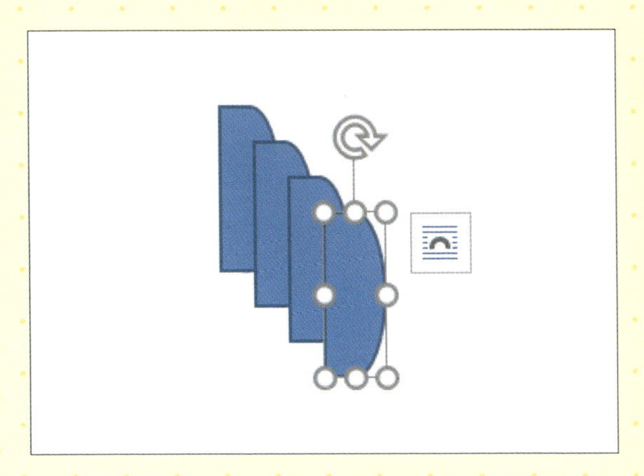

4 図形が4つになった

合計4つの図形ができました。

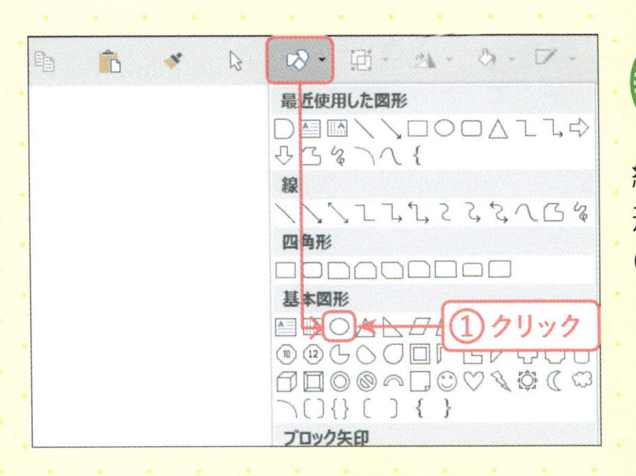

5 ［楕円］を選択する

続いて足の甲の部分を描いていきます。［図形の作成］→［基本図形］→［楕円］（Word 2013は［円/楕円］）をクリックします①。

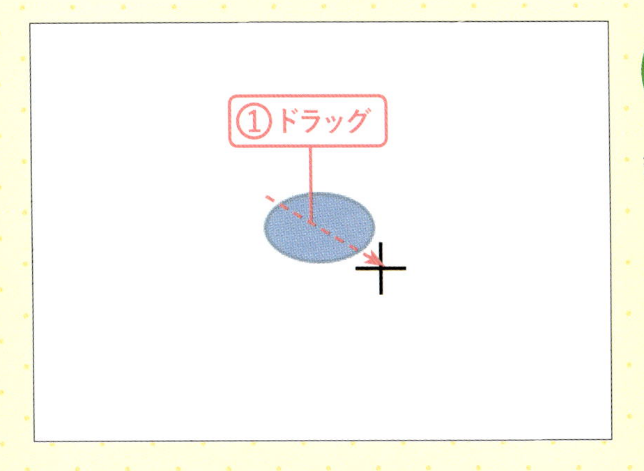

6 横長の楕円を描く

斜め下にドラッグし、横長の楕円を描きます①。

7 楕円を複製する

楕円が選択された状態で、［コピー］をクリックし①、続いて［貼り付け］を3回クリックします②。

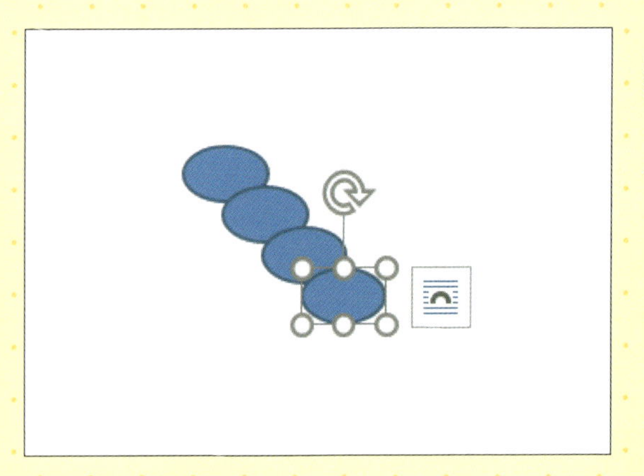

8 図形が4つになった

合計4つの図形ができました。

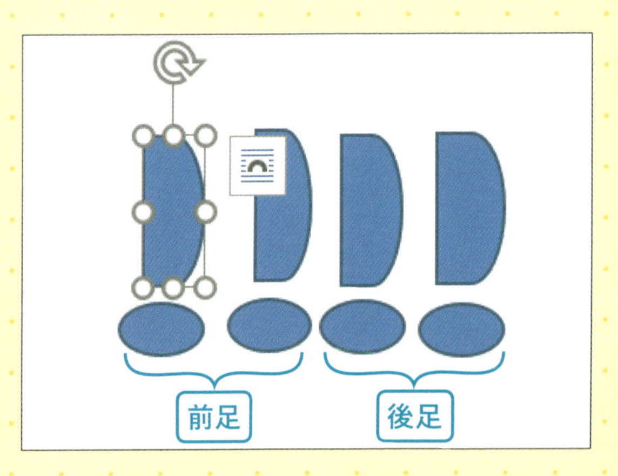

9 図形を並べる

足と足の甲の2種類の図形を、図のように並べます。

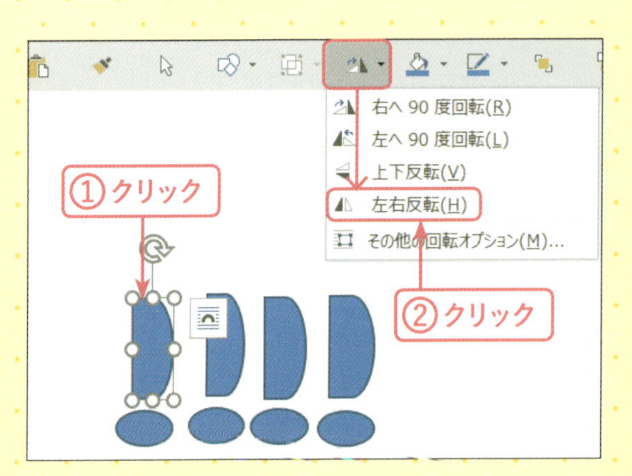

10 前足の向きを変える

前足になる一番左の足をクリックし①、[オブジェクトの回転]→「左右反転」をクリックします②。

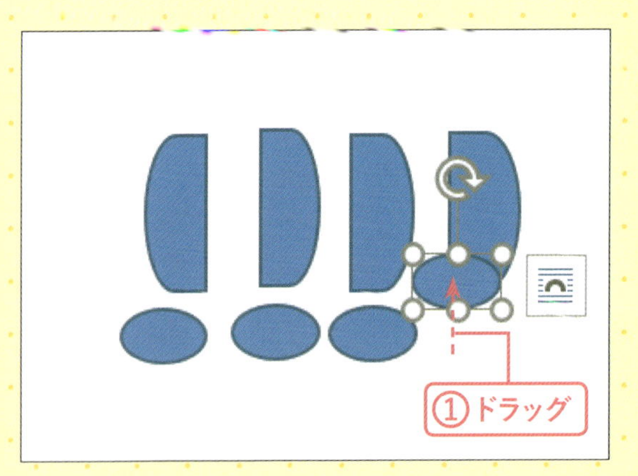

11 図形を組み合わせる

前足の向きが変わりました。足と足の甲を図のようにドラッグし①、組み合わせます。残り3本の足すべてにこの操作を行い、前足と後ろ足にします。

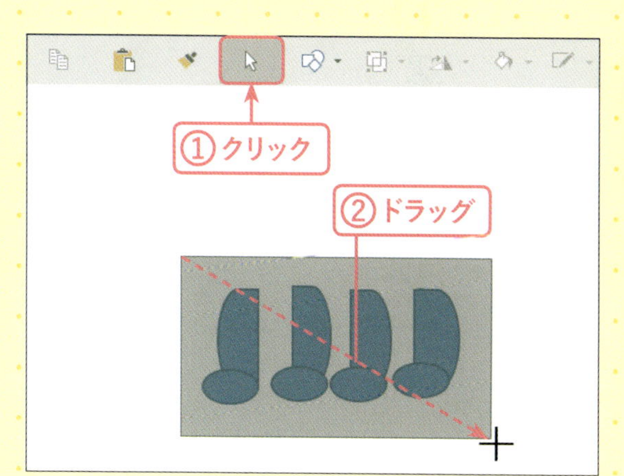

12 すべての足を選択する

［オブジェクトの選択］をクリックし①、前足と後足の図形を囲むようにドラッグし②、選択します。

13 図形に色の設定をする

すべての図形が選択された状態で、［図形の塗りつぶし］の▼→［テーマの色］→［黒、テキスト1］をクリックします①。

14 図形に枠線の設定をする

図形が選択された状態で、［図形の枠線］の▼→［線なし］をクリックします①。

15 足ができた

足ができました。

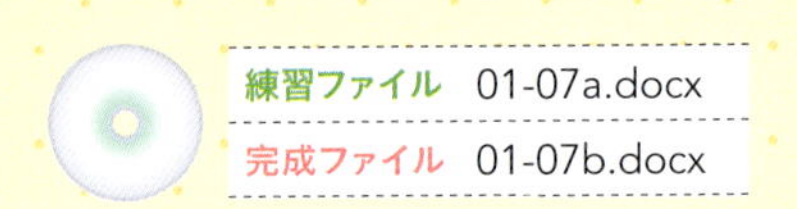

SECTION 07

パンダのパーツをまとめよう

足の甲の向きに注目し、図形を変化させて可愛い足にします。

1 体を前面へ移動する

図のように、体を足の上に配置します①。体が選択された状態で、[最前面へ移動]をクリックします②。

2 体が前面になった

体が前面になりました。

3 足の位置や大きさを調整する

図のように前足と後ろ足の大きさや向き、位置を調整します①。

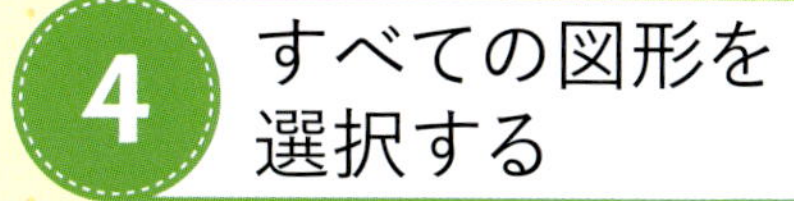

4 すべての図形を選択する

［オブジェクトの選択］をクリックし①、すべてのパーツをドラッグして囲みます②。

5 グループ化する

すべての図形が選択された状態で［オブジェクトのグループ化］→［グループ化］をクリックします①。

6 パンダが完成した

パンダの完成です。

CHECK!

[図形の枠線] の既定値を変更する

Word 2016、2013では、図形を挿入時に表示される枠線の太さは「1ポイント」が既定値(初期設定)です。あとから図形を縮小した場合でも、枠線の太さは変化しません。
描きはじめる前に、枠線の太さを細く設定しておくことで、枠線が目立つのを防ぐことができます。
必要であれば、線はあとから太くすることができます。

❶ 描いた図形を選択し、[図形の枠線] の▼→[太さ]で線の太さを[0.5pt]に設定します。

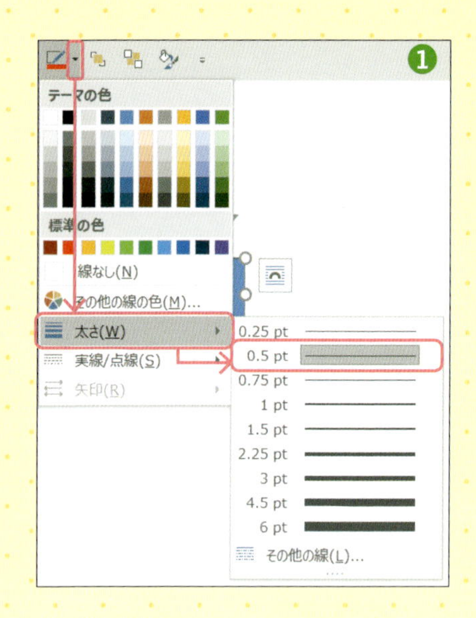

❷ 図形の上で右クリックし、[既定の図形に設定]をクリックします。

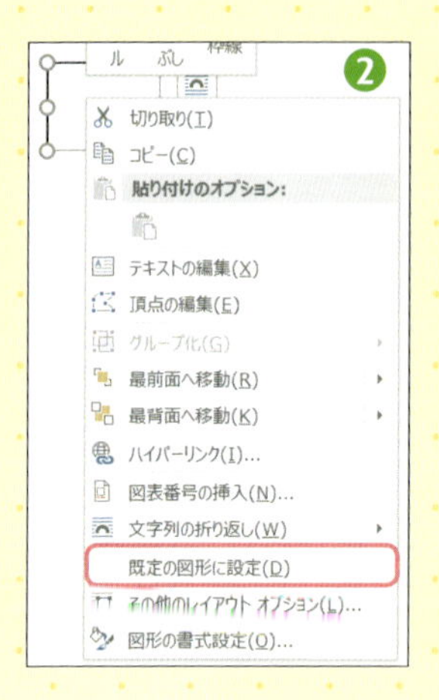

❸ 次に挿入する図形からは、変更した形式(設定した0.5ptの太さ)の図形で描かれます。

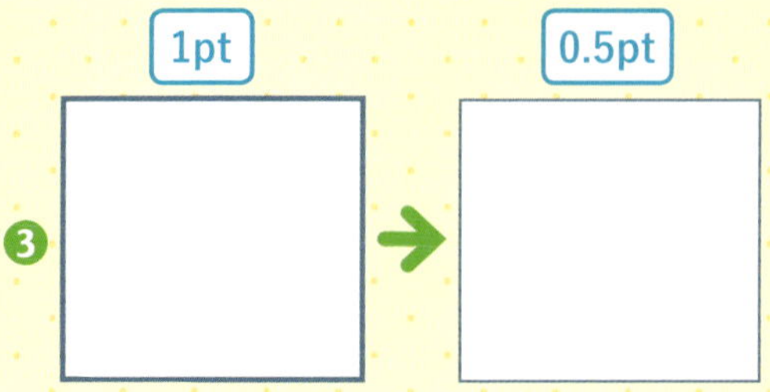

この既定値は同じファイル内のみ有効で、新規作成ファイルには反映されません。

椿を描こう

「クイックアクセスツールバー」は
完成していますか？
まだの場合は、
P.6「絵を描く準備をしよう」を
参照してください。

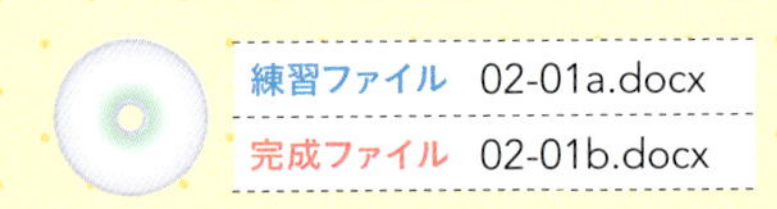

花びらを描こう

楕円を5つ重ね合わせて椿の花にします。

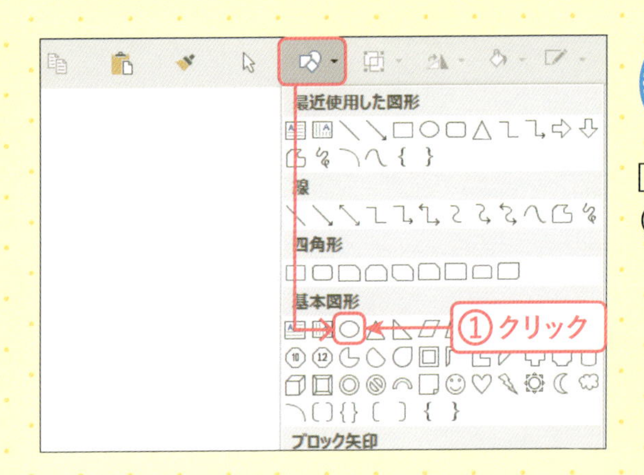

1 [楕円]を選択する

[図形の作成]→「基本図形」→[楕円](Word 2013は[円/楕円])をクリックします①。

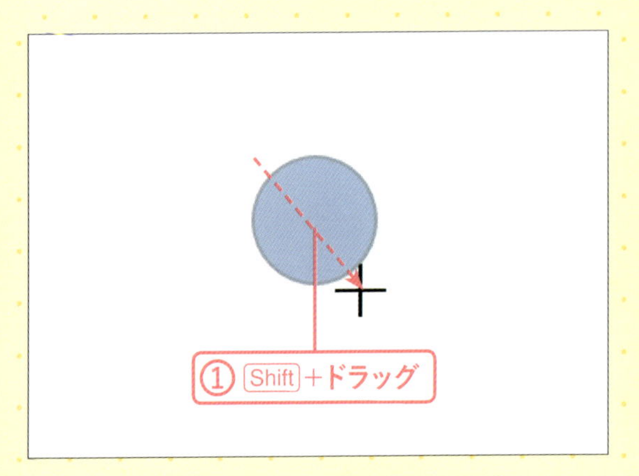

2 正円を描く

Shiftキーを押しながら斜め下にドラッグし、小さめの正円を描きます①。

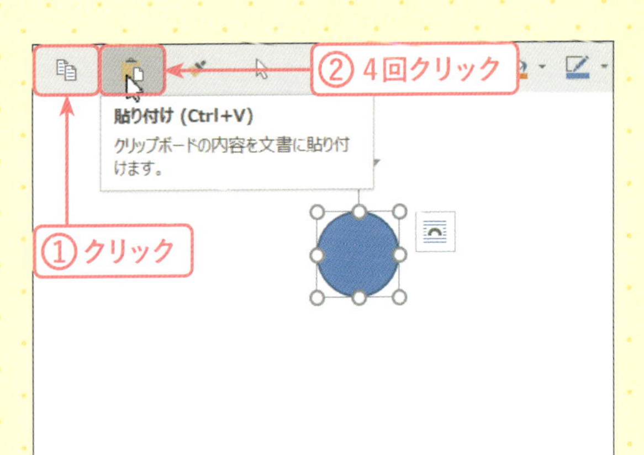

3 図形を複製する

正円が選択された状態で、[コピー]をクリックし①、続いて[貼り付け]を4回クリックします②。

MEMO

図形が選択された状態でCtrl+Dキーを押すと、かんたんに複製できます。

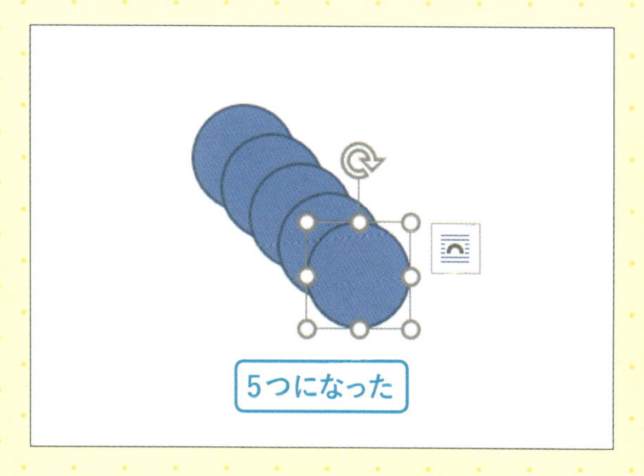

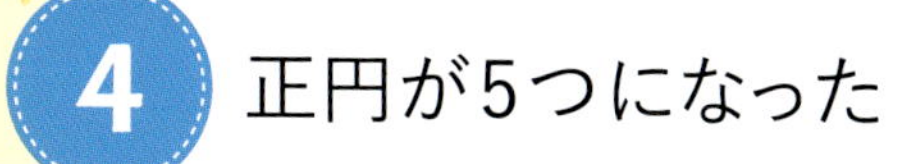

4 正円が5つになった

正円が5つになりました。

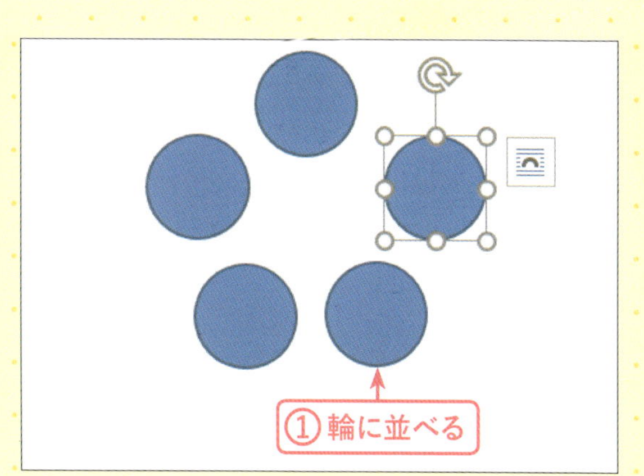

5 正円を輪に並べる

ここでは次の手順❻の作業がしやすいように、正円を1つずつ図のように隙間を空けて輪に並べます①。

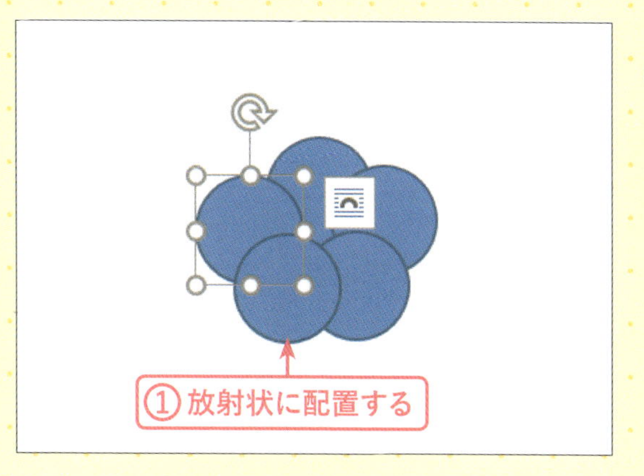

6 正円を放射状に配置する

続いて図のように、隙間なく放射状に配置します①。重ね方に順番はありません。

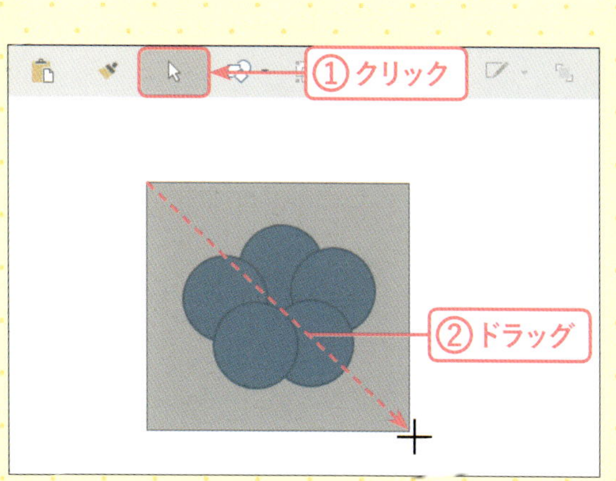

7 5つの正円を選択する

[オブジェクトの選択] をクリックし①、ドラッグして5つの図形を大きく囲みます②。

MEMO

[オブジェクトの選択] は、たくさんの図形を一度に選択する方法です。図形の数が少ないときは、Shift キーを押しながら図形をクリックして選択します。

8 グループ化する

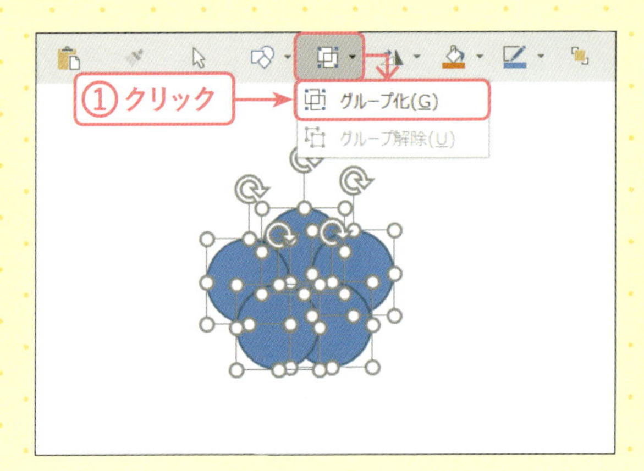

[オブジェクトのグループ化] →[グループ化]をクリックします①。

9 図形に色の設定をする

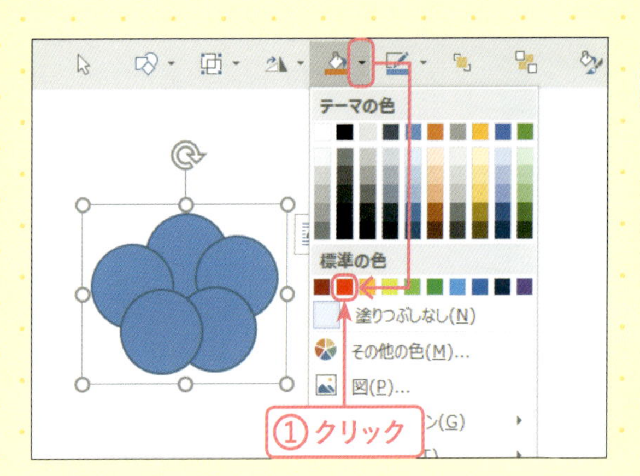

グループ化された図形が選択された状態で、[図形の塗りつぶし] の▼→[標準の色]→[赤]をクリックします①。

10 図形に枠線の設定をする

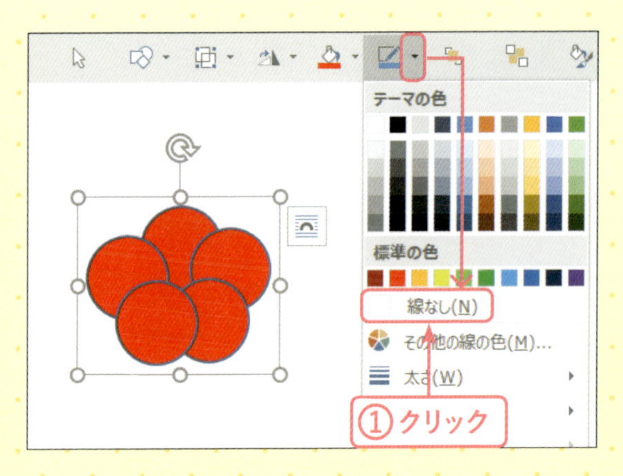

図形が選択された状態で[図形の枠線] の▼→[線なし]をクリックします①。

11 花びらができた

花びらができました。

CHECK!

グループ化したまま色を塗り替える

グループ化してある図形を、グループ化の解除をしないで色を塗り替えることができます。たとえば、花の色をあとから変えたくなったときなどに使います。

❶ 色を変更したい図形を選びます。このときのポイントは、はじめに図形全体をクリックし、再度、変更したい図形だけを選んでクリックします。

❷ 新しい色を塗ります。

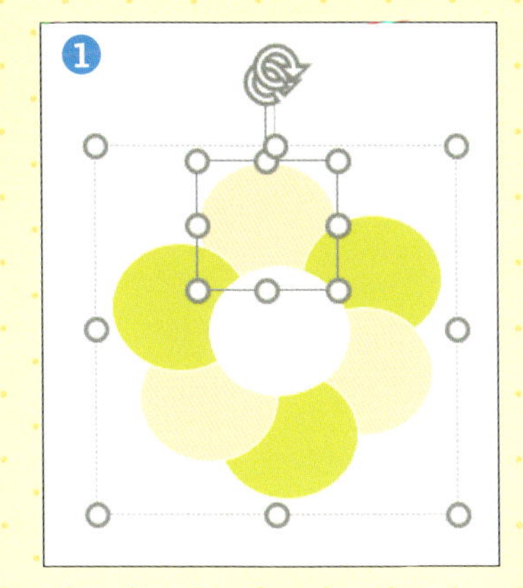

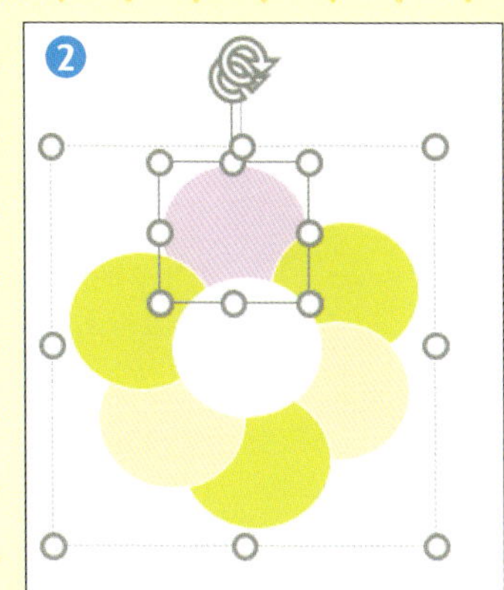

❸ 次に塗り替えたい図形だけをクリックします。ここは慎重に選択します。

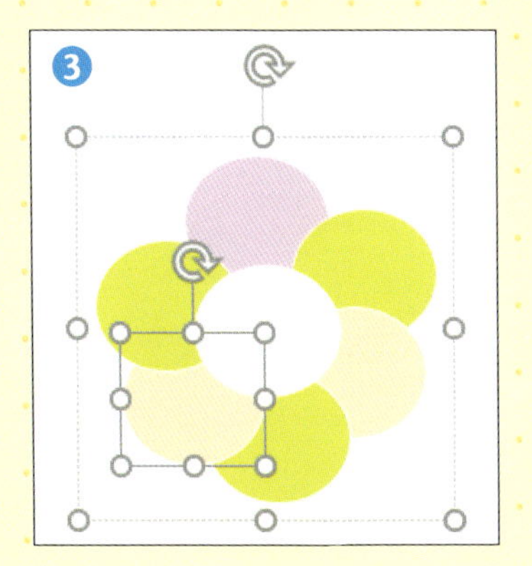

❹ クイックアクセスツールバーにある[繰り返し 塗りつぶしの色] をクリックします。手順❷で塗った色が反映されます。

❺ この操作を繰り返して、図形に新しい色を塗ります。

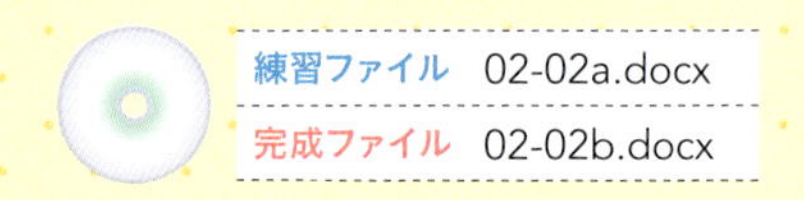

シベを描こう①

台形の頂点を編集して、シベのパーツを描きます。

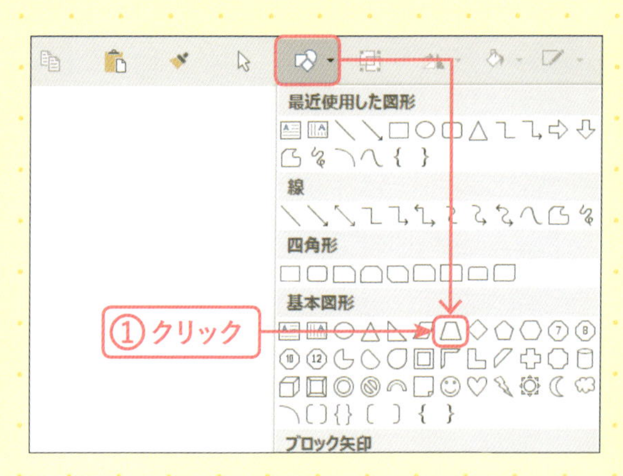

1 [台形]を選択する

[図形の作成] → [基本図形] → [台形] をクリックします①。

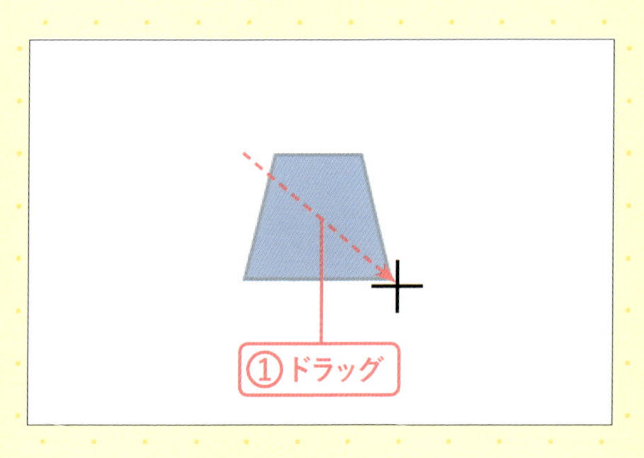

2 台形を描く

斜め下にドラッグし、台形を描きます①。

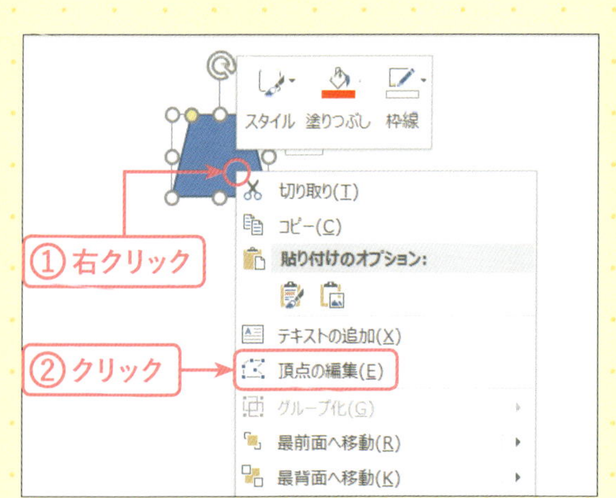

3 台形の頂点を表示する

図形の上で右クリックし①、[頂点の編集]をクリックします②。

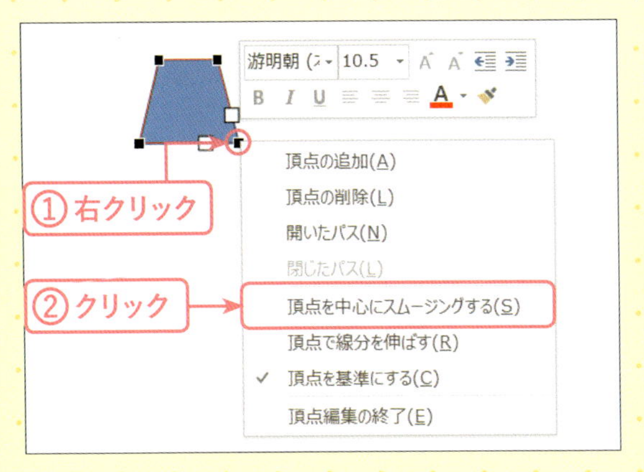

4 台形の底辺を変形する

図形の右下の頂点で右クリックし①、[頂点を中心にスムージングする]をクリックします②。

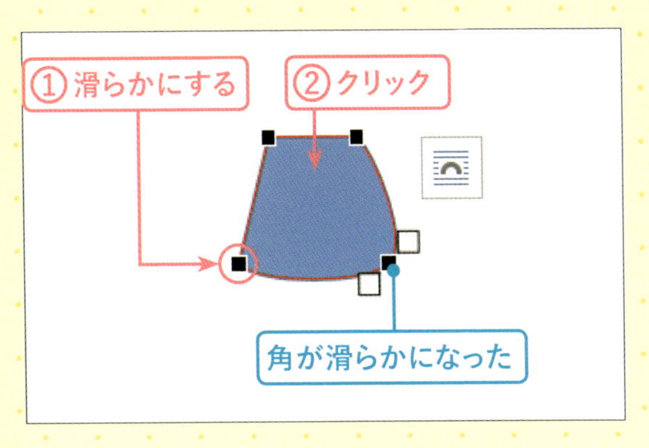

5 台形が変形した

右下の角が滑らかになりました。手順❹を参考に、左下の頂点も同じように滑らかにします①。そのあと、図形上をクリックし②、編集モードを解除しておきます。

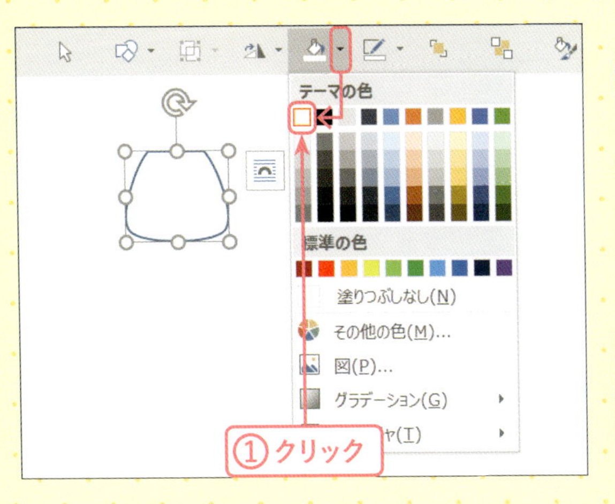

6 図形に色の設定をする

図形が選択された状態で、[図形の塗りつぶし]の▼→「テーマの色」→[白、背景1]をクリックします①。

MEMO
次の手順で図形を見えやすくするため、色の付いた四角で背景を描き、[最背面へ移動]をクリックしておきます。

7 図形に枠線の設定をする

ここでは手順❻のMEMOで描いた、四角の背景の上で操作をしてください。白い図形が選択された状態で[図形の枠線]の▼→[線なし]をクリックします①。シベのパーツの1つ目ができました。これを「シベ1」とします。

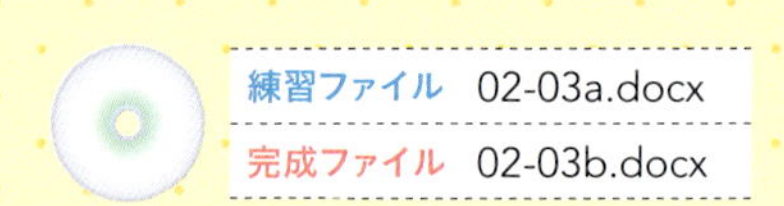

シベを描こう②

フリーハンドを使うときは大きく描いてから全体を縮小しましょう。

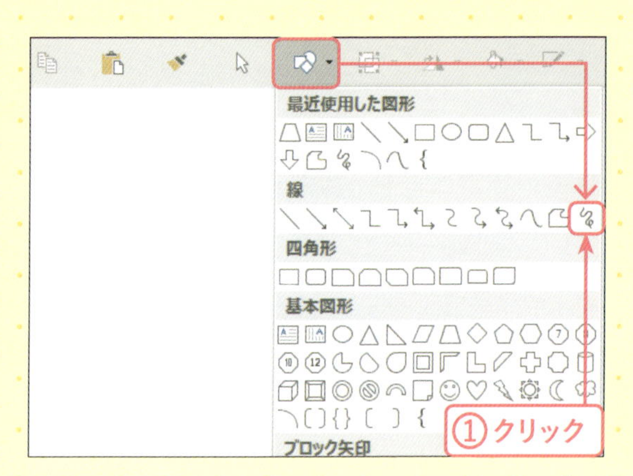

1 ［フリーハンド］を選択する

［図形の作成］→［線］→［フリーフォーム：フリーハンド］（Word 2013は［フリーハンド］）をクリックします①。

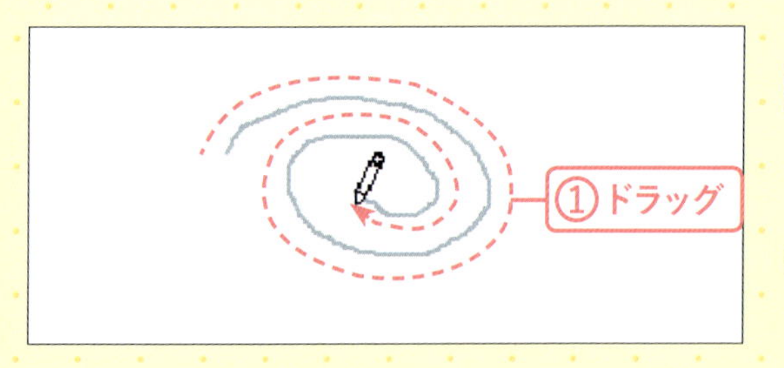

2 フリーハンドで線を描く

ドラッグすると先端がの形に変わるので、図のように渦巻きを描きます①。

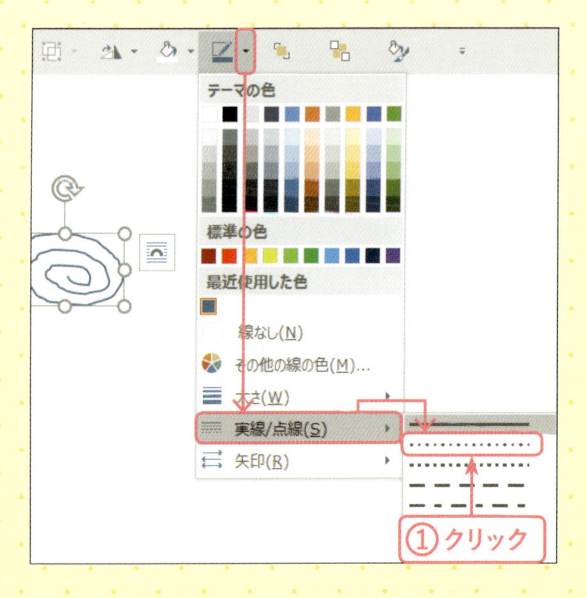

3 線の種類を変える

線が選択された状態で、［図形の枠線］の▼→［実線/点線］→［点線（丸）］をクリックします①。

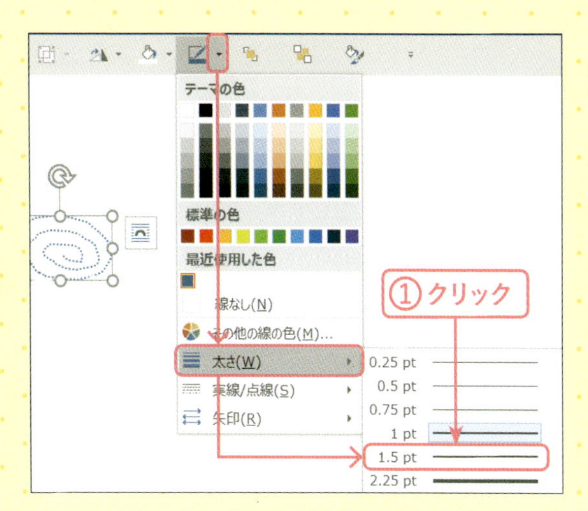

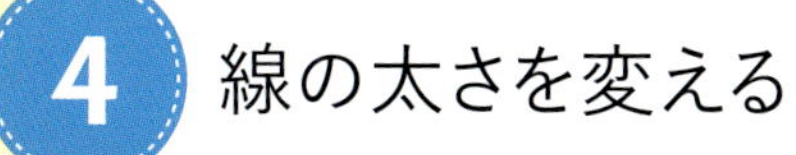

4 線の太さを変える

線が選択された状態で、[図形の枠線]の▼→[太さ]→[1.5pt]をクリックします①。

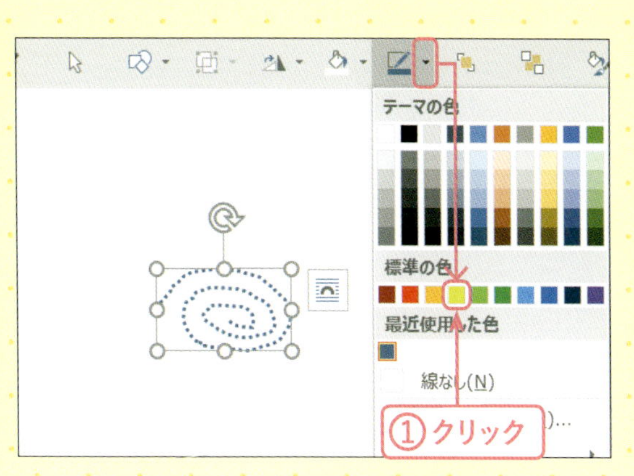

5 線に色の設定をする

線が選択された状態で、[図形の枠線]の▼→[標準の色]→[黄]をクリックします①。

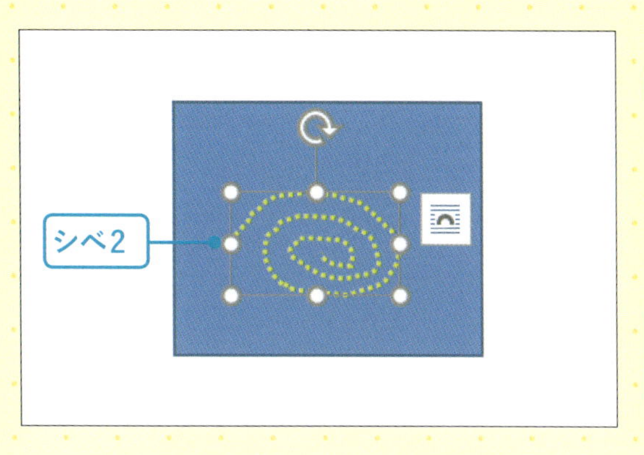

6 シベのパーツ2が描けた

シベのパーツの2つ目ができました。これを「シベ2」とします。

MEMO
ここでは線を見やすくするため、一時的に背景を作っています。

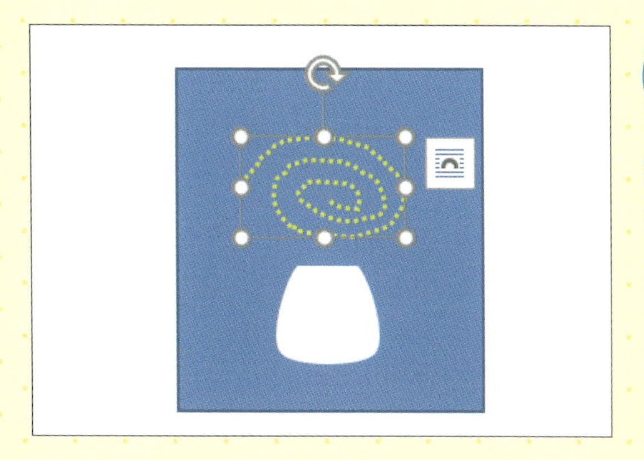

7 2つのパーツを並べる

「シベ1」の上方に「シベ2」の渦巻きを図のように配置します。

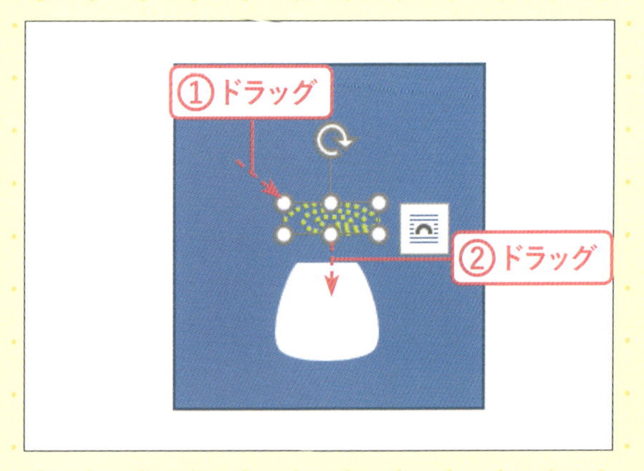

8 大きさを調整し シベ2に重ねる

図を参考に、「シベ2」の左右上下をドラッグして、大きさを調整します①。そのあと、「シベ1」の上にドラッグして重ねます②。

9 2つの図形を選択する

「シベ2」が選択された状態で、Shiftキーを押しながら「シベ1」をクリックします①。

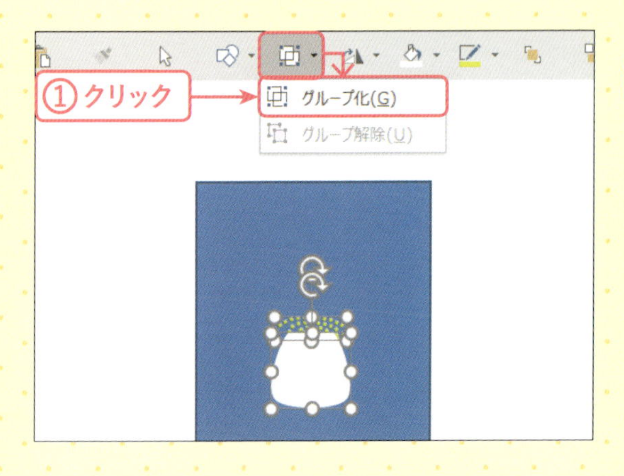

10 グループ化する

2つの図形が選択された状態で、[オブジェクトのグループ化]→[グループ化]をクリックします①。

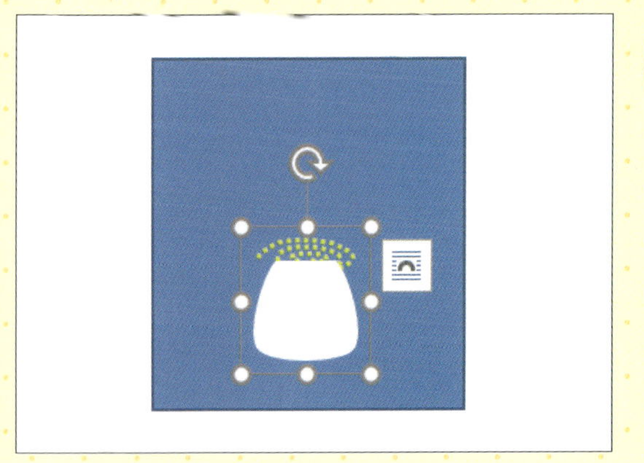

11 シベができた

シベができました。

練習ファイル 02-04a.docx
完成ファイル 02-04b.docx

SECTION 04

花のパーツをまとめよう

花の幅の3分の1くらいに大きさを調整します。

1 花にシベを重ねる

花の中心にシベをドラッグして重ねます①。大きさや位置は花の形に合わせて適宜調整します。

グループ化(G)
グループ解除(U)
① Shift +クリック
② クリック

2 グループ化する

Shiftキーを押しながら花とシベをクリックします①。[オブジェクトのグループ化] →[グループ化]をクリックします②。

3 椿の花の部分ができた

椿の花の部分ができました。

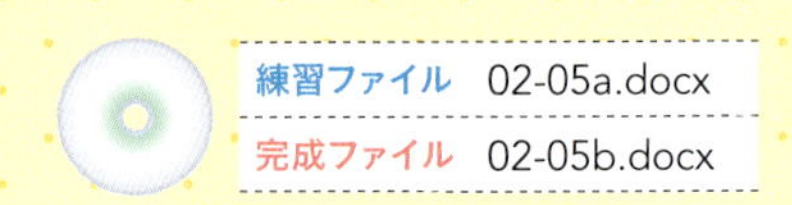

葉を描こう

月の頂点を編集して葉を描きます。

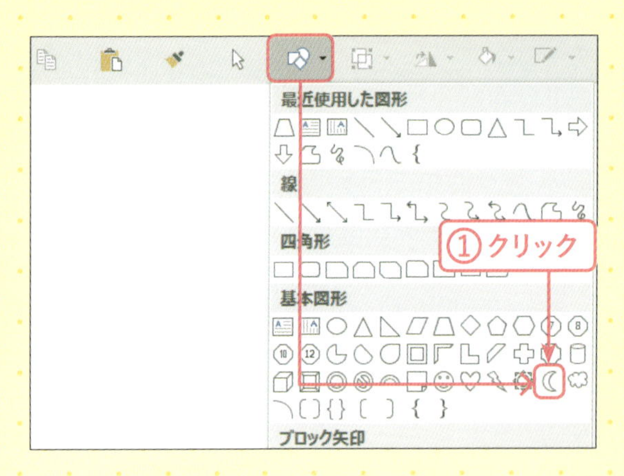

1 [月]を選択する

[図形の作成] → [基本図形] → [月] をクリックします①。

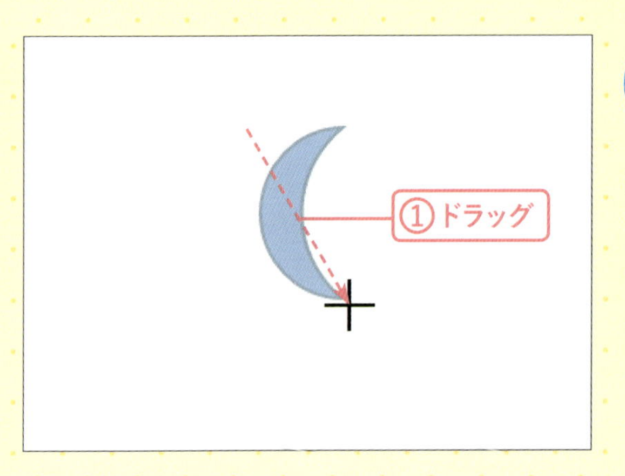

2 月を描く

斜め下にドラッグし、月を描きます①。

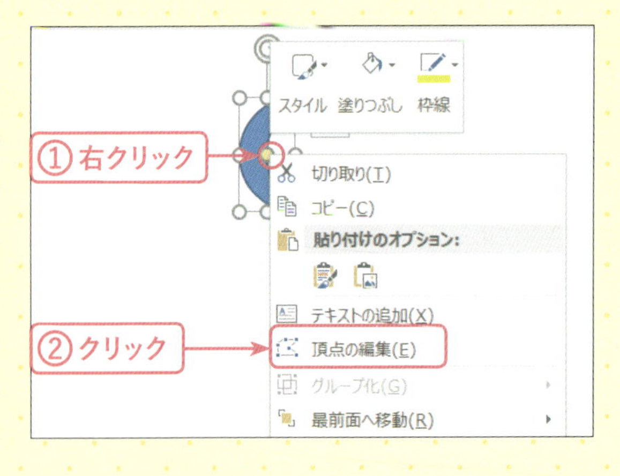

3 月の頂点を表示する

図形が選択された状態で、黄色の[調整ハンドル] の上で右クリックし①、[頂点の編集]をクリックします②。

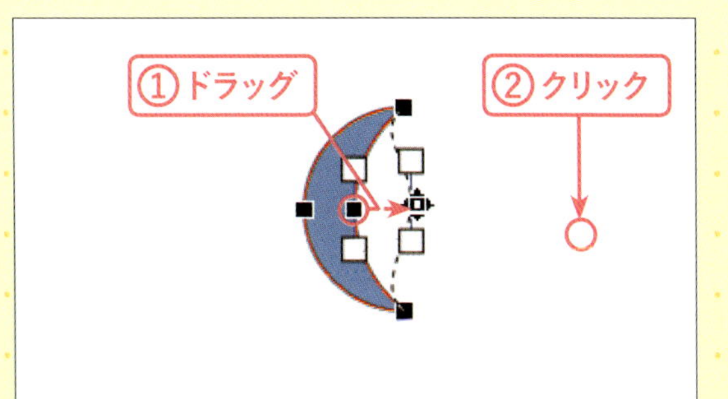

4 月を変形して葉の形にする

図形の内側中心にある頂点を右のほうへ少しドラッグします①。画面の余白をクリックして②、図形の編集を解除しておきます。

5 図形に色の設定をする

葉の形になりました。図形が選択された状態で、[図形の塗りつぶし]の▼→[標準の色]→[緑]をクリックします①。

6 図形に枠線の設定をする

図形が選択された状態で[図形の枠線]の▼→[線なし]をクリックします①。

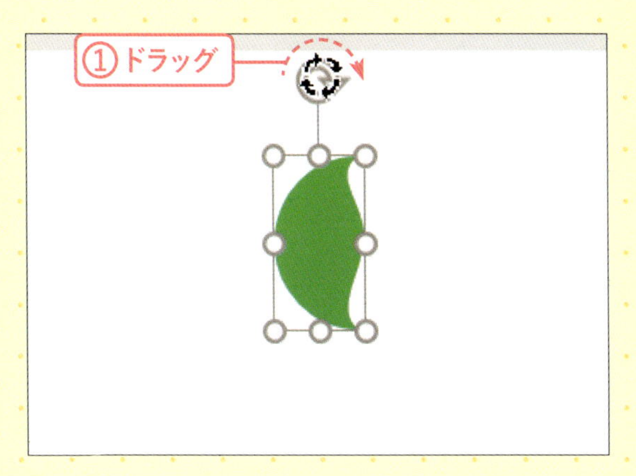

7 図形を回転する

図形が選択された状態で、[回転ハンドル]をドラッグして①、図形を右に回転します。

8 回転した

図形が回転しました。

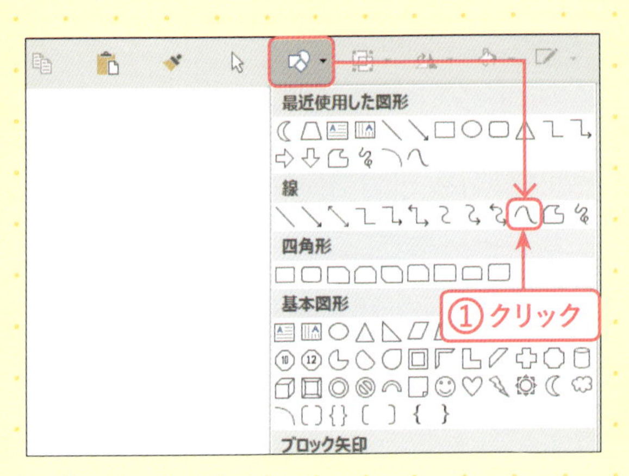

9 [曲線]を選択する

ここからは葉脈を描きます。[図形の作成]→[線]→[曲線]をクリックします①。

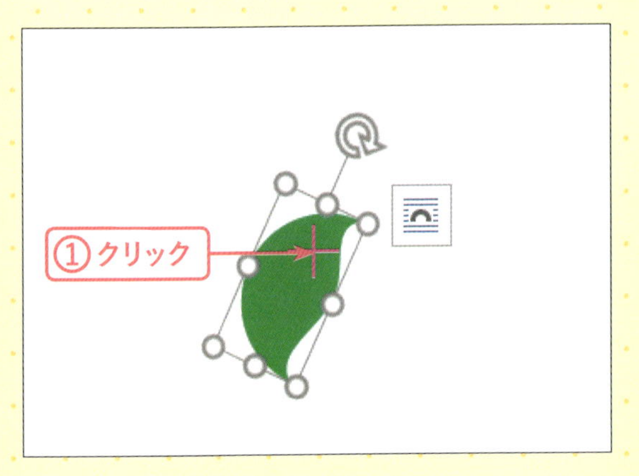

10 始点をクリックする

葉の中央に、曲線で葉脈を描いていきます。まずは始点をクリックします①。

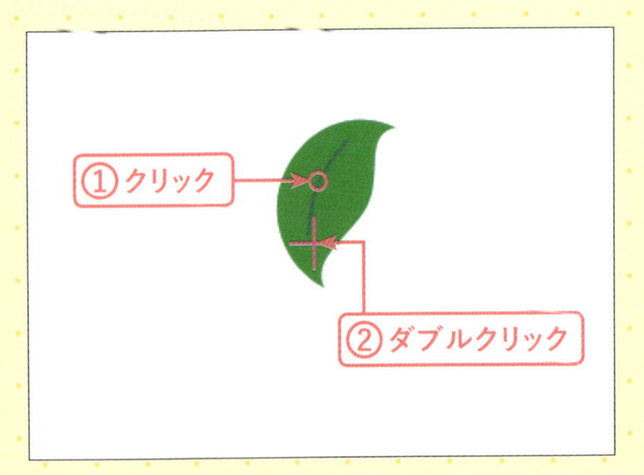

11 曲げる位置でクリックする

マウスを移動し、曲げる位置でクリックします①。終点でダブルクリックします②。

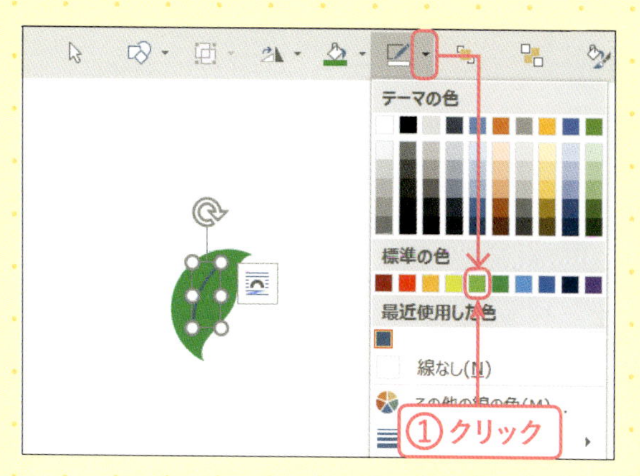

12 線に色の設定をする

1本の曲線ができました。線が選択された状態で、[図形の枠線]の▼→[標準の色]→[薄い緑]をクリックします①。

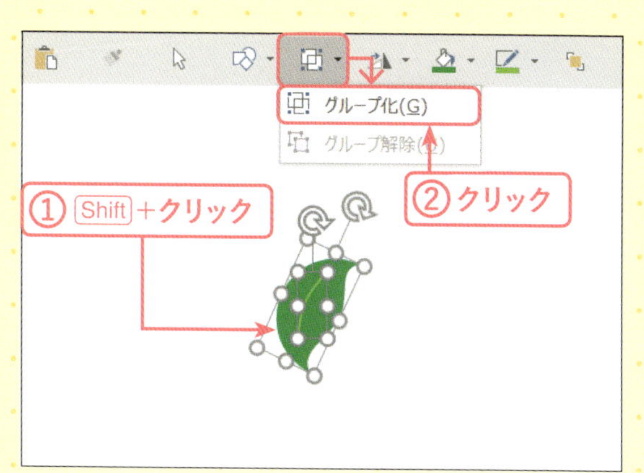

13 グループ化する

線が選択された状態で、Shiftキーを押しながら葉をクリックします①。[オブジェクトのグループ化]→[グループ化]をクリックします②。

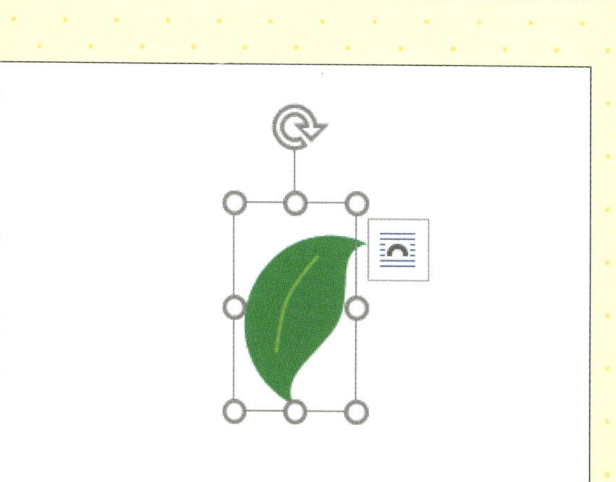

14 葉ができた

葉が1枚できました。

CHECK! [元に戻す]ボタンを使う

細かい操作をしていて間違えたり、考えていた通りにならなかったりすることはよくあります。そんなときは、クイックアクセスツールバーにある[元に戻す]を使いましょう。何手順でも前に戻すことができます。戻しすぎてしまった場合は、[やり直し]をクリックします。

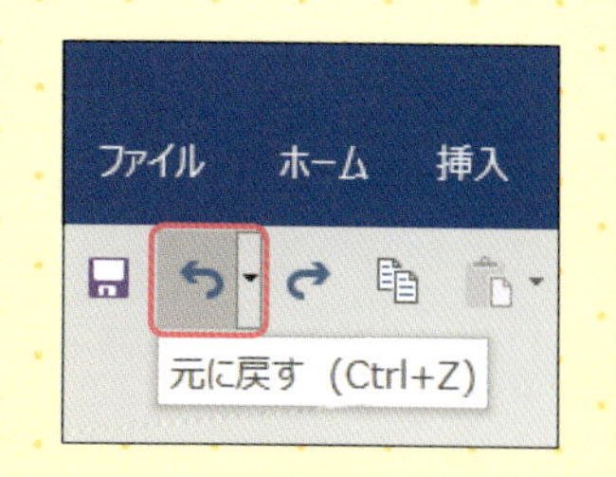

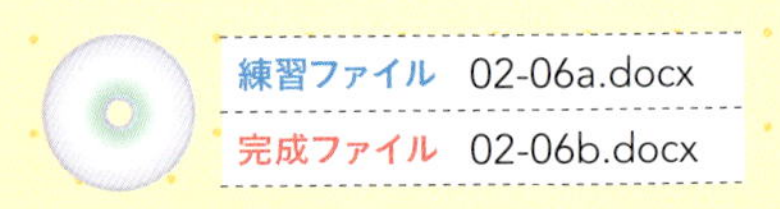

つぼみを描こう

複製した3つの楕円を、重なりの順序を変えずにつぼみを描いていきます。

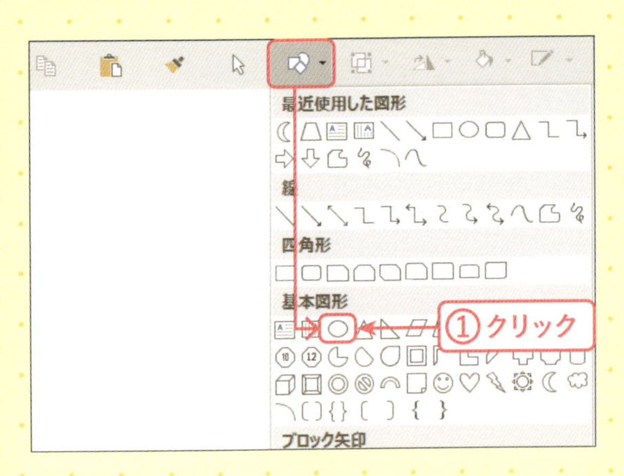

1 [楕円]を選択する

[図形の作成]→[基本図形]→[楕円](Word 2013は[円/楕円])をクリックします①。

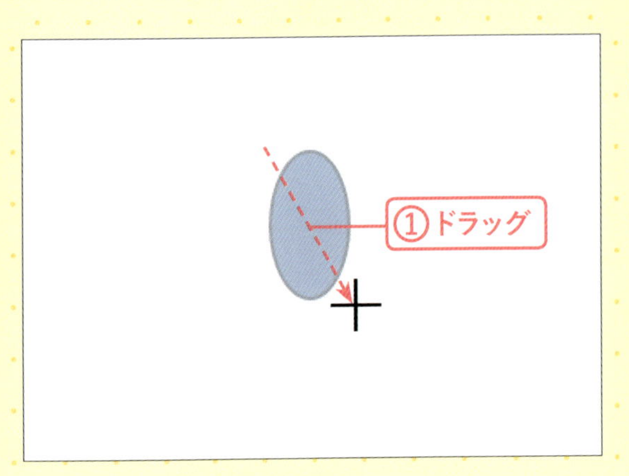

2 楕円を描く

斜め下にドラッグし、縦長の楕円を描きます①。

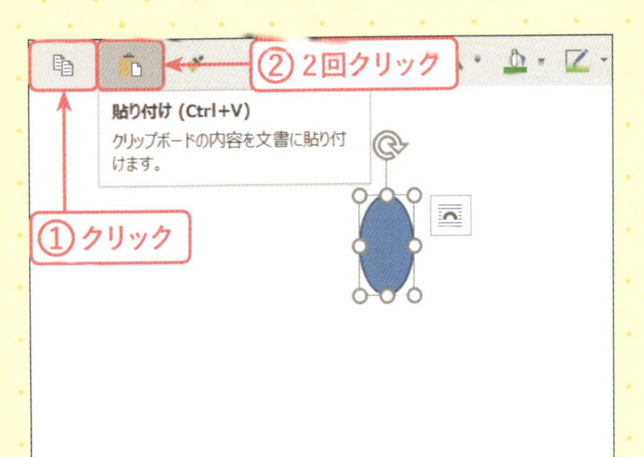

3 図形を複製する

図形が選択された状態で、[コピー]をクリックし①、続いて[貼り付け]を2回クリックします②。

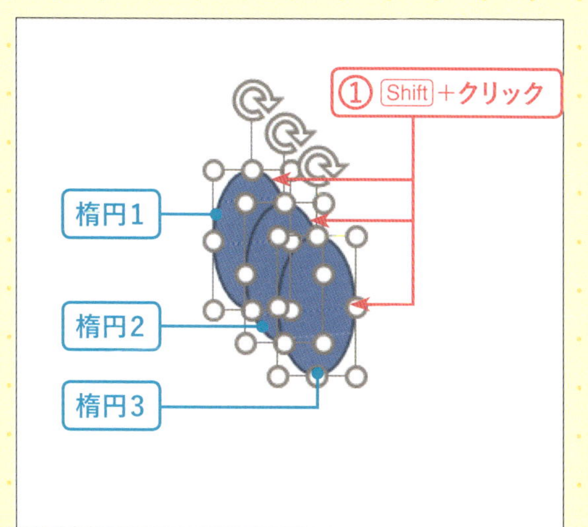

4 3つの楕円を選択する

3つの楕円ができました。重なり順に下から「楕円1」「楕円2」「楕円3」として説明していきます。「楕円3」が選択された状態で、Shiftキーを押しながら「楕円1」と「楕円2」をクリックし、すべての楕円を選択します①。

MEMO
Shiftキーを押しながら図形をクリックすると、複数の図形を選択できます。Shiftキーを押しながらもう一度クリックすると、その図形のみ選択を解除できます。

5 図形に色の設定をする

［図形の塗りつぶし］の▼→［標準の色］→［薄い緑］をクリックします①。画面の余白をクリックし②、選択を解除しておきます。

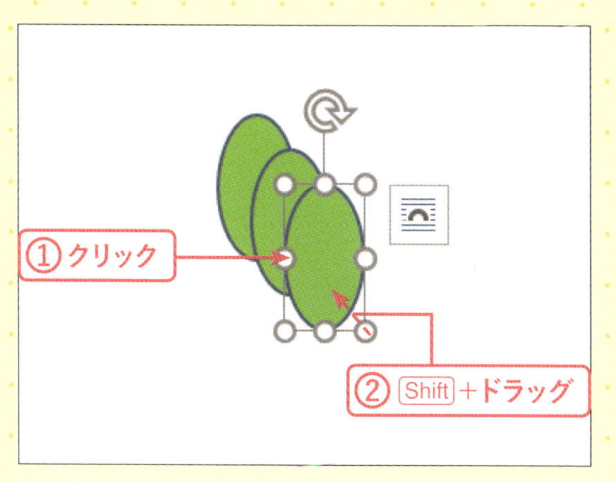

6 楕円3を縮小する

「楕円3」をクリックします①。Shiftキーを押しながら右下の［サイズハンドル］を斜め内側へドラッグし②、「楕円2」より少しだけ小さくします。

MEMO
Shiftキーを押しながら角の［サイズハンドル］をドラッグすると、縦横比が固定のまま拡大／縮小できます。

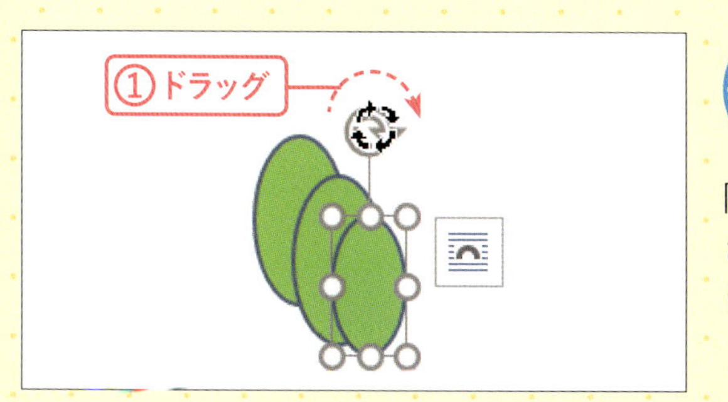

7 楕円3を回転する

「楕円3」が小さくなりました。「楕円3」が選択された状態で、［回転ハンドル］をドラッグして①、少し右に回転します。

8 楕円1に色の設定をする

「楕円1」をクリックして選択し①、[図形の塗りつぶし]の▼→[テーマの色]→[ゴールド、アクセント4、白+基本色80％]をクリックします②。

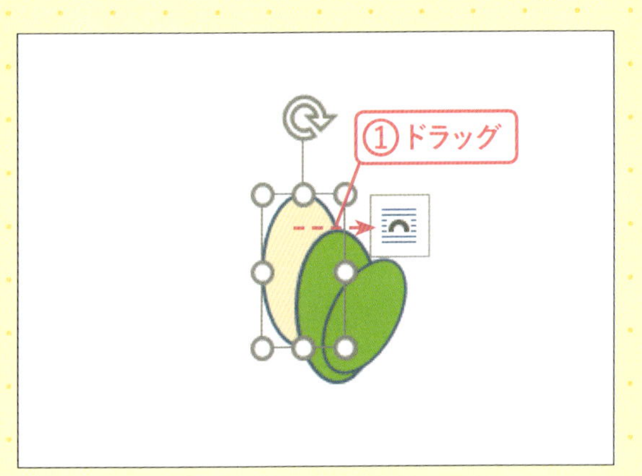

9 楕円1を移動する

「楕円1」を、「楕円2」と「楕円3」の後ろへドラッグして移動します①。

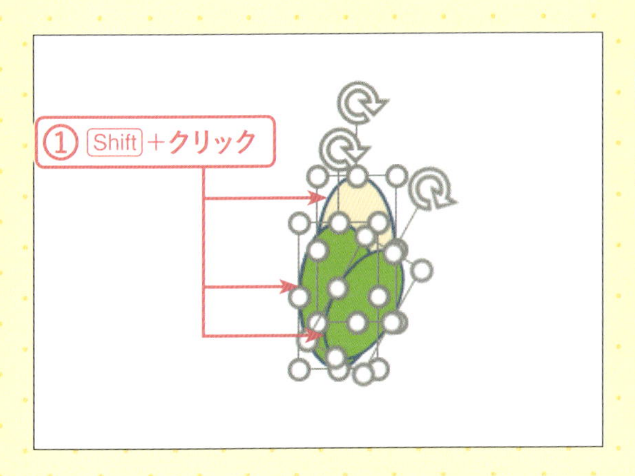

10 すべての図形を選択する

「楕円1」が選択された状態で、Shiftキーを押しながら「楕円2」と「楕円3」をクリックし①、3つの楕円を選択します。

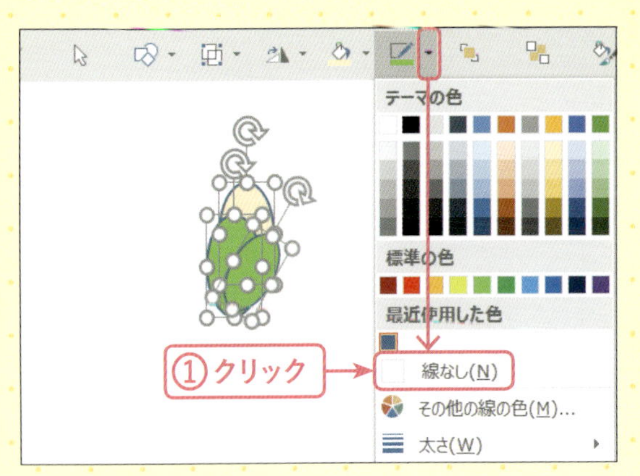

11 図形に枠線の設定をする

すべての楕円が選択された状態で、[図形の枠線]の▼→[線なし]をクリックします①。

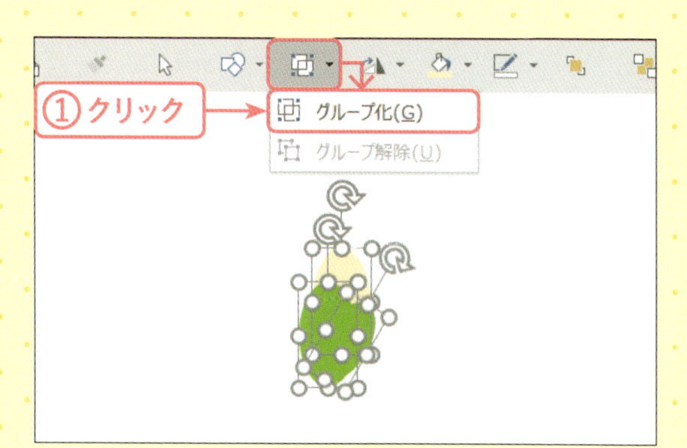

12 グループ化する

すべての図形が選択された状態で、[オブジェクトのグループ化] →[グループ化]をクリックします①。

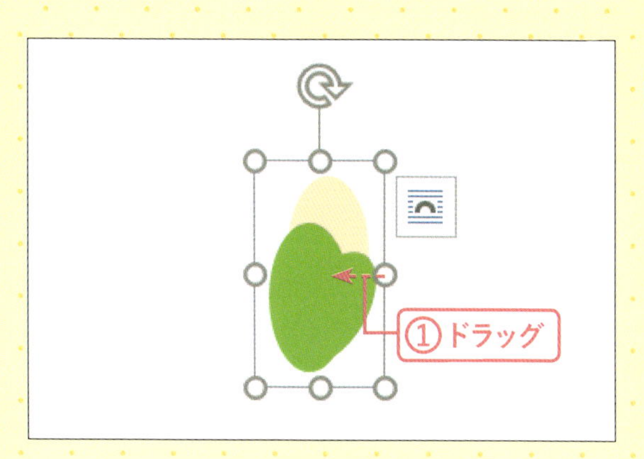

13 図形を細くする

グループ化されました。横の[サイズハンドル]を内側へ少しドラッグし①、図形を細くします。

第2章 椿を描こう

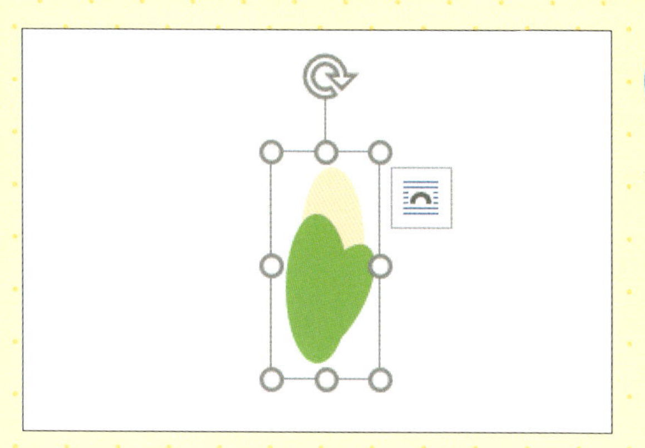

14 つぼみができた

つぼみができました。

CHECK! 同じ図形を複数描く

図形、曲線、フリーハンドなどの図形を描いた直後に、クイックアクセスツールバーにある[繰り返し図形の挿入] をクリックします。このボタンは1つ前の操作を繰り返す機能です。ほかの操作をしてしまうとできなくなるので注意しましょう。

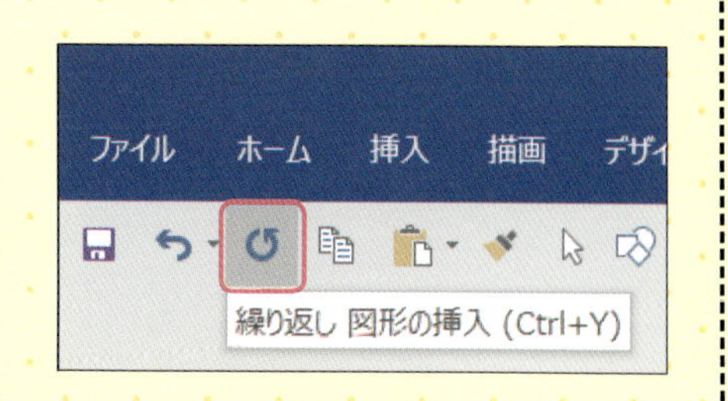

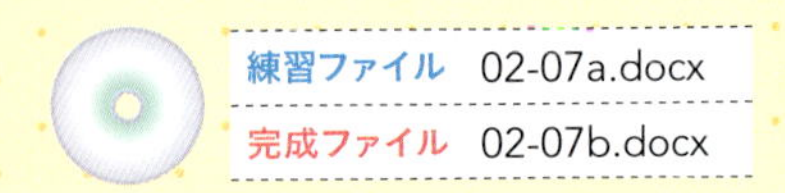

枝を描こう

アーチを利用して、カーブのついた枝に変化させます。

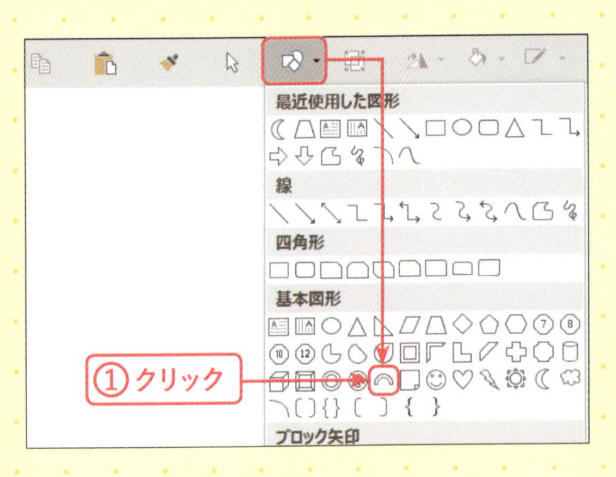

1 [アーチ]を選択する

[図形の作成] → [基本図形] → [アーチ] をクリックします①。

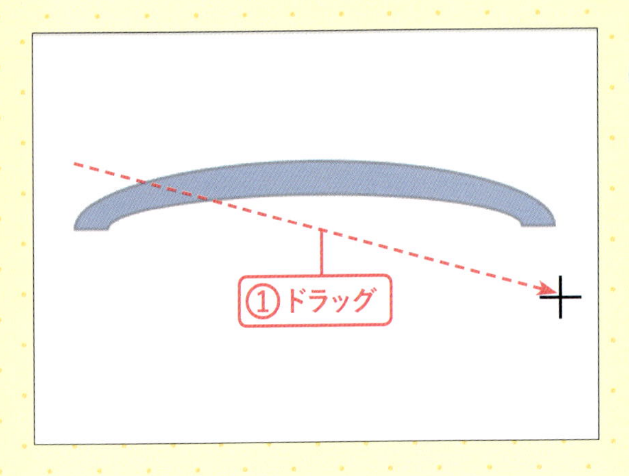

2 アーチを描く

斜め横にドラッグし、長いアーチを描きます①。

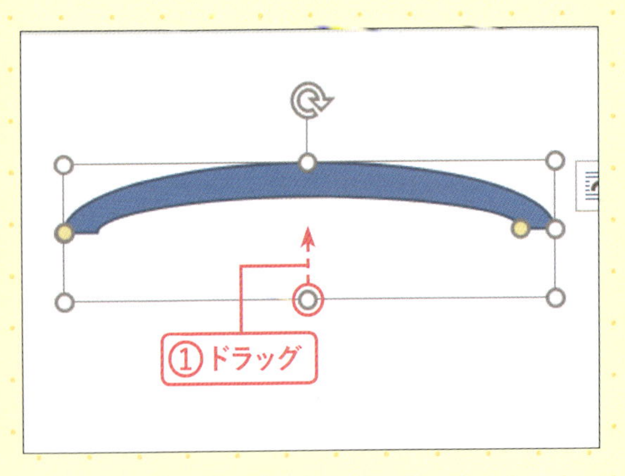

3 アーチを変形する

図形が選択された状態で、下側の中央の[サイズハンドル]を上へドラッグして①、アーチを細くします。

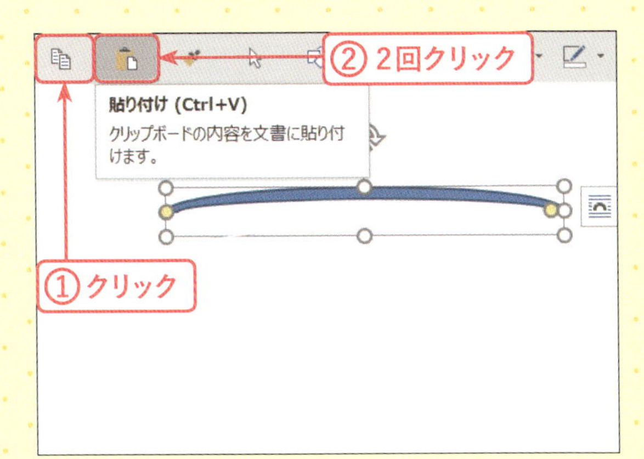

4 図形を複製する

図形が選択された状態で、[コピー] をクリックし①、続いて[貼り付け] を2回クリックします②。

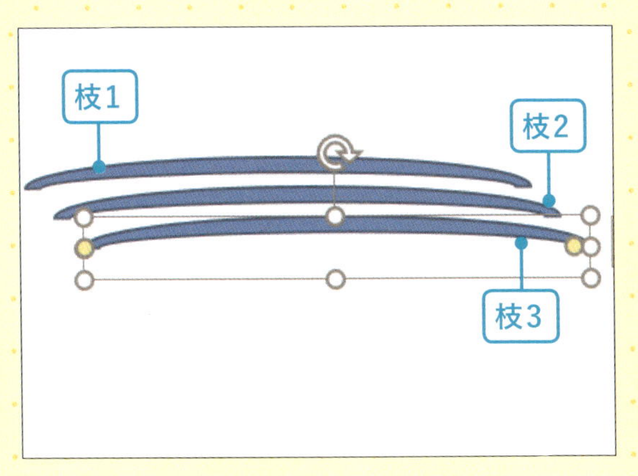

5 枝が3つになった

図形が3つになりました。上から「枝1」「枝2」「枝3」として説明していきます。

MEMO

ここからは作業をしやすいように、図形の間隔を広げて作業をしていきます。

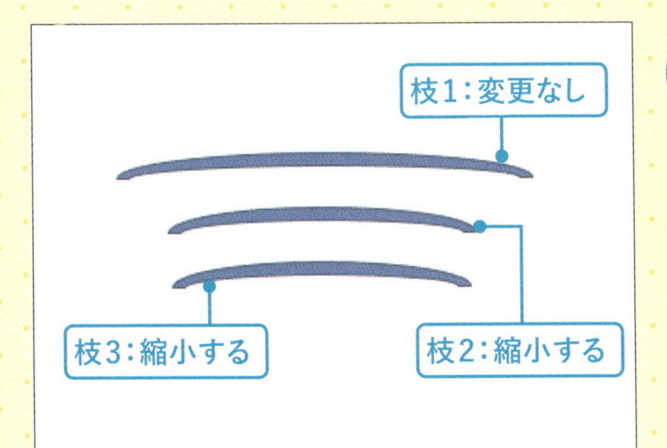

6 枝2と3を縮小する

図のように「枝2」と「枝3」を同じくらいに縮小し、長い枝を1本と、短い枝を2本作ります。「枝1」は元のサイズのままです。

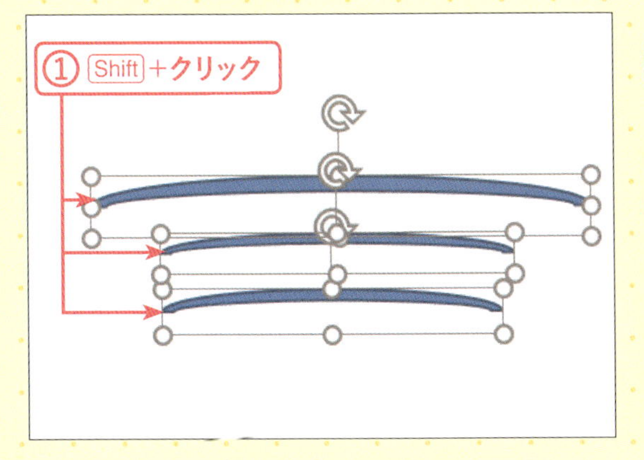

7 図形を選択する

Shift キーを押しながら3つの枝をクリックし①、選択します。

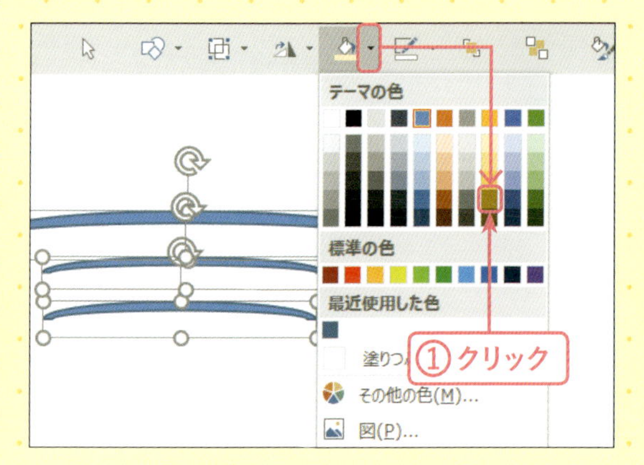

8 図形に色の設定をする

図形が選択された状態で、[図形の塗りつぶし]の▼→[テーマの色]→[ゴールド、アクセント4、黒+基本色25%]をクリックします①。

9 図形に枠線の設定をする

図形が選択された状態で、[図形の枠線]の▼→[線なし]をクリックします①。

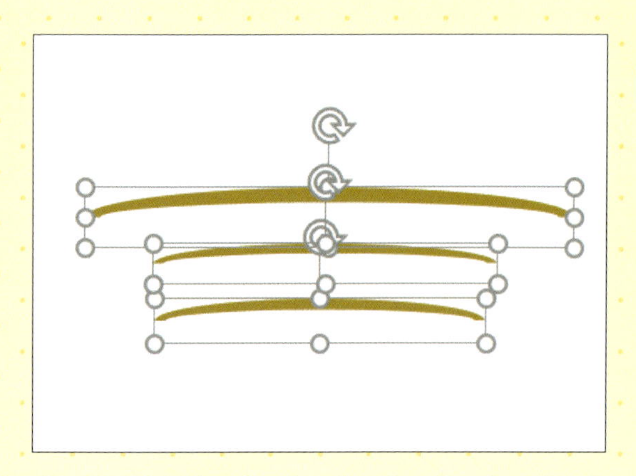

10 枝のパーツができた

3本の枝ができました。

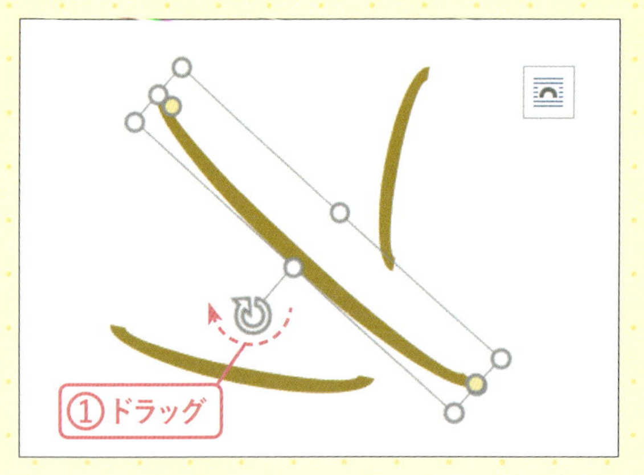

11 枝を回転する

それぞれの枝を図のように[回転ハンドル]をドラッグして回転させ①、向きを変えます。

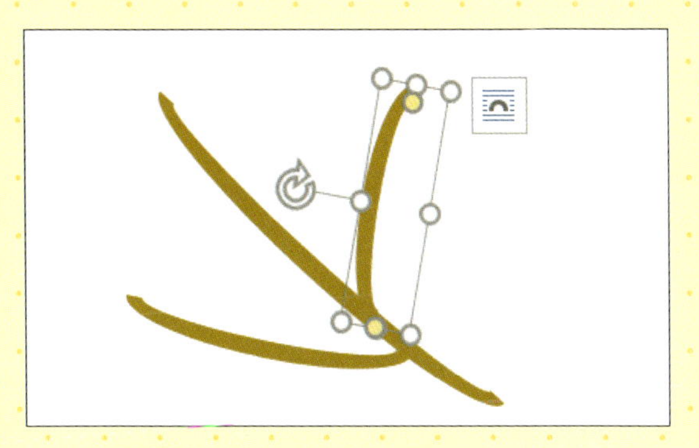

12 3本の枝を組み合わせる

3本の枝を図のように、長い枝に短い枝を重ねます。

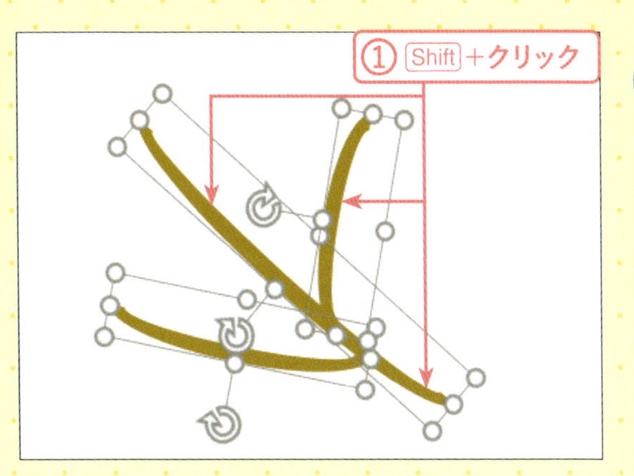

13 3本の枝を選択する

Shiftキーを押しながら3本の枝をクリックして選択します①。

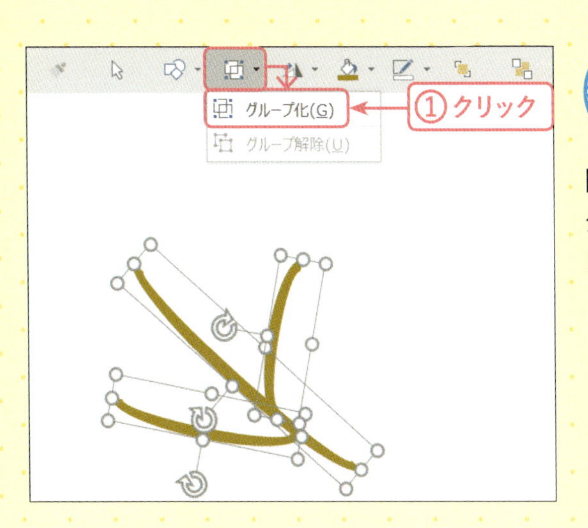

14 グループ化する

図形が選択された状態で、[オブジェクトのグループ化]→[グループ化]をクリックします①。

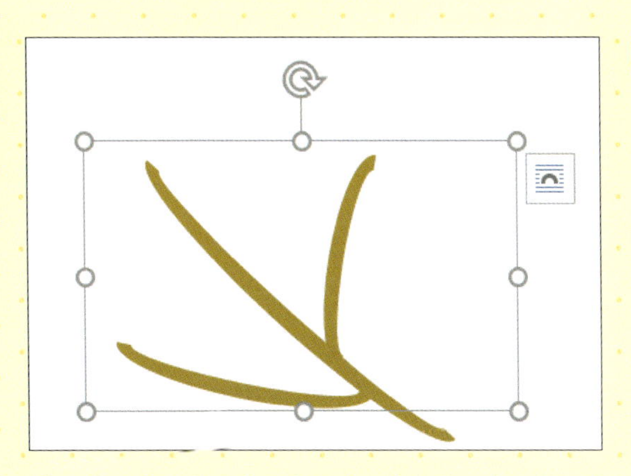

15 枝ができた

枝ができました。

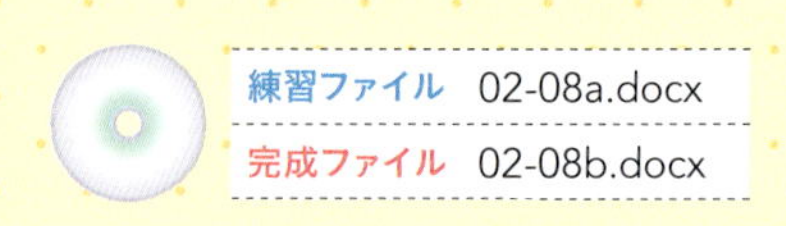

椿のパーツをまとめよう

葉の大きさや向きを変えて、葉の動きを出してみましょう。

1 葉を増やす

葉の図形が選択された状態で、[コピー]をクリックし①、続いて、[貼り付け]を10回クリックします②。合計11枚の葉ができました。

2 葉を枝に付ける

葉の大きさや向きを変えながら枝に付けていきます。葉の位置や大きさは左の画面を参考にしてください。

MEMO

Shiftキーを押しながら角の[サイズハンドル]をドラッグすると、縦横比が固定のまま拡大／縮小できます。

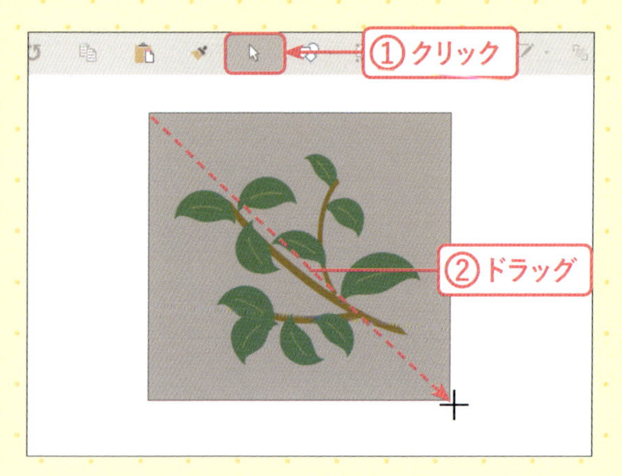

3 葉と枝を選択する

[オブジェクトの選択]をクリックし①、ドラッグして枝と葉を囲みます②。

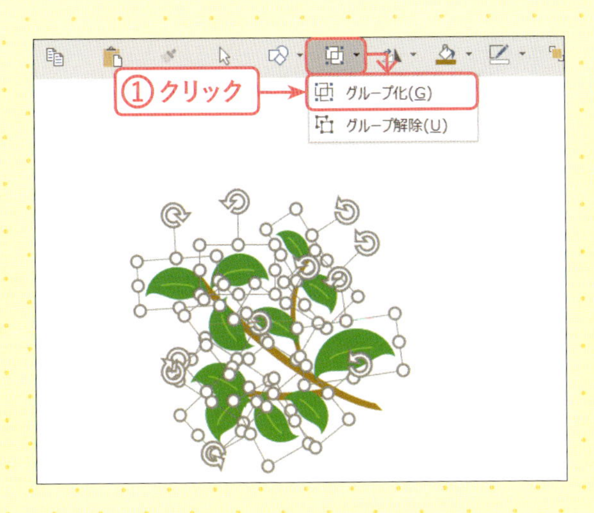

4 グループ化する

図形が選択された状態で、[オブジェクトのグループ化] → [グループ化] をクリックします①。

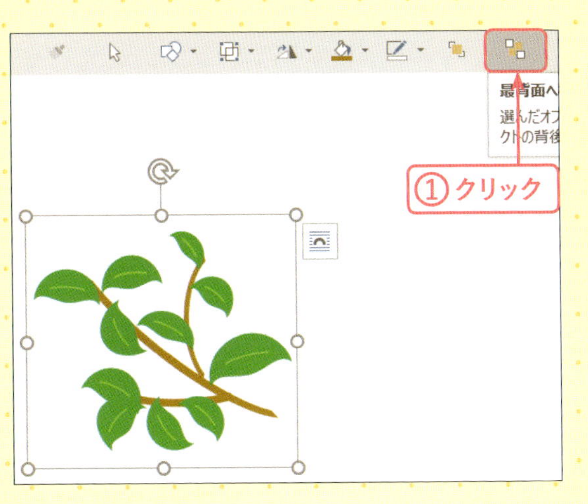

5 枝と葉を最背面へ移動する

グループ化された図形が選択された状態で、[最背面へ移動] をクリックします①。

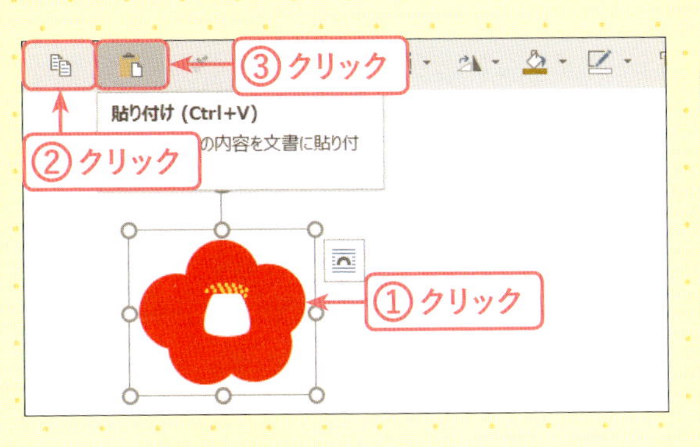

6 花を複製する

花をクリックします①。[コピー] をクリックし②、続いて [貼り付け] をクリックします③。

7 花を葉の上に重ねる

2つになった花を、図を参考に葉の上に重ねます。枝や葉とのバランスを考慮して大きさを調整します。

8 つぼみを枝に付ける

つぼみを枝に付けます。葉や花とのバランスを考慮して大きさや位置を調整します。

9 すべてのパーツを選択する

[オブジェクトの選択] をクリックし①、すべてのパーツをドラッグして囲みます②。

10 グループ化する

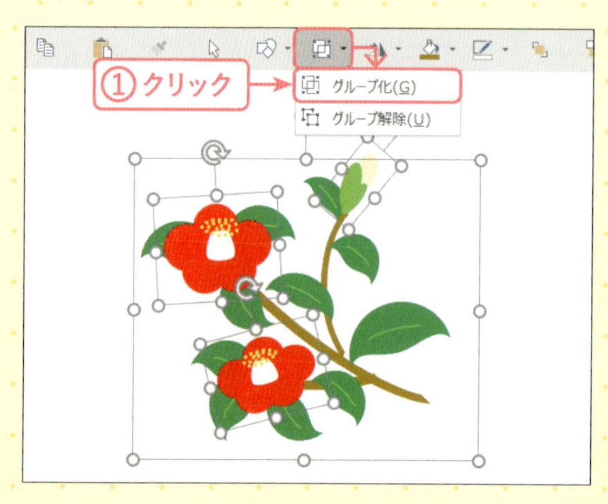

[オブジェクトのグループ化] → [グループ化] をクリックします①。

11 椿の花が完成した

椿の花が完成しました。

お姫さまを描こう

「クイックアクセスツールバー」は
完成していますか?
まだの場合は、
P.6「絵を描く準備をしよう」を
参照してください。

練習ファイル 03-01a.docx
完成ファイル 03-01b.docx

SECTION 01

顔の輪郭と髪を描こう

お姫さまの顔は楕円を少し縦長に描きます。

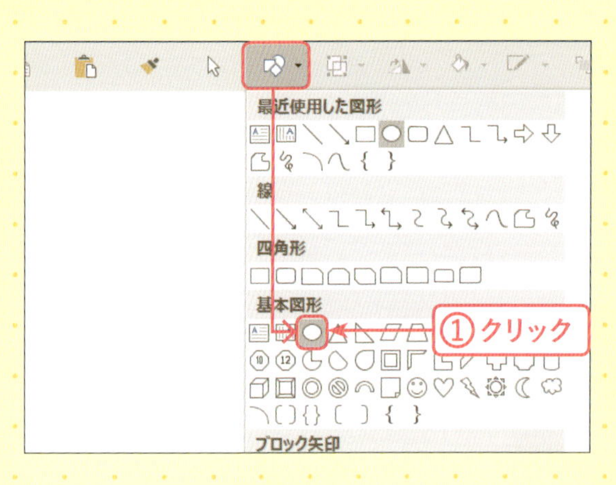

1 [楕円]を選択する

[図形の作成] →[基本図形]→[楕円] (Word 2013は[円/楕円])をクリックします①。

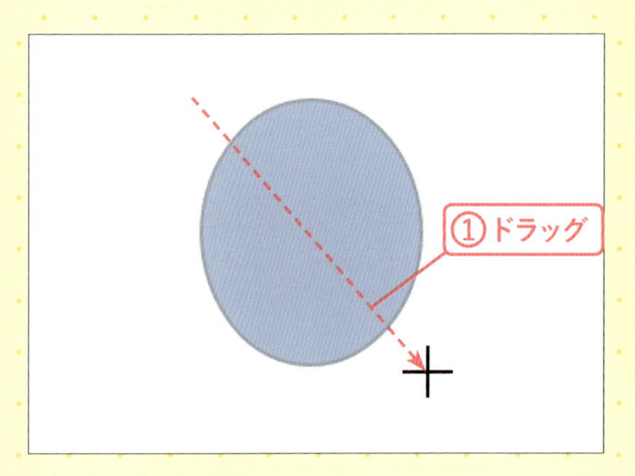

2 楕円を描く

マウスをドラッグし、少し縦長の楕円を描きます①。

3 図形に色の設定をする

図形が選択された状態で、[図形の塗りつぶし] の▼→[テーマの色]→[白、背景1]をクリックします①。

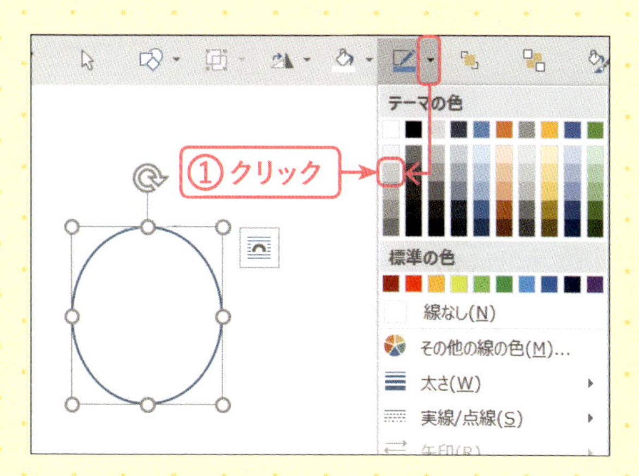

4 図形に枠線の設定をする

図形が選択された状態で、[図形の枠線]の▼→[テーマの色]→[白、背景1、黒+基本色5％]をクリックします①。

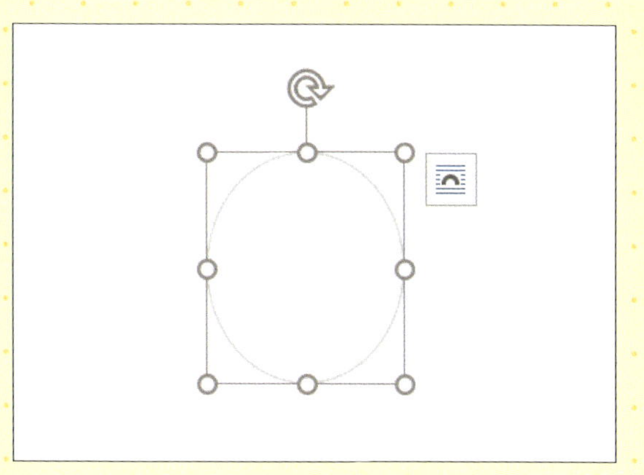

5 顔の輪郭が描けた

顔の輪郭が描けました。

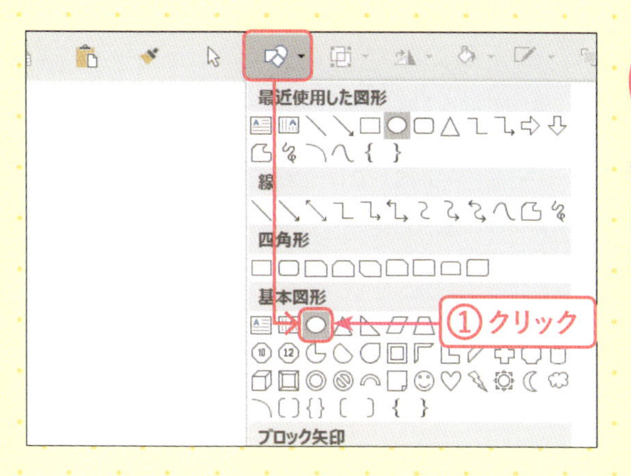

6 [楕円]を選択する

前髪を描きます。[図形の作成]→[基本図形]→[楕円](Word 2013は[円/楕円])をクリックします①。

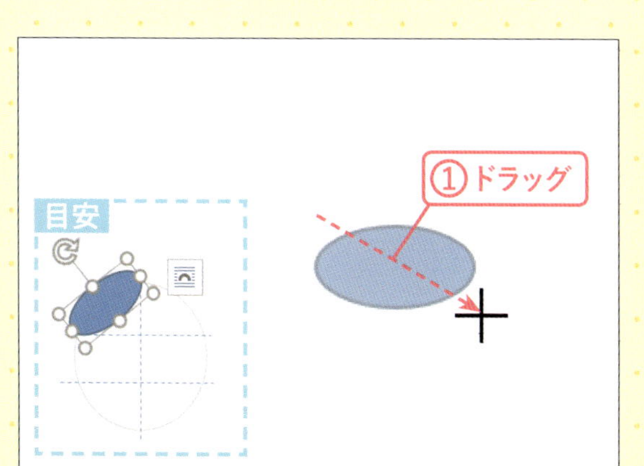

7 楕円を描く

斜め横にドラッグして①、平たい楕円を描きます。大きさの目安は、顔の約3分の1の位置に、斜めにした図形が納まるくらいにします。

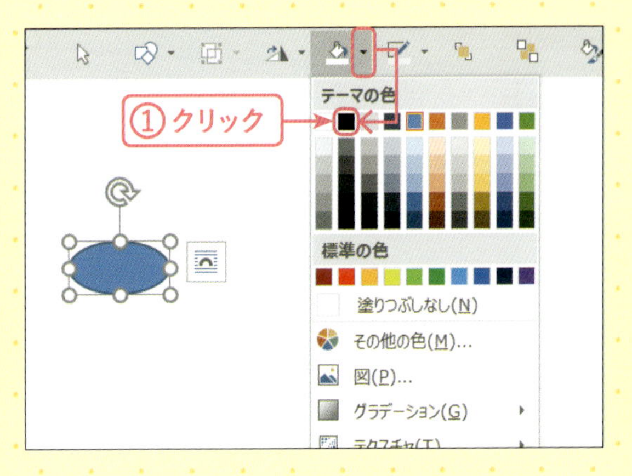

8 図形に色の設定をする

図形が選択された状態で、[図形の塗りつぶし] の▼→[テーマの色]→[黒、テキスト1]をクリックします①。

9 図形に枠線の設定をする

図形が選択された状態で、[図形の枠線] の▼→[線なし]をクリックします①。前髪ができました。

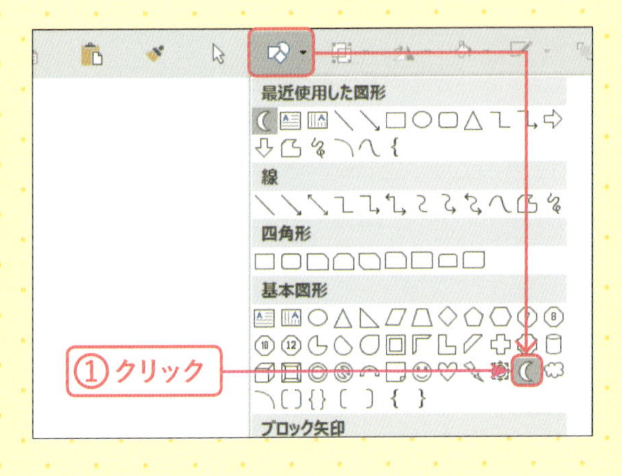

10 [月]を選択する

横の髪を描きます。[図形の作成] →[基本図形]→[月] をクリックします①。

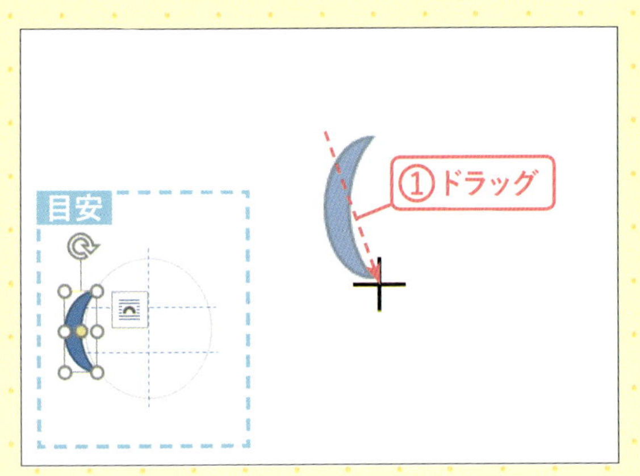

11 月を描く

斜め下にドラッグし、細い月を描きます①。図を参考に、顔の長さの3分の1より少し大きいくらいに大きさを調整します。

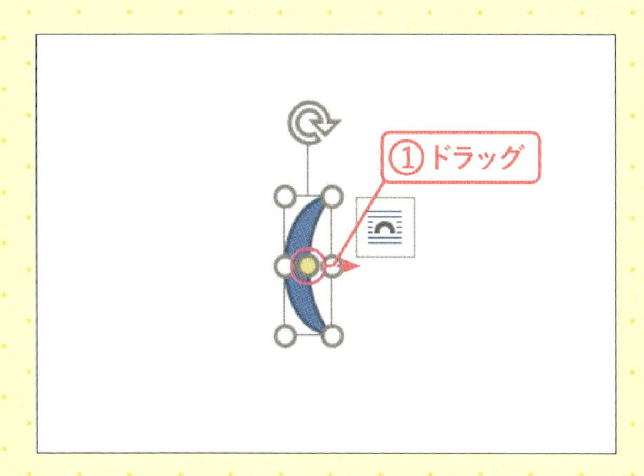

12 月を変形する

図形が選択された状態で、[調整ハンドル] ◯を右へ止まるまでドラッグします①。

13 図形に色の設定をする

図形が選択された状態で、[図形の塗りつぶし] の▼→[テーマの色]→[黒、テキスト1]をクリックします①。

14 図形に枠線の設定をする

図形が選択された状態で、[図形の枠線] の▼→[線なし]をクリックします①。横の髪ができました。

15 顔の輪郭、前髪、横髪の基本ができた

顔の輪郭と、髪の毛の基本パーツができました。

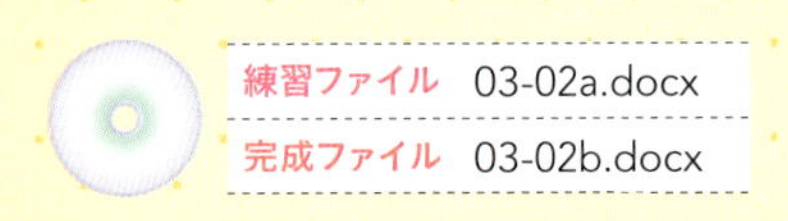

目・鼻・口を描こう

顔のパーツの配置で、お姫さまの表情が変わるのを試してみましょう。

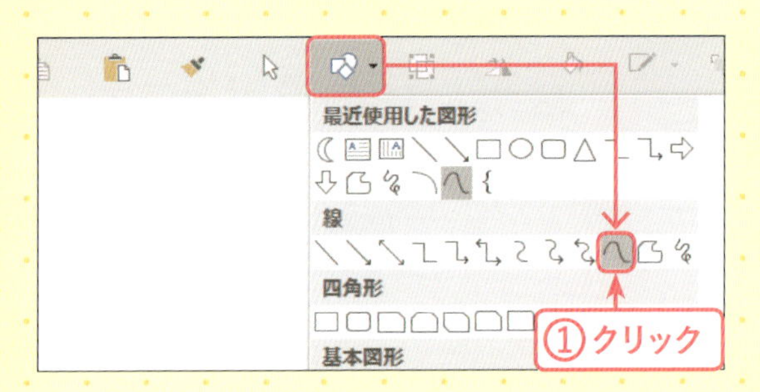

1 [曲線]を選択する

ここでは眉と鼻を描きます。[図形の作成] →[線]→[曲線]をクリックします①。

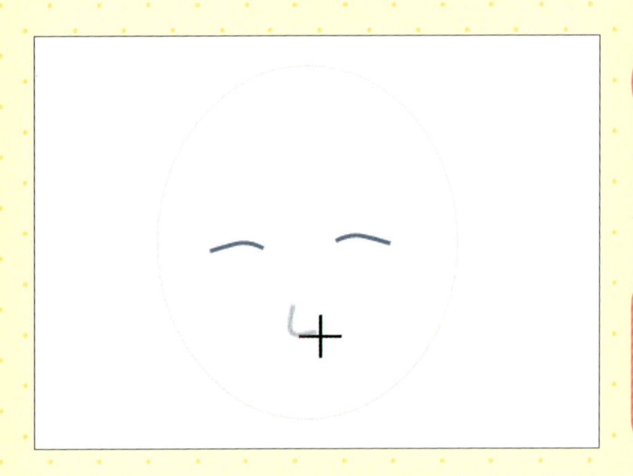

2 眉と鼻の線を描く

ドラッグとクリックを繰り返しながら、図のように顔の図形の上に眉を2本と鼻を描きます。

MEMO

曲線の描き方は、P.66手順⑩〜⑪を参照してください。また、眉は1つ描いてからコピー&貼り付けをする方法もあります。

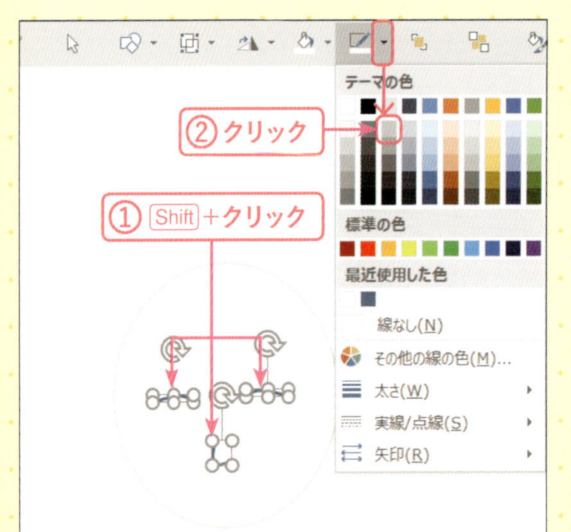

3 線に色の設定をする

3つの曲線を Shift キーを押しながらクリックで選択し①、[図形の枠線] の▼→[テーマの色]→[薄い灰色、背景2、黒+基本色10%]をクリックします②。

MEMO

曲線が小さくてクリックしにくい場合は、画面右下にあるズーム機能の[+]をクリックし、画面を拡大してから操作します。

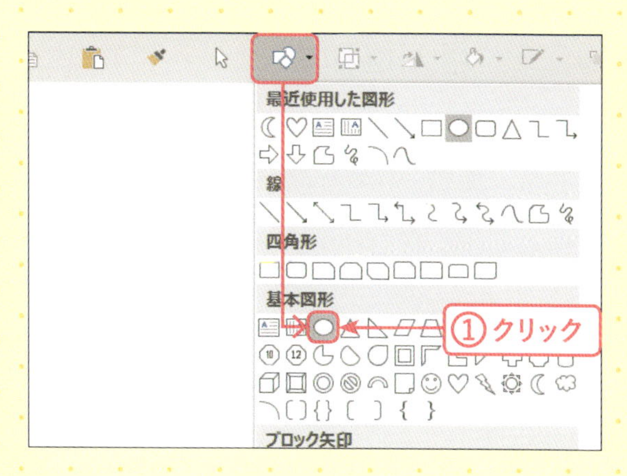

4 ［楕円］を選択する

目を描きます。［図形の作成］→［基本図形］→［楕円］（Word 2013は［円/楕円］）をクリックします①。

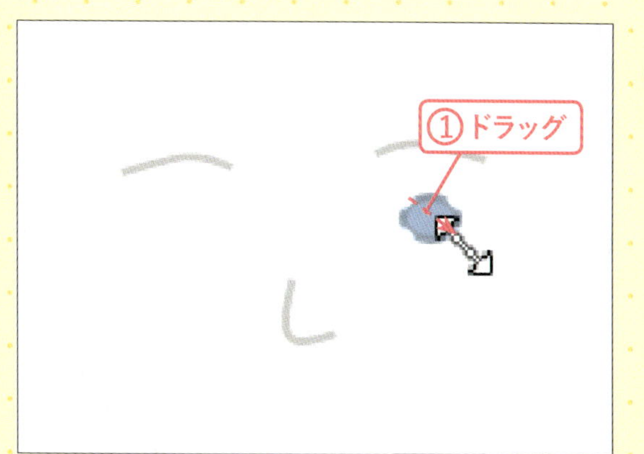

5 楕円を描く

ドラッグして、眉の下に小さい楕円を描きます①。

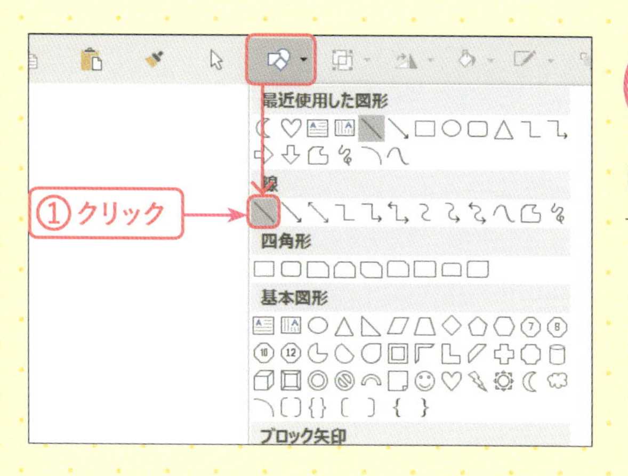

6 ［直線］を選択する

目じりを描きます。［図形の作成］→［線］→［直線］をクリックします①。

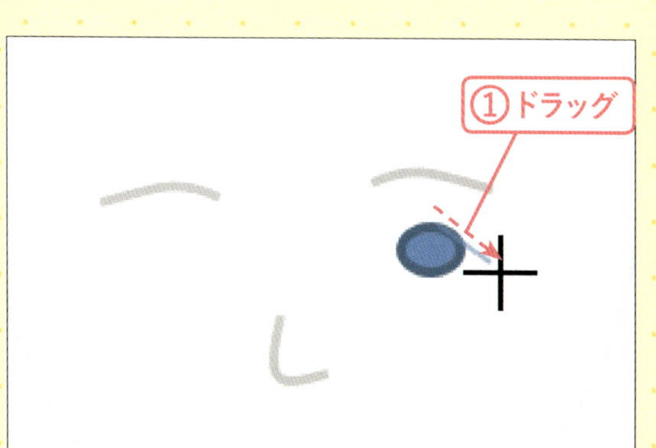

7 直線を描く

目の上端から斜め下にドラッグして、短い線を描きます①。

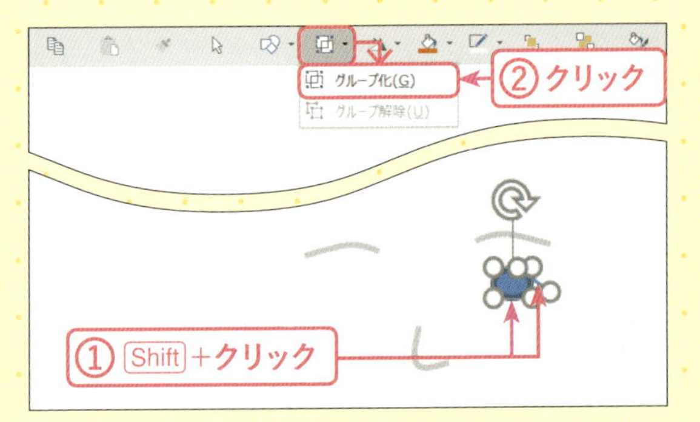

8 目と目じりを グループ化する

Shiftキーを押しながら楕円と線をクリックし①、[オブジェクトのグループ化] → [グループ化]をクリックします②。

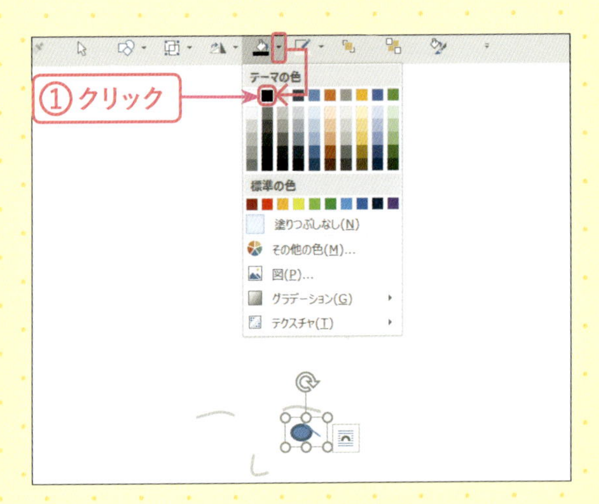

9 図形に色の設定をする

グループ化した図形が選択された状態で、[図形の塗りつぶし] の▼→[テーマの色]→[黒、テキスト1]をクリックします①。

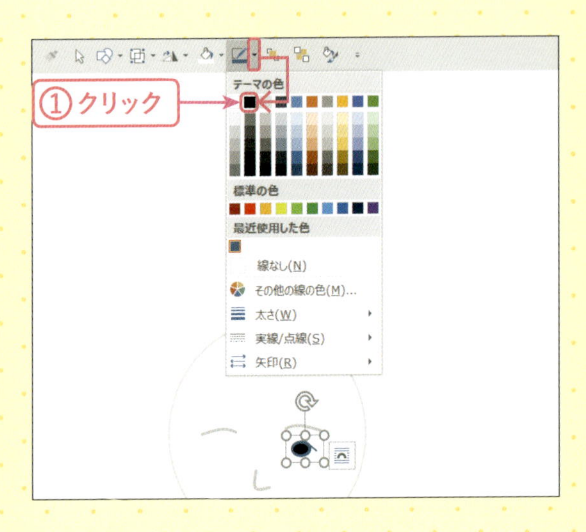

10 図形に 枠線の設定をする

図形が選択された状態で、[図形の枠線] の▼→[黒、テキスト1]をクリックします①。

11 目を複製する

目の図形が1つできました。図形が選択された状態で、[コピー] をクリックし①、続いて[貼り付け] をクリックします②。

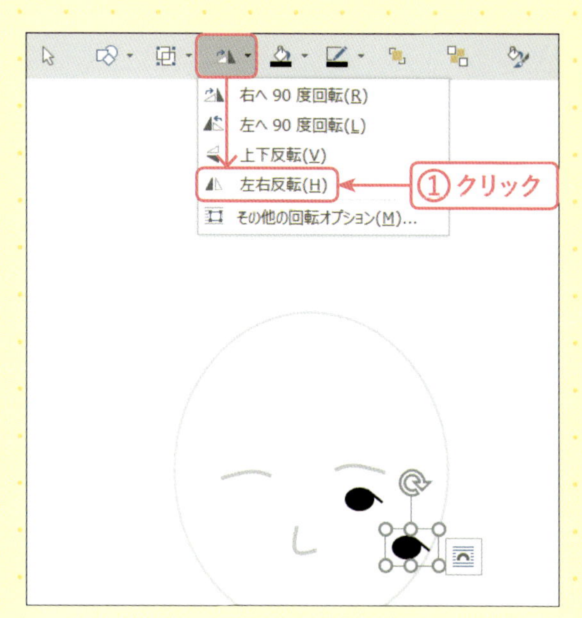

12 目の図形を反転する

複製された図形が選択された状態で、[オブジェクトの回転]→[左右反転]をクリックします①。

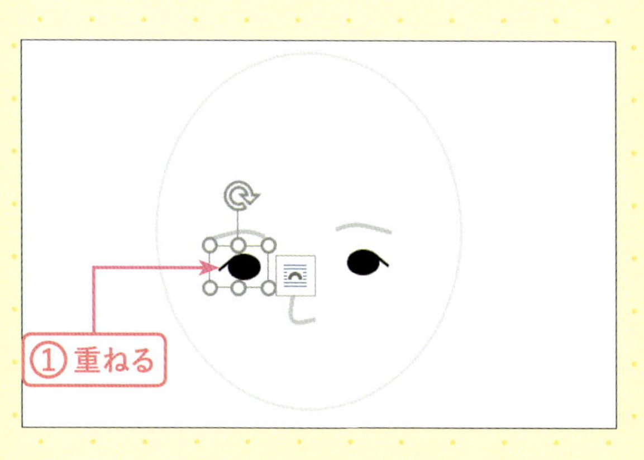

13 顔に目を配置する

目が反転しました。図のように、もう1つの目を顔に重ねて位置を調整します①。

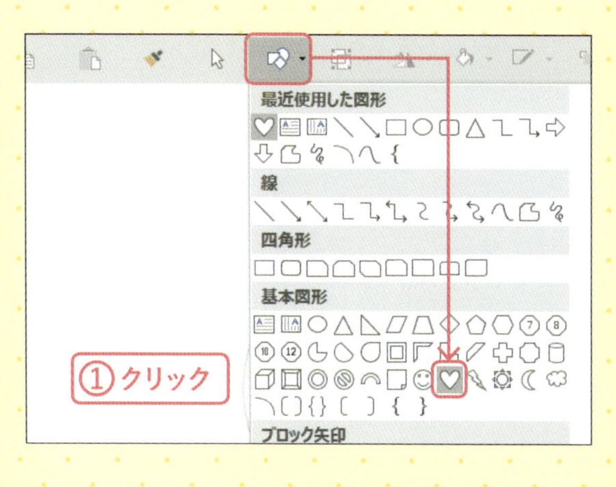

14 [ハート]を選択する

口を描きます。[図形の作成]→[基本図形]→[ハート]をクリックします①。

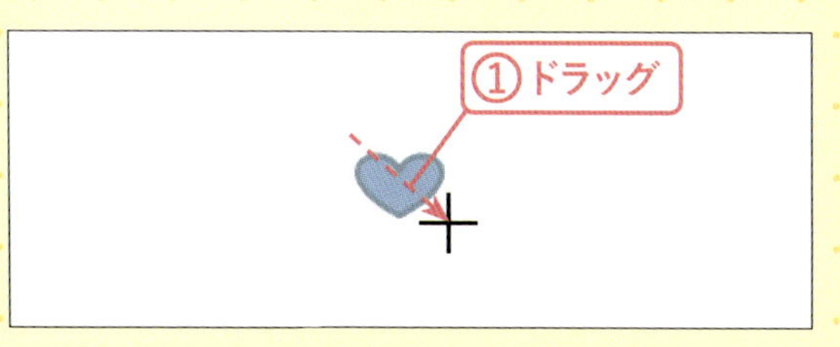

15 ハートを描く

ドラッグして、小さいハートを描きます①。

第3章 お姫さまを描こう

16 図形に色の設定をする

図形が選択された状態で、[図形の塗りつぶし]▼の▼→[その他の色]をクリックします①。[色の設定]画面が表示されるので、[標準]から濃いピンクをクリックし②、[OK]をクリックします③。

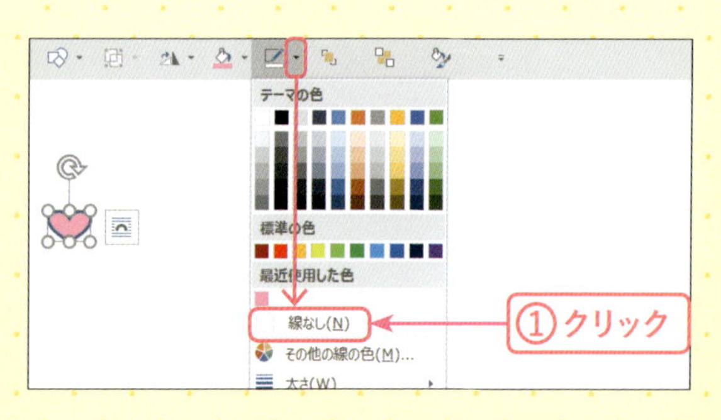

17 図形に枠線の設定をする

図形が選択された状態で、[図形の枠線]の▼→[線なし]をクリックします①。

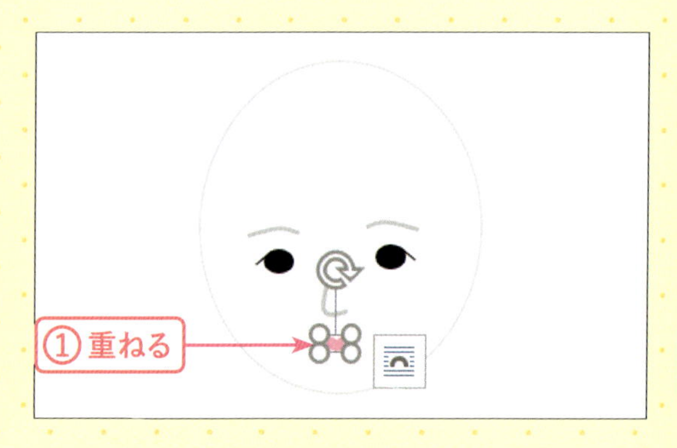

18 口を顔に重ねる

口ができました。図のように、口を顔に重ねます①。

MEMO
必要であれば口の大きさを調整しましょう。

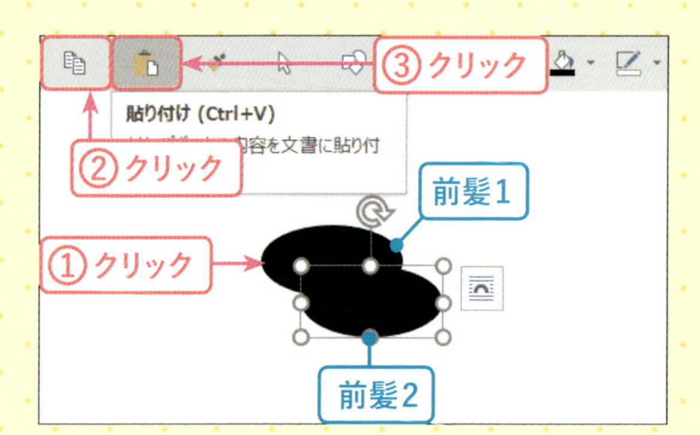

19 前髪を複製する

P.82手順⑨で描いた前髪をクリックして選択し①、[コピー]をクリックします②。続いて[貼り付け]をクリックします③。前髪が2つになりました。重なり順に下から「前髪1」「前髪2」とします。

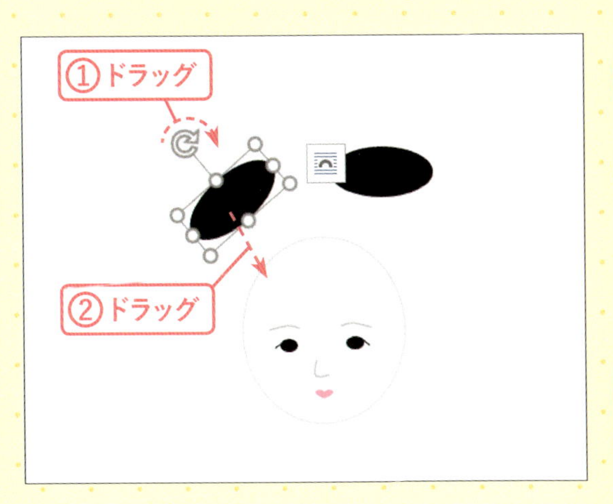

20 前髪を顔に重ねる

「前髪2」の図形が選択された状態で、図のように［回転ハンドル］をドラッグして斜めに傾け①、そのあとドラッグして顔に重ねます②。

MEMO
ここではわかりやすいように、図形を離して操作しています。

21 顔に前髪が付きました

「前髪1」も手順⑳を参考に、今度は反対側へ傾け、顔に重ねます①。左右の前髪ができました。

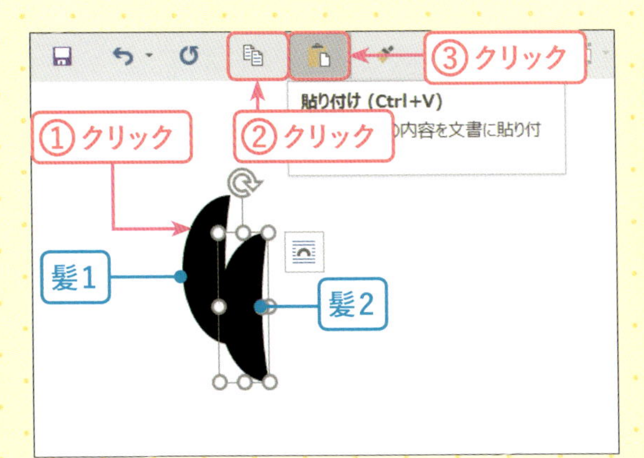

22 横の髪を複製する

P.83手順⑭で描いた横の髪をクリックして選択し①、［コピー］をクリックします②。続いて［貼り付け］をクリックします③。横の髪が2つになりました。重なり順に下から「髪1」「髪2」とします。

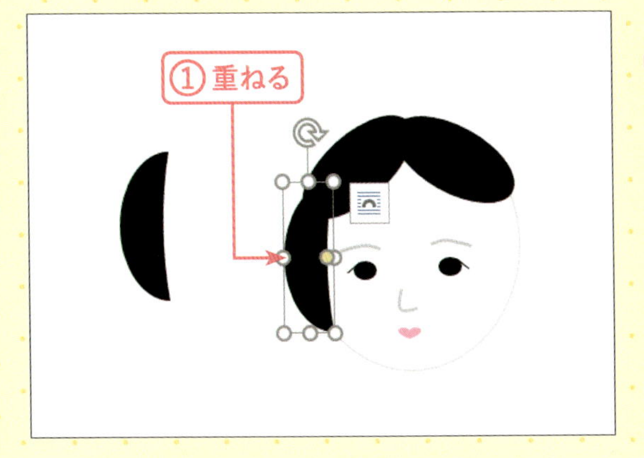

23 横の髪2を顔に重ねる

「髪2」が選択された状態で、図のように顔の左側に重ねます①。

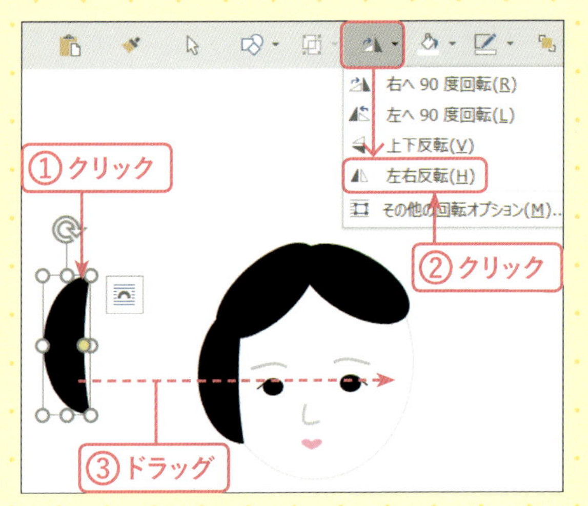

24 髪1を反転する

「髪1」をクリックして選択し①、[オブジェクトの回転]→[左右反転]をクリックします②。続いて反転した図形をドラッグして③、顔の右側に重ねます。

25 前髪と横の髪ができた

顔に前髪と横髪が付きました。必要であれば2つの髪の位置と大きさを整えます。

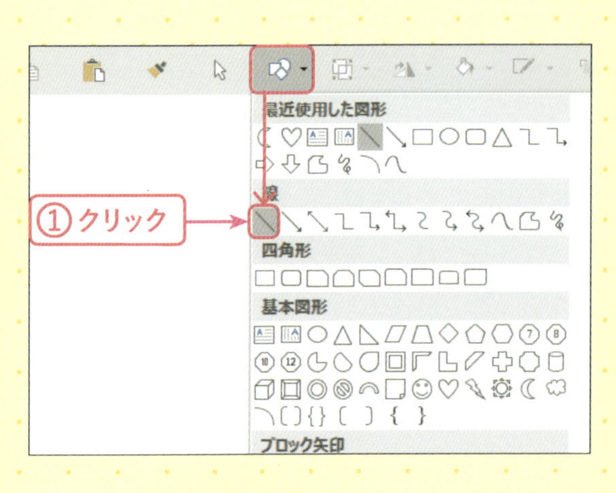

26 [直線]を選択する

前髪に分け目の線を入れます。[図形の作成]→[線]→[直線]をクリックします①。

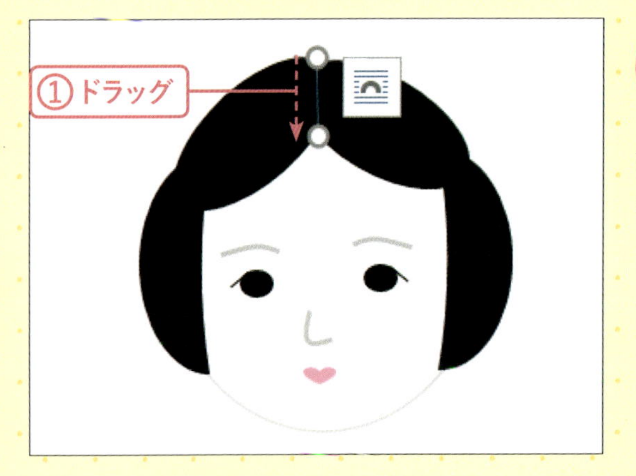

27 直線を描く

前髪の中央に、縦にドラッグして短い線を描き入れます①。

28 線に色の設定をする

直線が選択された状態で、[図形の枠線]の▼→[テーマの色]→[白、背景1]をクリックします①。

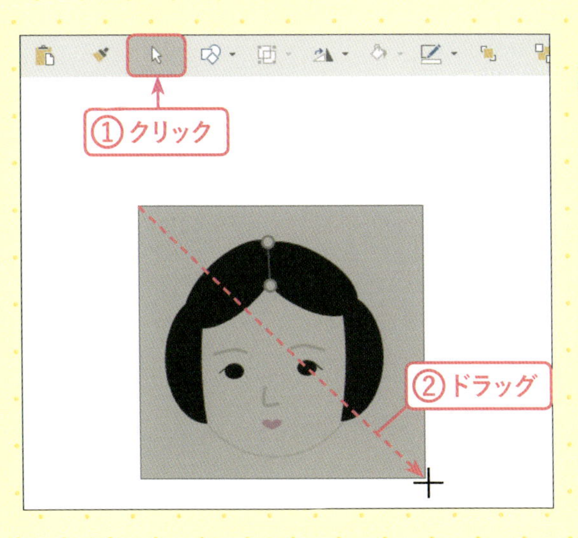

29 すべての図形を選択する

[オブジェクトの選択]をクリックし①、すべての図形をドラッグして囲みます②。

第3章 お姫さまを描こう

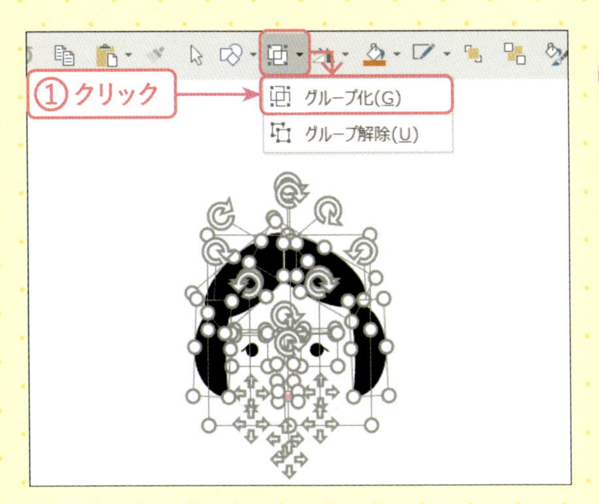

30 グループ化する

すべての図形が選択された状態で、[オブジェクトのグループ化]→[グループ化]をクリックします①。

31 顔と髪ができた

顔と髪ができました。

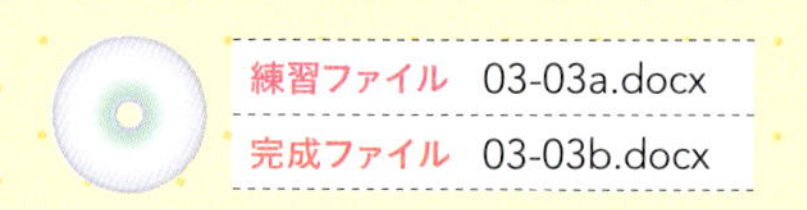

襟を描こう①

四角で首と襟の基本になる図形を描きます。

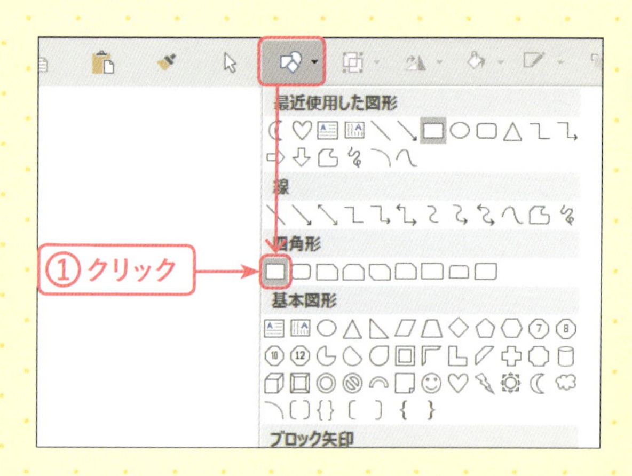

1 [正方形/長方形]を選択する

ここでは首の図形を描きます。[図形の作成]→[四角形]→[正方形/長方形]をクリックします①。

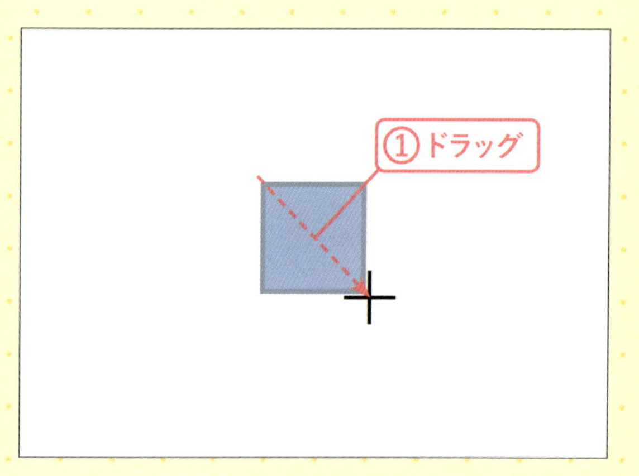

2 四角を描く

斜め下にドラッグし、小さい四角を描きます①。

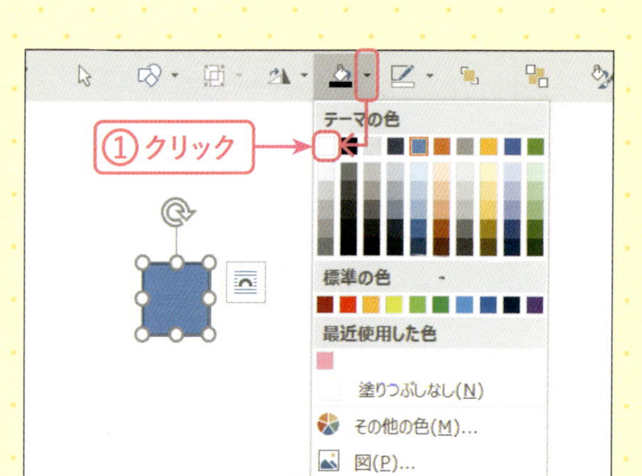

3 図形に色の設定をする

図形が選択された状態で、[図形の塗りつぶし]の▼→[テーマの色]→[白、背景1]をクリックします①。

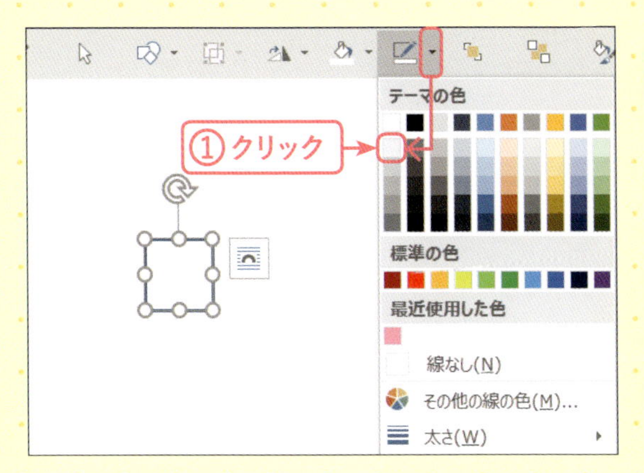

4 図形に枠線の設定をする

図形が選択された状態で、[図形の枠線]の▼→[テーマの色]→[白、背景1、黒+基本色5%]をクリックします①。

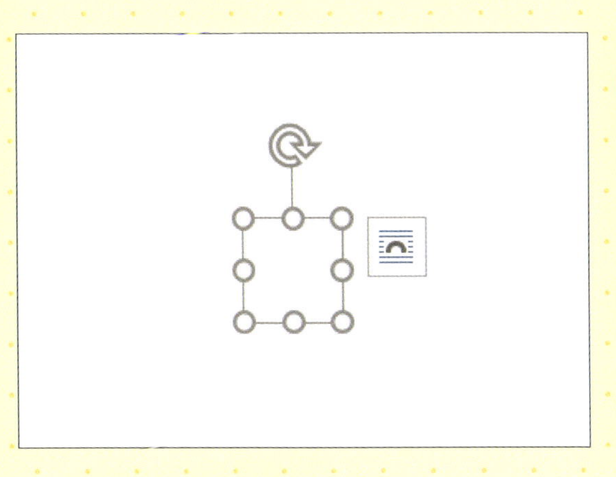

5 首の図形が描けた

首の図形ができました。図形が見えにくい場合は、P.34手順⑪のMEMOを参照し、背景を作っておきます。

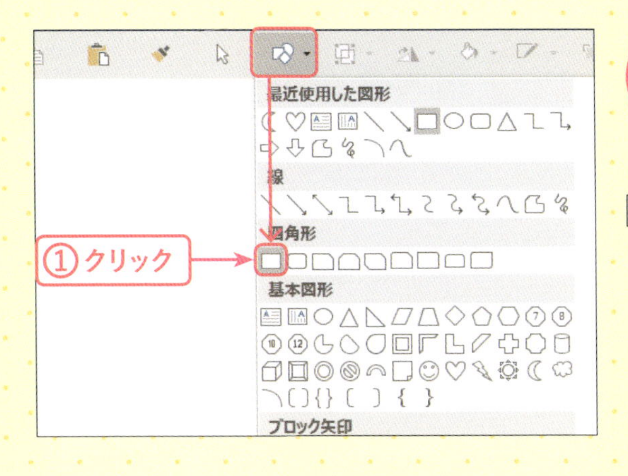

6 四角を選択する

ここでは襟を描いていきます。[図形の作成]→[四角形]→[正方形/長方形]をクリックします①。

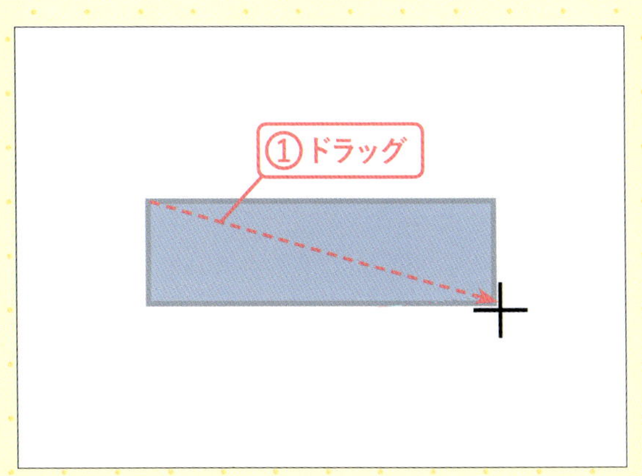

7 長方形を描く

斜め下にドラッグし、長方形を描きます①。首の図形の3倍くらいの長さにします。

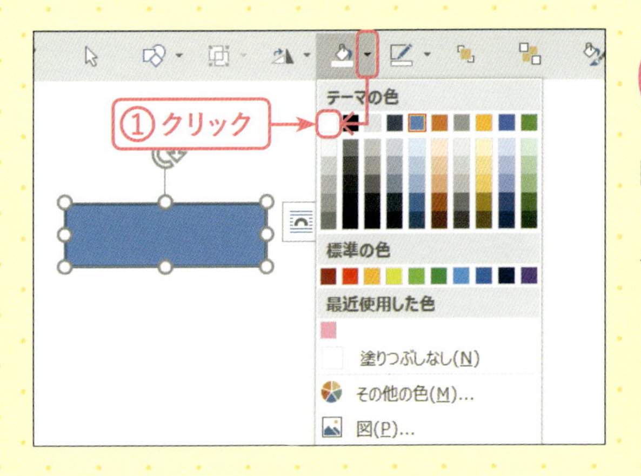

8 図形に色の設定をする

図形が選択された状態で、[図形の塗りつぶし] の▼→[テーマの色]→[白、背景1]をクリックします①。

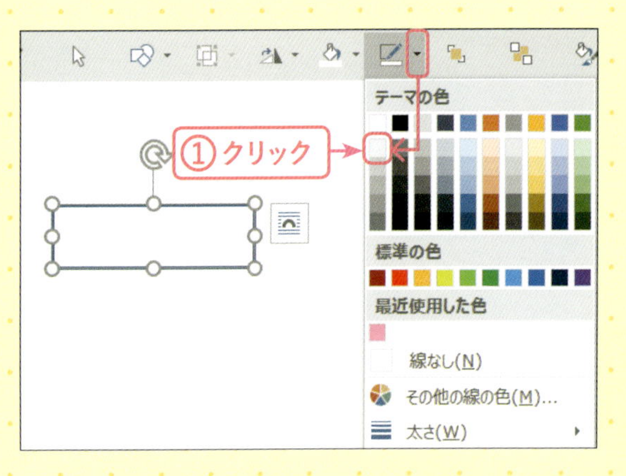

9 図形に枠線の設定をする

図形が選択された状態で[図形の枠線] の▼→[テーマの色]→[白、背景1、黒+基本色5%]をクリックします①。

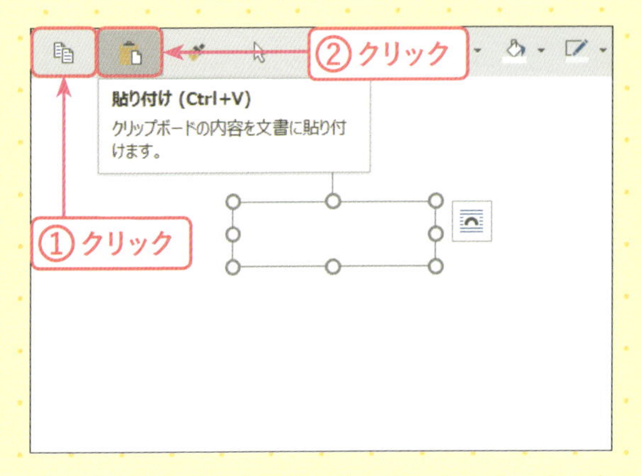

10 図形を複製する

図形が選択された状態で、[コピー] をクリックし①、続いて[貼り付け] をクリックします②。

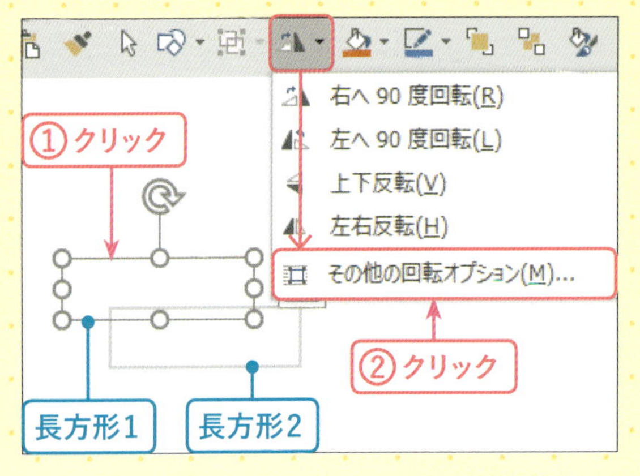

11 長方形1の向きを変える

長方形が2つになりました。重なり順に下から「長方形1」「長方形2」とします。「長方形1」をクリックして選択し①、[オブジェクトの回転] →[その他の回転オプション]をクリックします②。

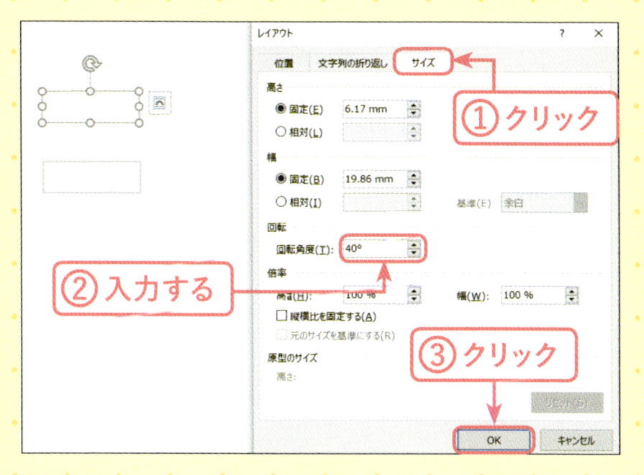

12 回転角度を設定する

［レイアウト］ダイアログボックスが表示されます。［サイズ］タブをクリックし①、［回転角度］の欄に「40」と入力し②、［OK］をクリックします③。

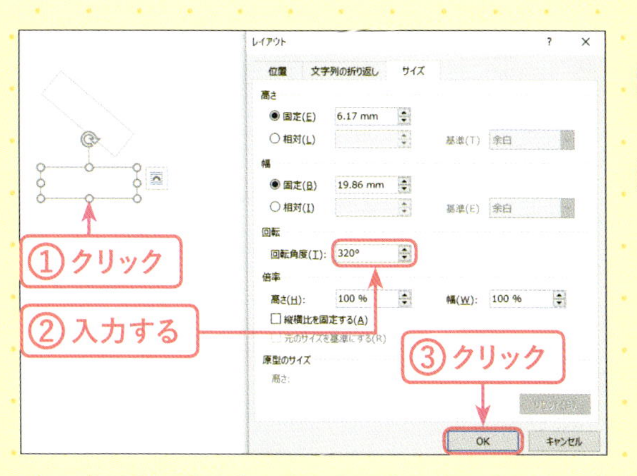

13 長方形2の向きを変える

「長方形1」が回転しました。「長方形2」をクリックして選択し①、手順⑪〜⑫を参考に［オブジェクトの回転］→［その他の回転オプション］で［レイアウト］ダイアログボックスを表示します。［回転角度］の欄に「320」と入力し②、［OK］をクリックします③。

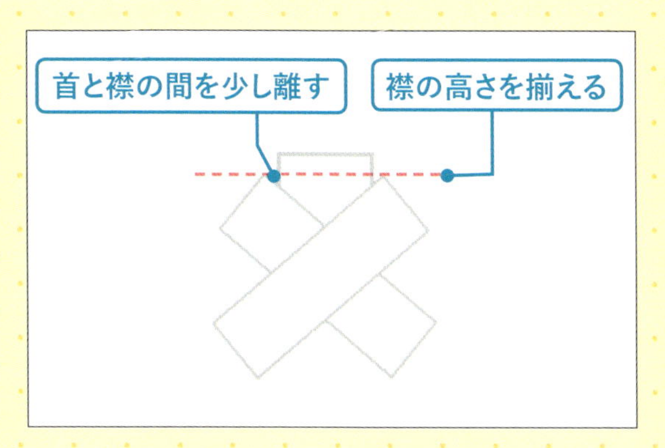

14 2つの長方形を重ねる

P.93手順⑤で描いた首の図形の上に、2つの襟を、図のようにクロスさせて重ねます。左右の図形の高さは同じにします。

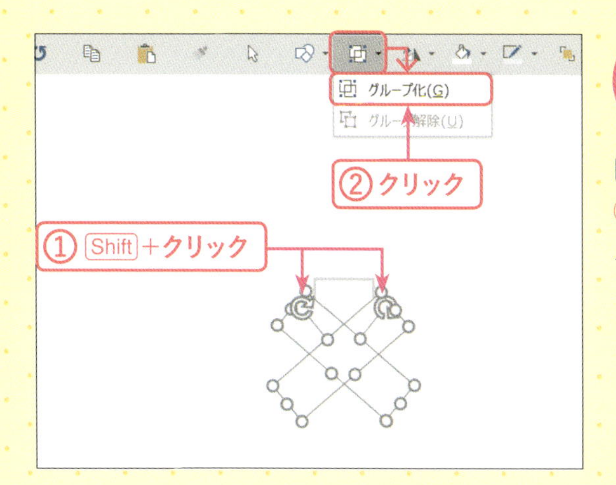

15 白い襟をグループ化する

Shiftキーを押しながら2つの襟をクリックし①、［オブジェクトのグループ化］→［グループ化］をクリックします②。

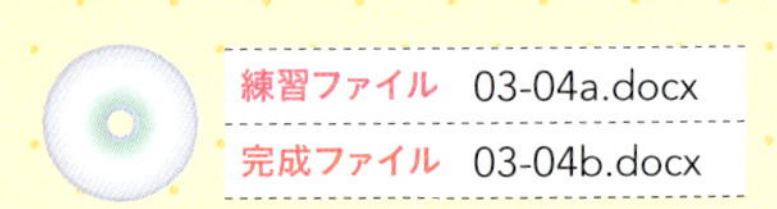

襟を描こう②

図形を複製しながら3つの襟を描いて組み合わせます。

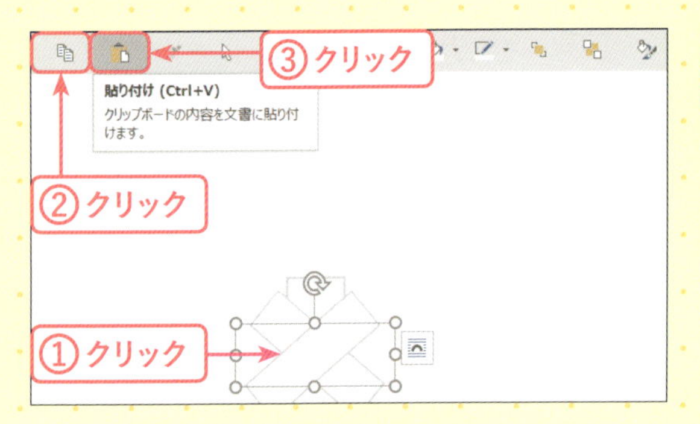

1 白い襟を複製する

P.95で描いた白い襟をクリックして選択し①、[コピー] をクリックし②、続いて[貼り付け] をクリックします③。

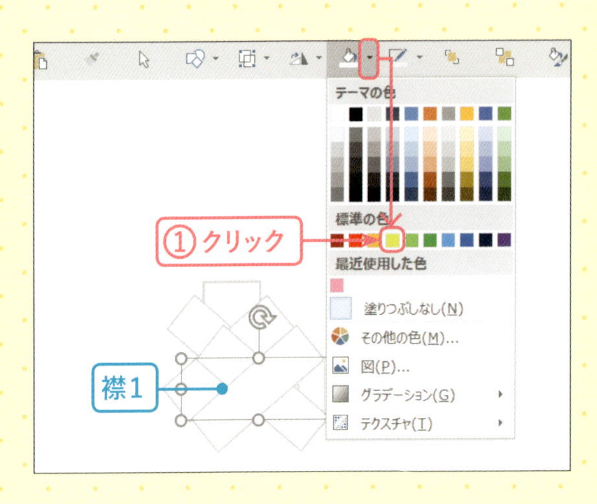

2 襟1に色の設定をする

白い襟が2つになりました。複製された上部の襟を「襟1」とします。「襟1」が選択された状態で、[図形の塗りつぶし] の▼→[標準の色]→[黄]をクリックします①。

3 襟1に枠線の設定をする

「襟1」が選択された状態で[図形の枠線] の▼→[テーマの色]→[ゴールド、アクセント4、白+基本色60％]をクリックします①。

4 襟1を複製する

「襟1」が選択された状態で、[コピー] をクリックし①、続いて[貼り付け] をクリックします②。

5 襟2に色の設定をする

黄色い襟が2つになりました。複製された襟を「襟2」とします。「襟2」が選択された状態で、[図形の塗りつぶし] の▼→[標準]→[赤]をクリックします①。

6 3つの襟ができた

白色、黄色、赤色の3つの襟ができました。

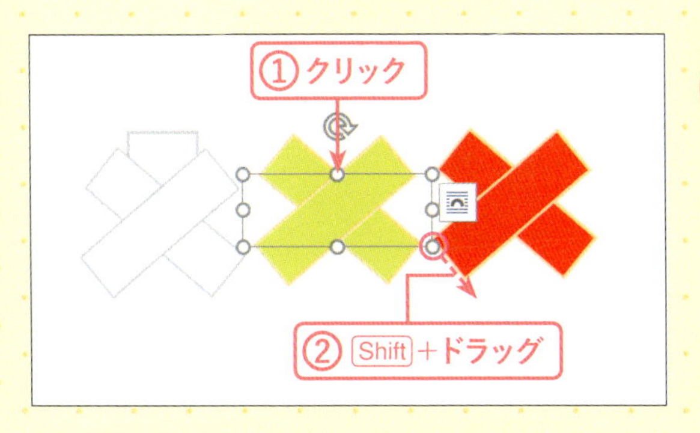

7 黄色い襟を大きくする

ここでは、作業がしやすいように、襟を横並びにしておきます。最初に黄色い襟を白い襟より少しだけ大きくします。黄色い襟をクリックして選択し①、Shift キーを押しながら角の[サイズハンドル]を外側に少しドラッグします②。

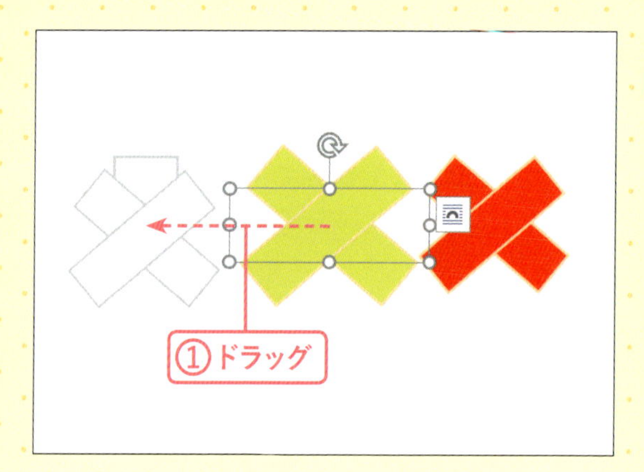

8 黄色い襟を白い襟に重ねる

黄色い襟を白い襟の上にドラッグして重ねます①。このとき、白い襟が見えるように少し下へずらして重ねます。

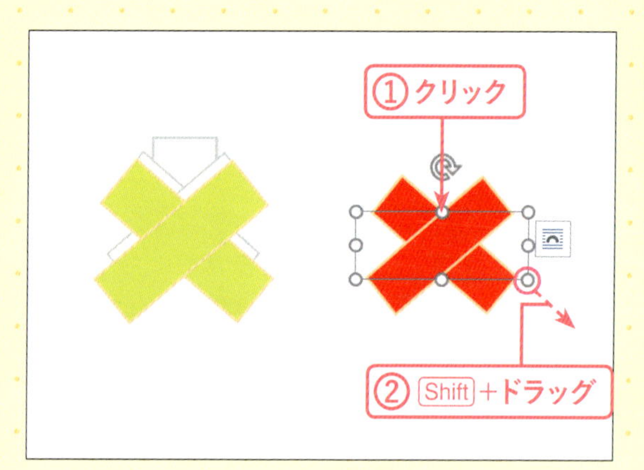

9 赤い襟を大きくする

赤い襟をクリックして選択し①、Shiftキーを押しながら角の［サイズハンドル］をドラッグして、黄色い襟より少しだけ大きくします②。

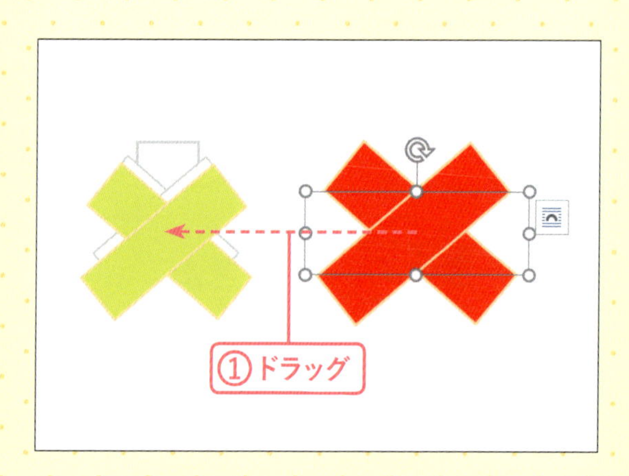

10 赤い襟を黄色い襟に重ねる

赤い襟を黄色い襟の上にドラッグして重ねます①。

11 襟が重なった

白色、黄色、赤色の襟が重なりました。図を参考に、白と黄色の襟の幅が同じくらいになるように、襟の重なりの幅や位置を微調整します。

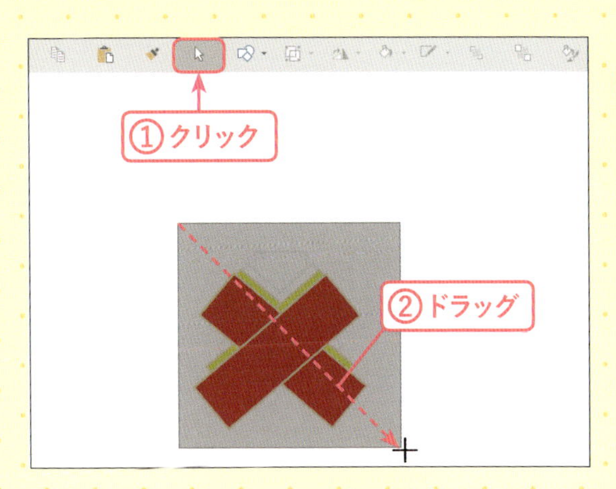

12 首と襟を選択する

［オブジェクトの選択］をクリックし①、ドラッグして4つの図形を囲みます②。

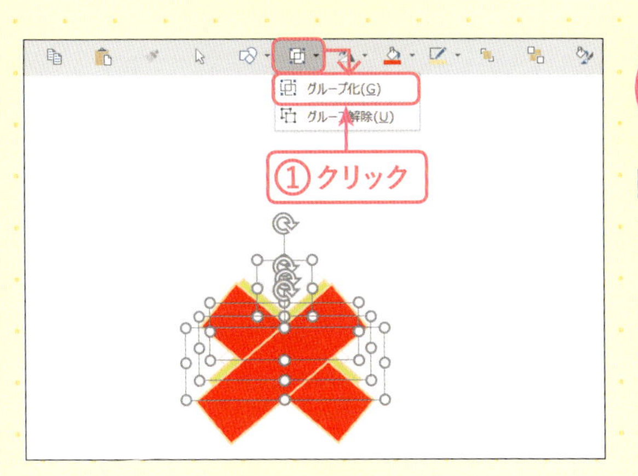

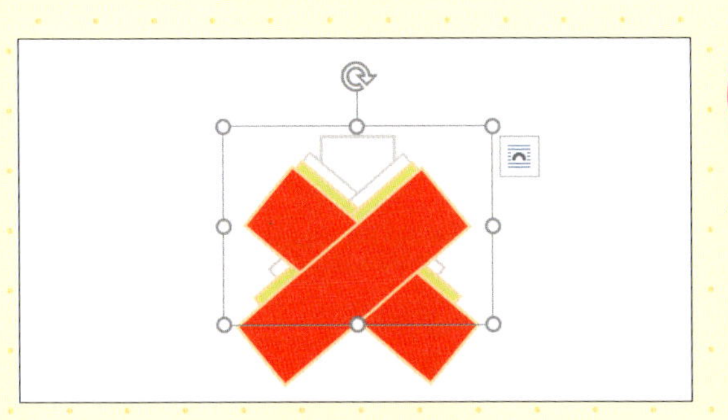

13 グループ化する

［オブジェクトのグループ化］→［グループ化］をクリックします①。

14 襟ができた

襟ができました。

CHECK! 複数の図形を選択するときの注意点

［オブジェクトの選択］で、多数の図形を選択してグループ化する場合、すべての図形が選択されるように、なるべく広い範囲をドラッグして囲むようにしましょう。
特に斜めになっている図形や線が重なっている場合、見えているよりも実際の図形の範囲が大きい場合があります。

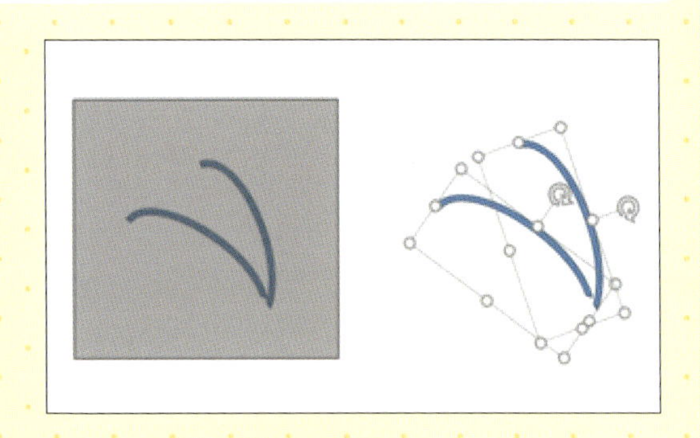

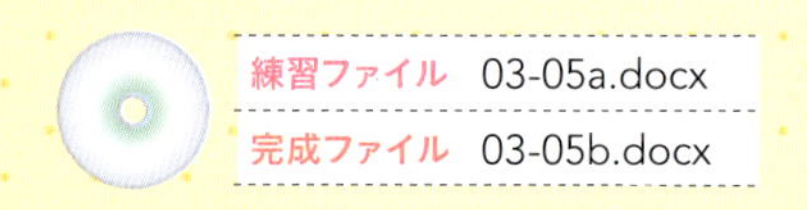

前身ごろを描こう

前身ごろの図形に模様を付けて、着物らしくします。

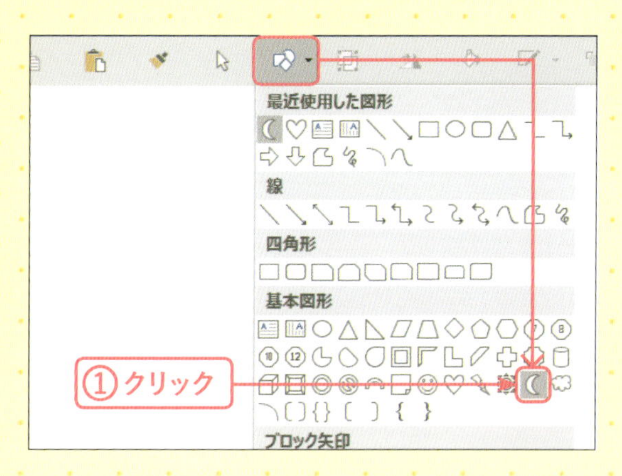

1 ［月］を選択する

［図形の作成］→［基本図形］→［月］をクリックします①。

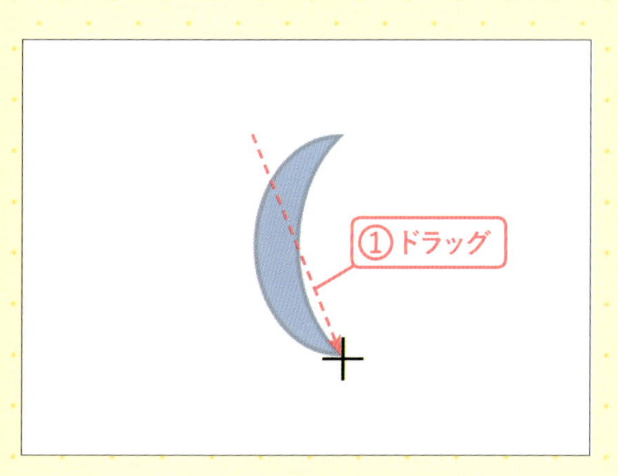

2 月を描く

斜め下にドラッグし、月を描きます①。

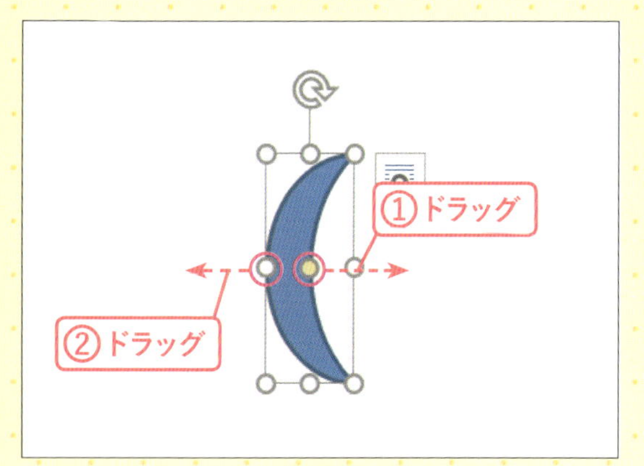

3 月を変形する

図形が選択された状態で、［調整ハンドル］を右へ止まるまでドラッグします①。続いて左の［サイズハンドル］を左へ少しドラッグします②。

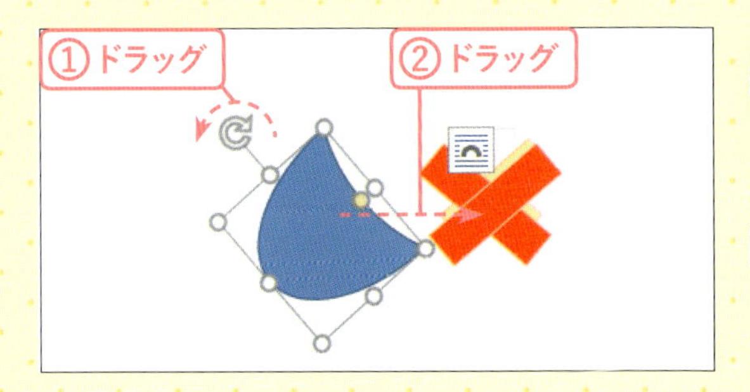

4 前身ごろを回転する

図形が選択された状態で、[回転ハンドル]を左へドラッグして図形を傾けます①。襟の上にドラッグして重ねます②。

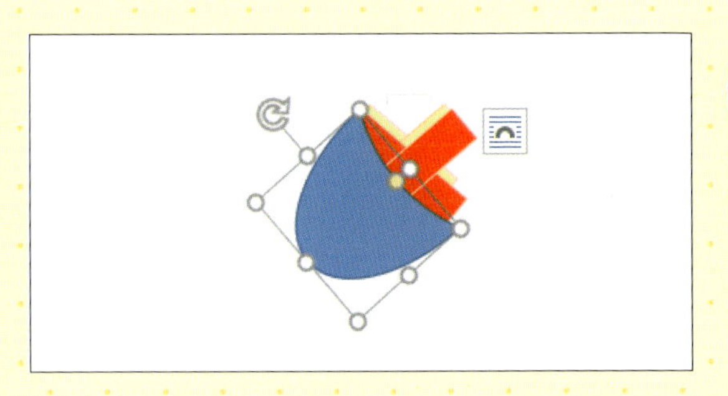

5 前身ごろの大きさを調整する

図を参考に、前身ごろは襟の長さより少しだけ長くして襟の下側が隠れるように傾きや大きさを調整します。

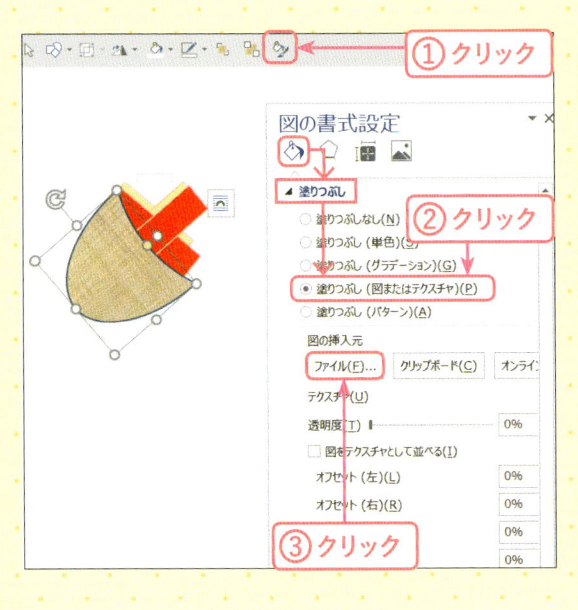

6 前身ごろに模様の設定をする

前身ごろの図形が選択された状態で、[図形の書式設定]をクリックします①。作業ウィンドウの[塗りつぶしと線]→[塗りつぶし]→[塗りつぶし(図またはテクスチャ)]をクリックします②。[図の挿入元]の[ファイル]をクリックします③。

MEMO
[塗りつぶし(図またはテクスチャ)]をクリックすると、自動で図のようなテクスチャが反映されます。

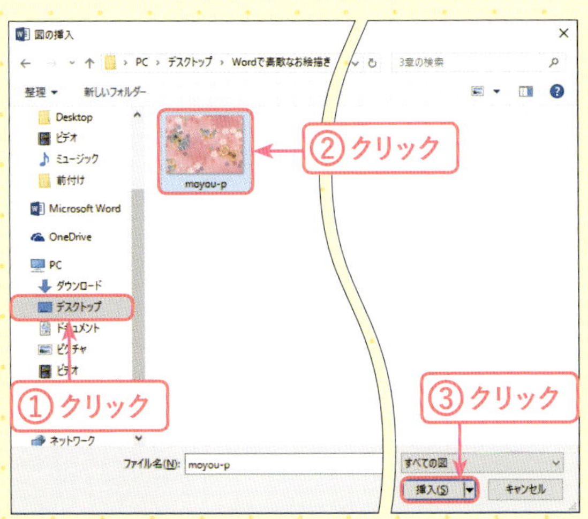

7 模様を挿入する

[図の挿入]画面が開きます。[デスクトップ]をクリックし①、[Wordで素敵なお絵描き]→[3章]→[moyou-p]ファイルをクリックし②、[挿入]をクリックします③。

MEMO
P.5を参照して、事前にCD-ROMの内容をデスクトップにコピーしておきます。

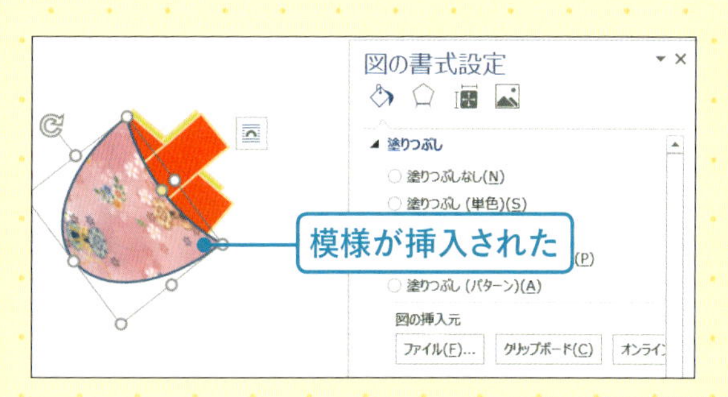

8 模様が挿入された

画面に戻り、前身ごろに模様が入っているのを確認します。この時点で模様はゆがんでいます。

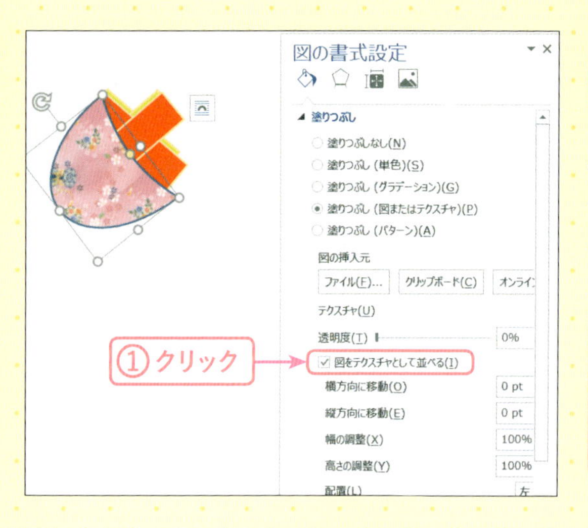

9 模様をテクスチャに変える

作業ウィンドウが表示された状態で、[図をテクスチャとして並べる]をクリックして①、チェックを入れます。

MEMO

[図をテクスチャとして並べる]にチェックを入れると、挿入元の画像や模様が図形の中に隙間なく並んだ状態で表示されます。チェックを入れない場合は、挿入元の画像や模様が図形の中に1つだけ表示されます。

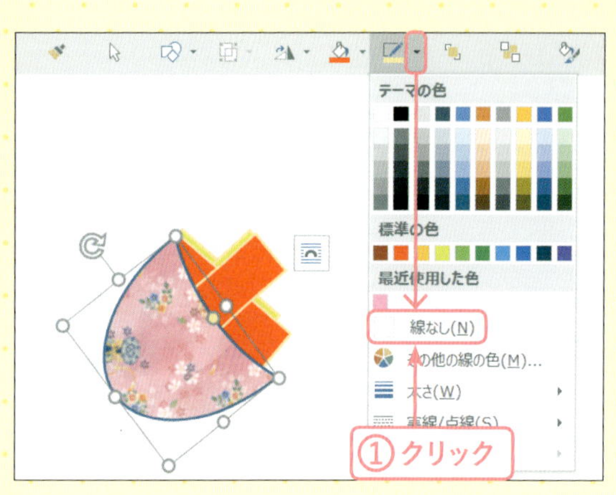

10 前身ごろに枠線の設定をする

模様がきれいに入りました。図形が選択された状態で、[図形の枠線] の▼→[線なし]をクリックします①。

11 前身ごろを複製する

図形が選択された状態で、[コピー] をクリックし①、続いて[貼り付け] をクリックします②。

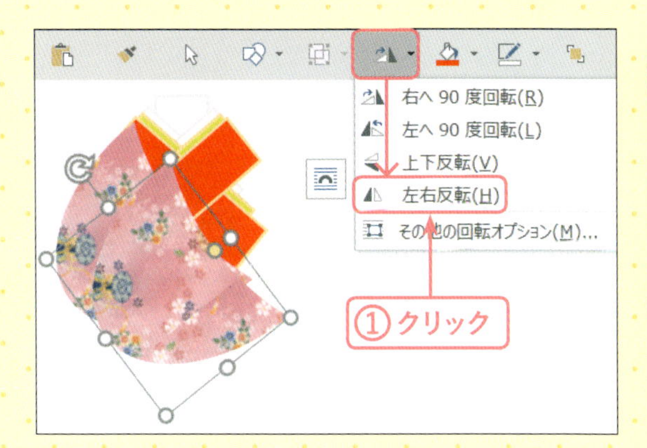

12 前身ごろを反転する

前身ごろが2つになりました。複製された前身ごろが選択された状態で、[オブジェクトの回転] →[左右反転] をクリックします①。

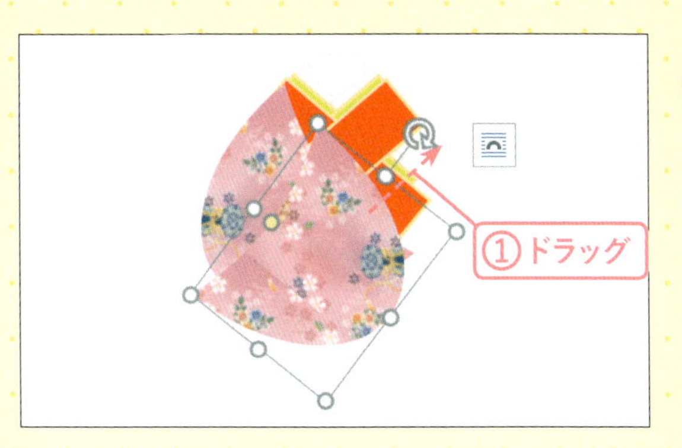

13 前身ごろを移動する

前身ごろの向きが変わりました。反転した前身ごろをドラッグして反対側の肩に移動します①。

14 前身ごろができた

前身ごろができました。

CHECK! ズーム機能を使う

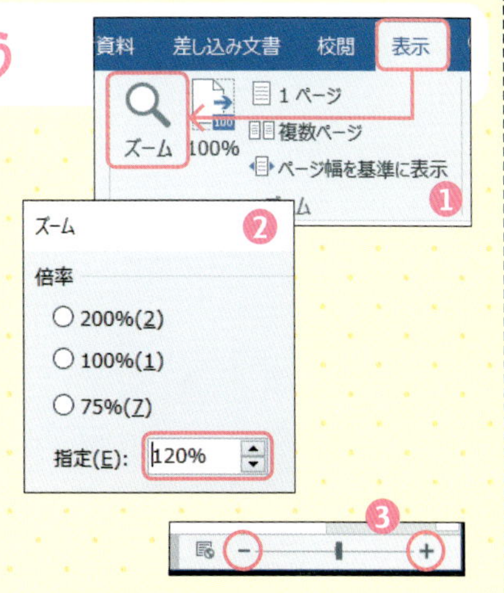

細かい操作をする場合は、はじめにズームの倍率を上げて、拡大しておきましょう。

❶[表示]タブ→[ズーム]をクリックして開きます。
❷[指定]に「120％」と入力して[OK]をクリックします。
❸ 作業の途中で変える場合は、画面右下にあるズーム機能を使います。[+]をクリックすると拡大し、[−]をクリックすると縮小します。

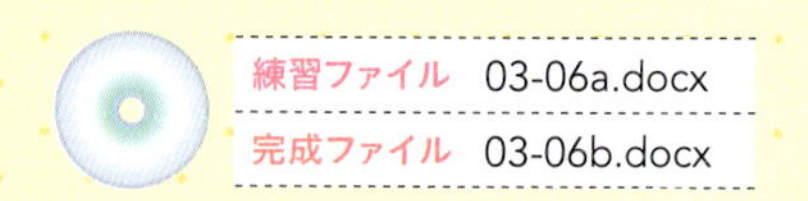

袴を描こう

2つの楕円を横に重ねて袴を描きます。

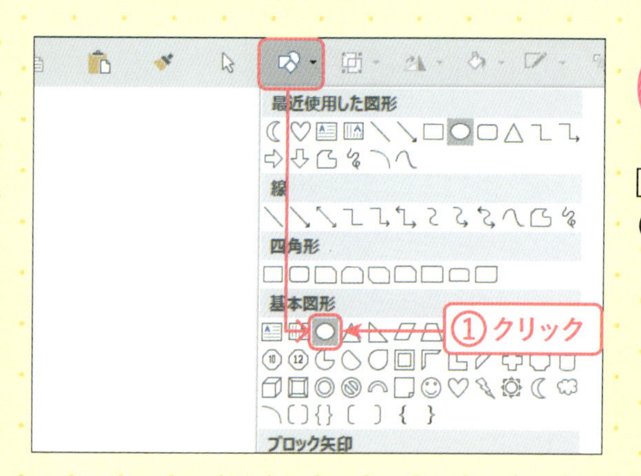

1 [楕円]を選択する

[図形の作成] →[基本図形]→[楕円](Word 2013は[円/楕円])をクリックします①。

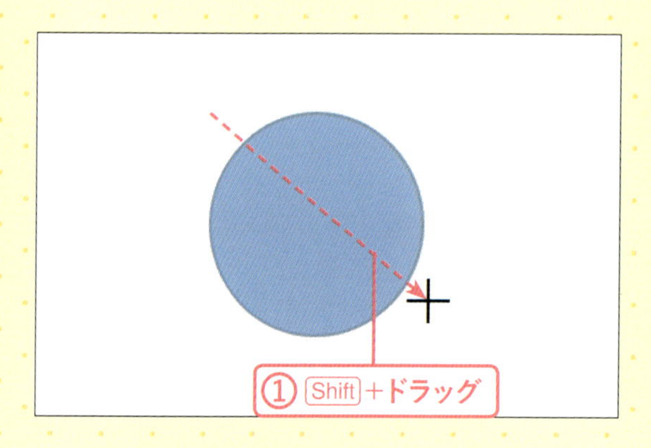

2 楕円を描く

Shiftキーを押しながらドラッグし、正円を描きます①。

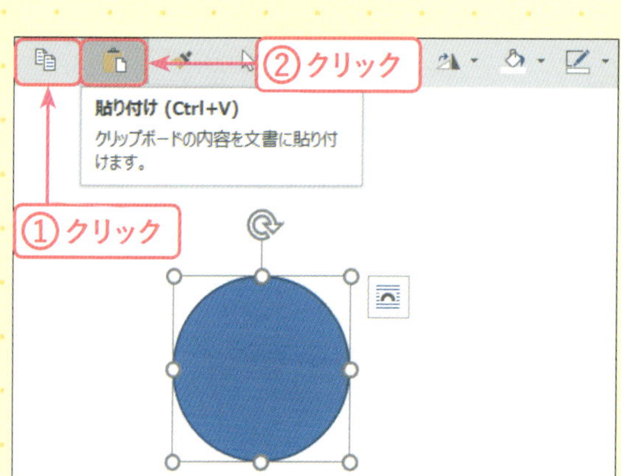

3 正円を複製する

図形が選択された状態で、[コピー]をクリックし①、続いて[貼り付け]をクリックします②。

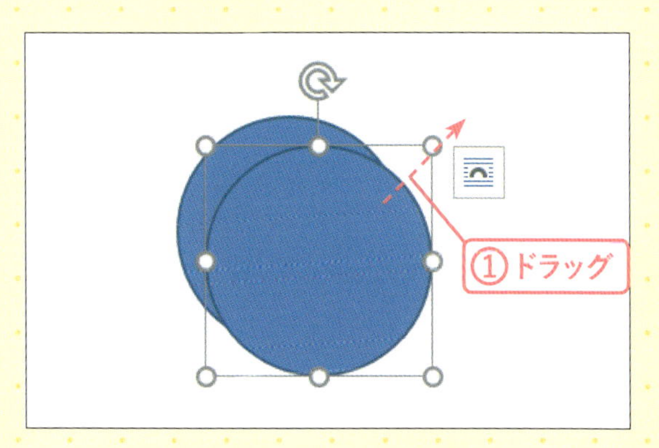

4 正円を移動して重ねる

正円が2つになりました。複製された図形が選択された状態で、元の図形の上にドラッグして半分位重ねて並べます①。

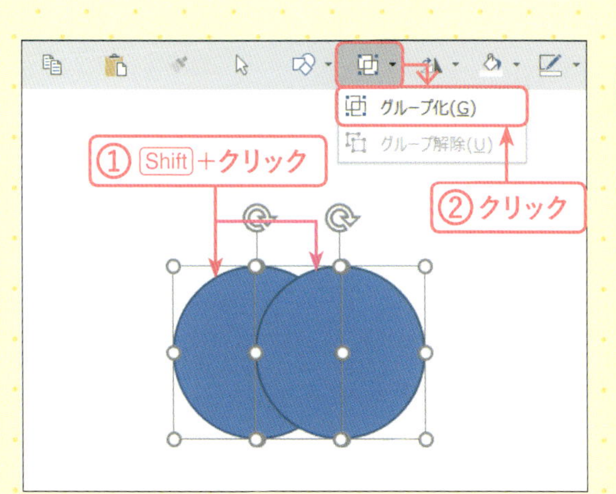

5 グループ化する

Shiftキーを押しながら2つの正円をクリックし①、[オブジェクトのグループ化]→[グループ化]をクリックします②。

6 図形に色の設定をする

図形が選択された状態で、[図形の塗りつぶし]の▼→[標準の色]→[赤]をクリックします①。

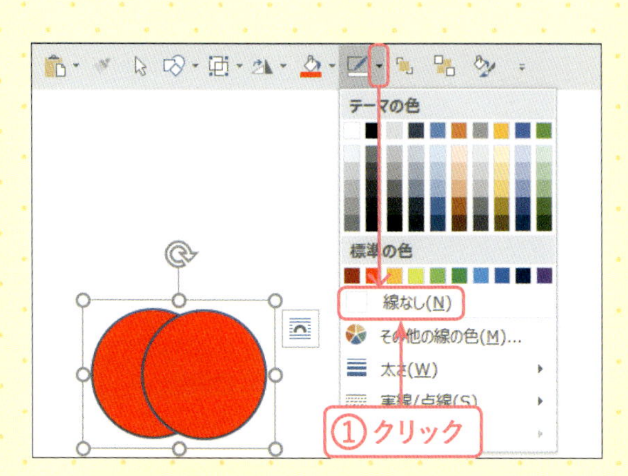

7 図形に枠線の設定をする

図形が選択された状態で、[図形の枠線]の▼→[線なし]をクリックします①。

第3章 お姫さまを描こう

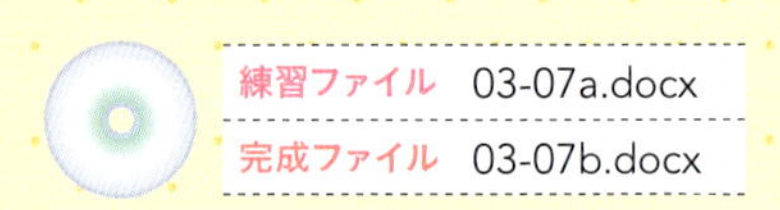

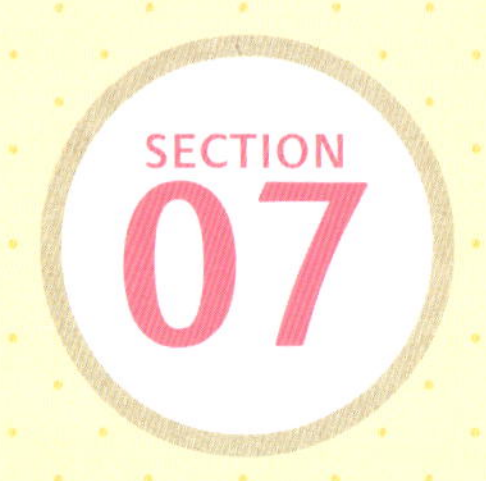

袖を描こう

曲線の頂点を編集して袖を描き、書式のコピーで模様を複写します。

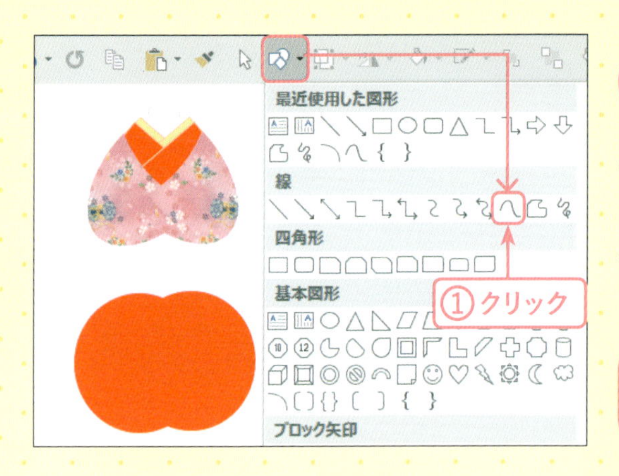

1 [曲線]を選択する

前身ごろと衿を図のように縦に並べておきます。[図形の作成] → [線] → [曲線] をクリックします①。

MEMO
衿の大きさは、図を参考にして調整してください。

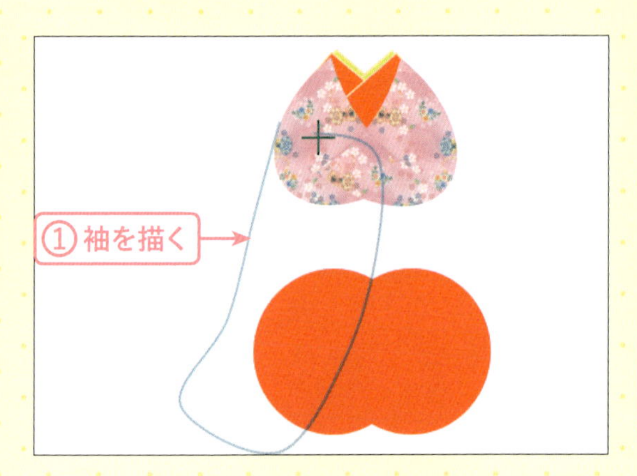

2 袖の図形を描く

図を参考にしながら、前身ごろと衿を覆うようにクリックとドラッグを繰り返し、袖を描きます①。

MEMO
曲線の描き方は、P.66手順⑩～⑪を参考にしてください。

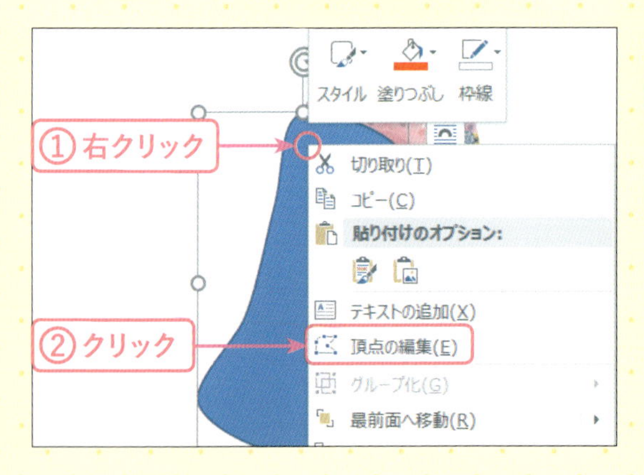

3 頂点の編集をする

図形が選択された状態で右クリックし①、[頂点の編集]をクリックします②。

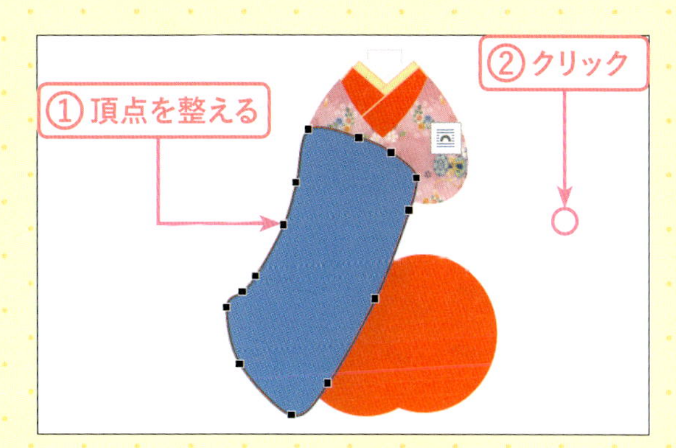

4 頂点を調整する

頂点を調整し、袖の形を整えます①。頂点の位置は図を参考にして形を整えてください。調整が終わったら、画面の余白をクリックします②。

5 袖の図形が描けた

袖の図形ができました。

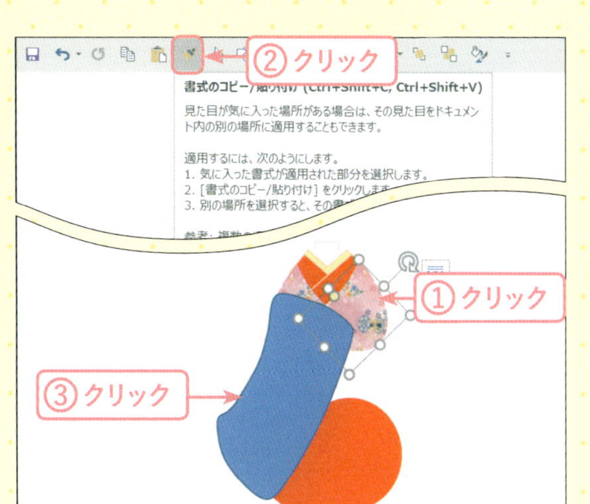

6 袖に色の設定をする

ここからは［書式のコピー］機能を使い、模様をコピーします。右の前身ごろをクリックして選択し①、［書式のコピー］をクリックし②、袖をクリックします③。

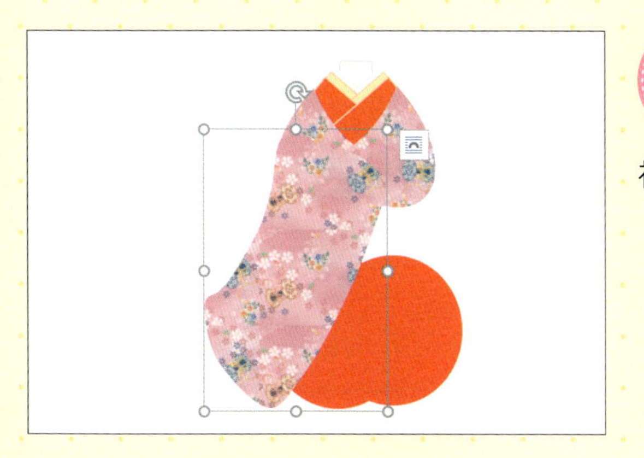

7 袖に模様が付いた

袖に模様が付きました。

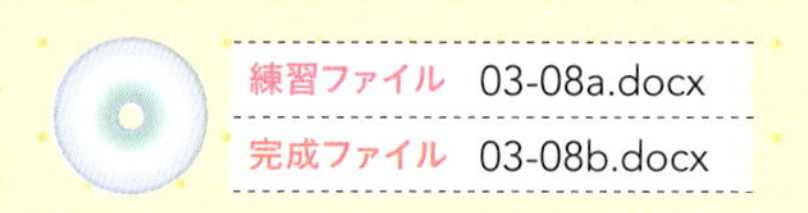

袖口を描こう

月の図形を3つ縦に並べ、袖口を描きます。

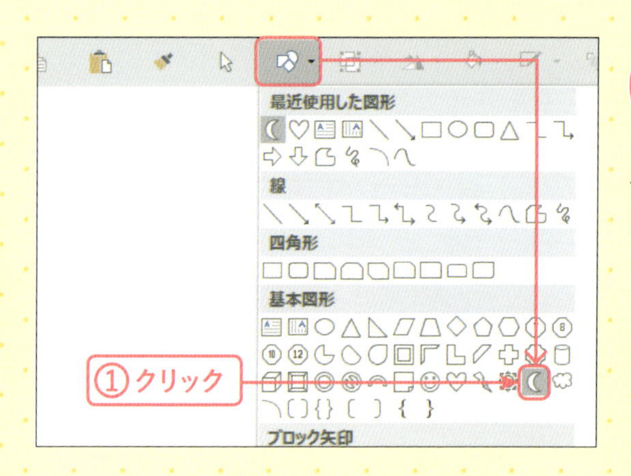

1 [月]を選択する

袖口を描きます。[図形の作成] →[基本図形]→[月] をクリックします①。

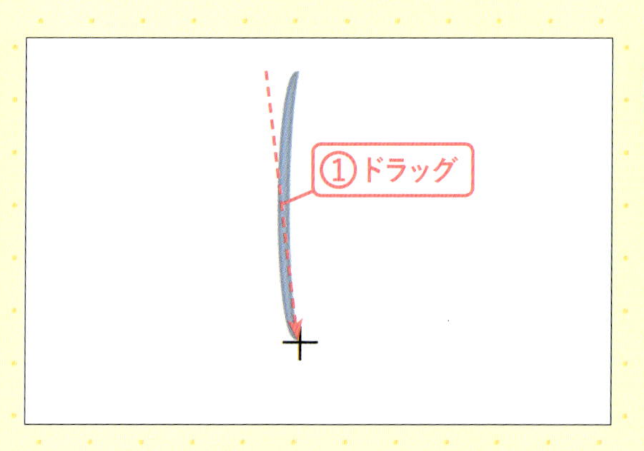

2 月を描く

下にドラッグし、細長い月を描きます①。

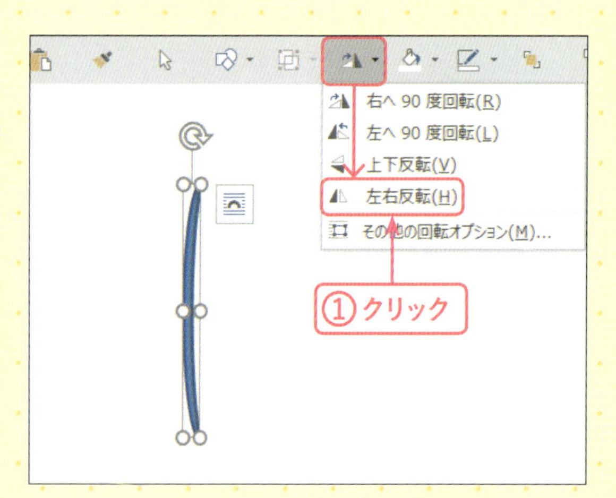

3 月の向きを変える

図形が選択された状態で、[オブジェクトの回転] →[左右反転]をクリックします①。

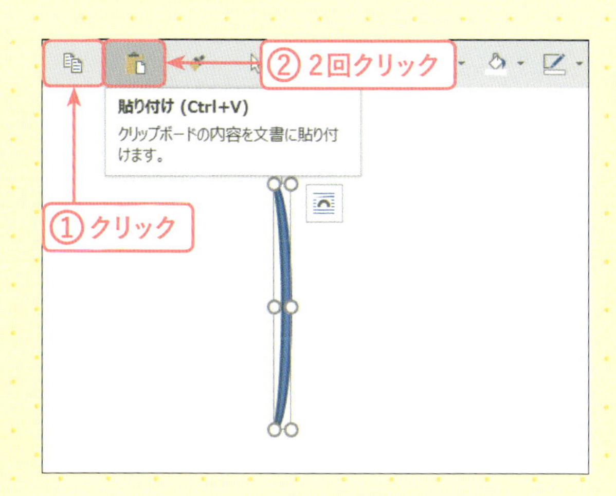

図形を複製する

図形の向きが反転しました。図形が選択された状態で、[コピー]をクリックし①、続いて[貼り付け]を2回クリックします②。

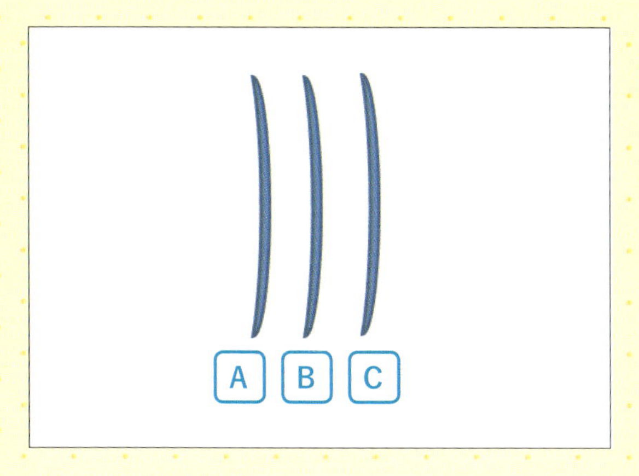

図形が3つになった

図形が3つになりました。複製された図形を左からA、B、Cとして説明していきます。ここではわかりやすいように、横に並べています。

図形に色の設定をする

A～Cの図形をそれぞれ次のように色の設定をします。

A	[図形の塗りつぶし]の▼→[標準の色]→[黄]
B	[図形の塗りつぶし]の▼→[テーマの色]→[白、背景1]
C	[図形の塗りつぶし]の▼→[標準の色]→[紫]

3つの図形を重ねる

隣り合う図形の線を重ね合わせ、図のように隙間なく図形を重ねます。

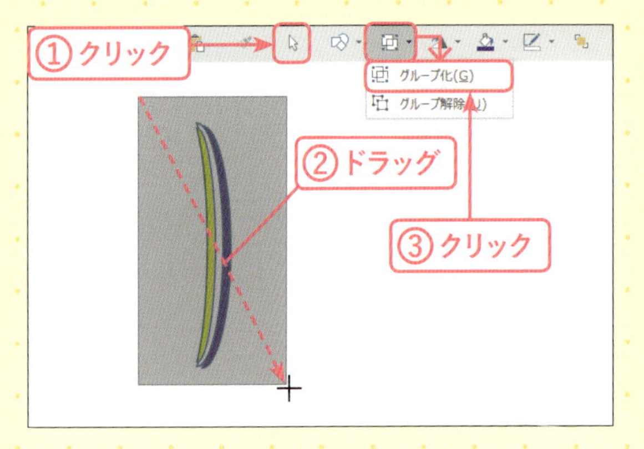

8 3つの図形を グループ化する

[オブジェクトの選択] をクリックし①、3つの図形をドラッグして囲みます②。続いて[オブジェクトのグループ化] →[グループ化]をクリックします③。

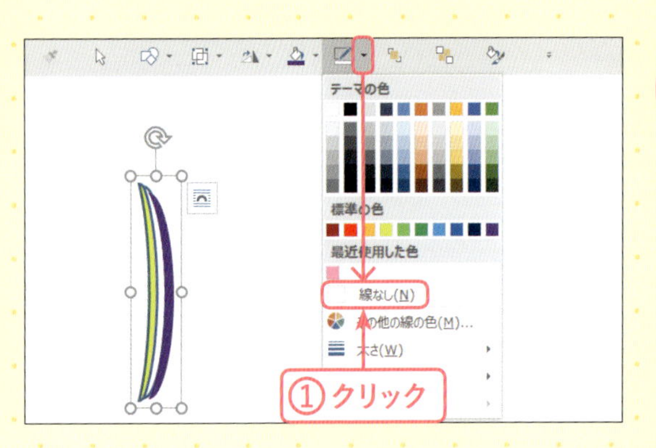

9 図形に 枠線の設定をする

グループ化された図形が選択された状態で、[図形の枠線] の▼→[線なし]をクリックします①。

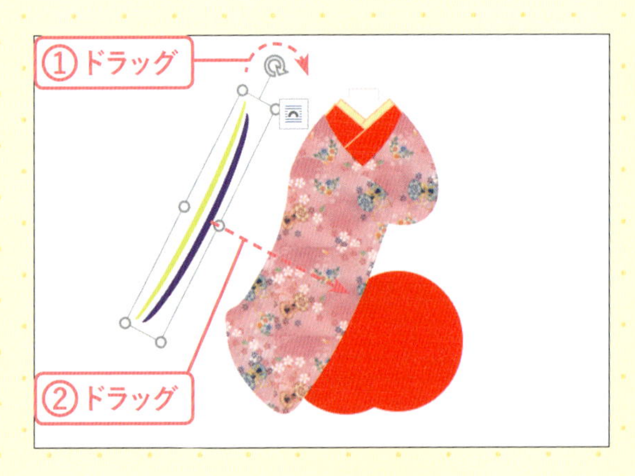

10 袖に重ねる

袖口が選択された状態で[回転ハンドル] をドラッグして回転し①、ドラッグして袖の上に重ねます②。袖に合わせるように袖口の長さを微調整します。

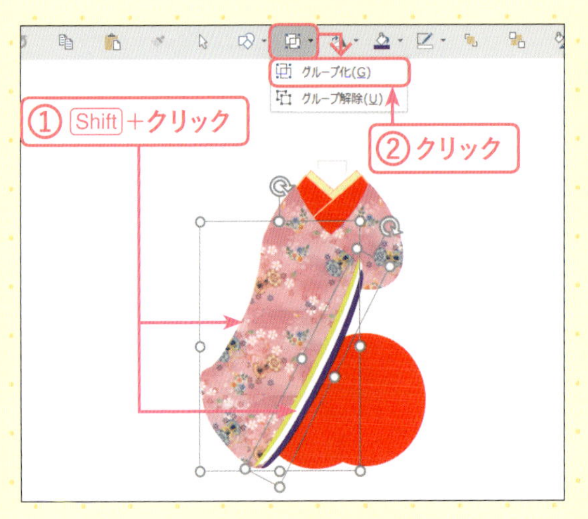

11 袖と袖口を グループ化する

Shiftキーを押しながら袖と袖口をクリックして選択し①、[オブジェクトのグループ化] →[グループ化]をクリックします②。

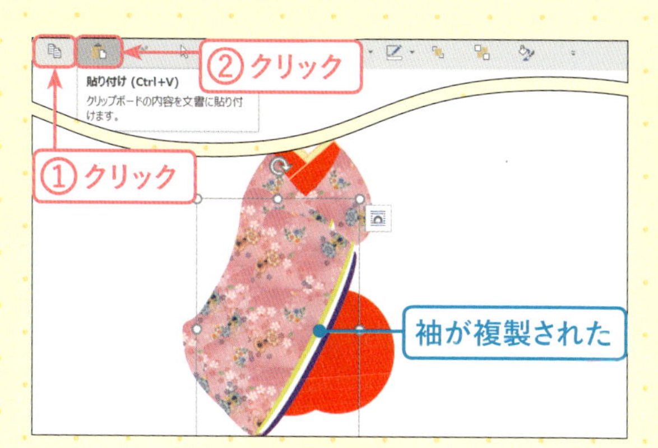

12 袖を複製する

袖が選択された状態で、[コピー] をクリックし①、続いて[貼り付け] をクリックします②。袖が2つになりました。

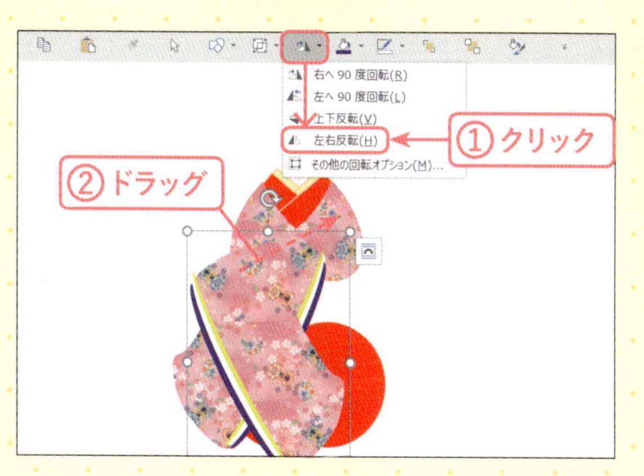

13 袖の向きを変える

複製された袖が選択された状態で、[オブジェクトの回転]→[左右反転] をクリックします①。袖が反転しました。袖をドラッグして反対側の肩へ重ねます②。

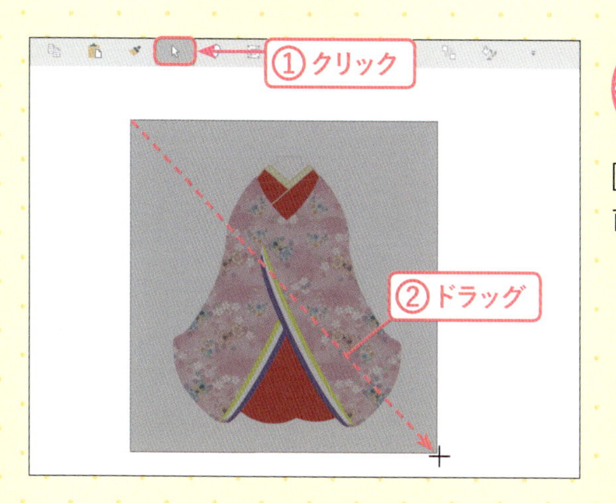

14 着物のパーツを選択する

[オブジェクトの選択] をクリックし①、襟、前身ごろ、袴、袖をドラッグして囲みます②。

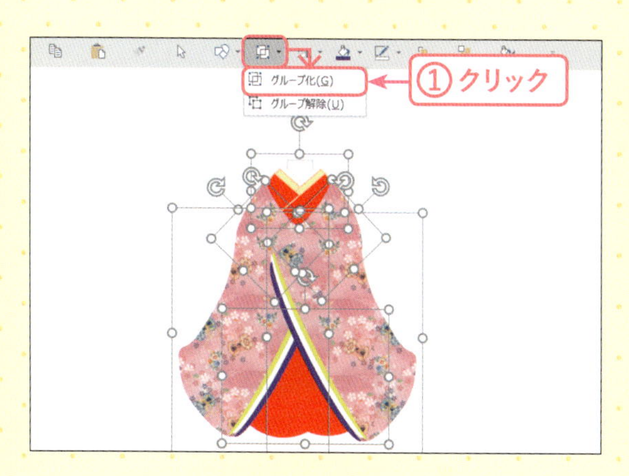

15 グループ化する

[オブジェクトのグループ化] →[グループ化]をクリックします①。着物ができました。

第3章 お姫さまを描こう

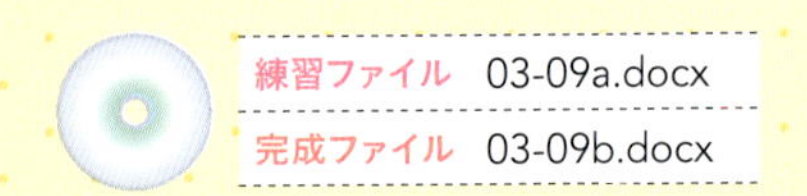

後ろ髪を描こう

お姫さまの長い髪を顔の背面に配置します。

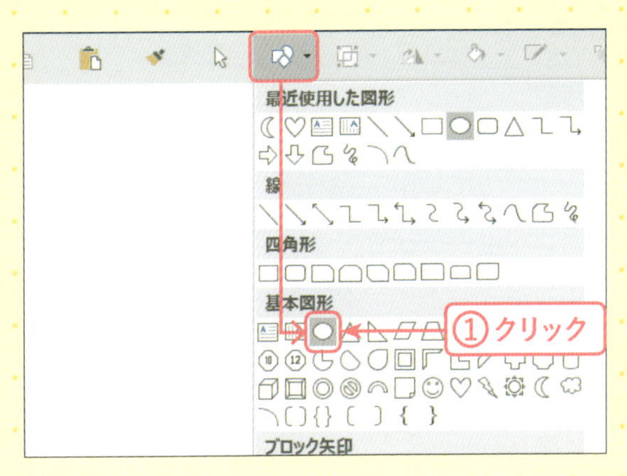

1 [楕円]を選択する

[図形の作成] → [基本図形] → [楕円] (Word 2013は[円/楕円])をクリックします①。

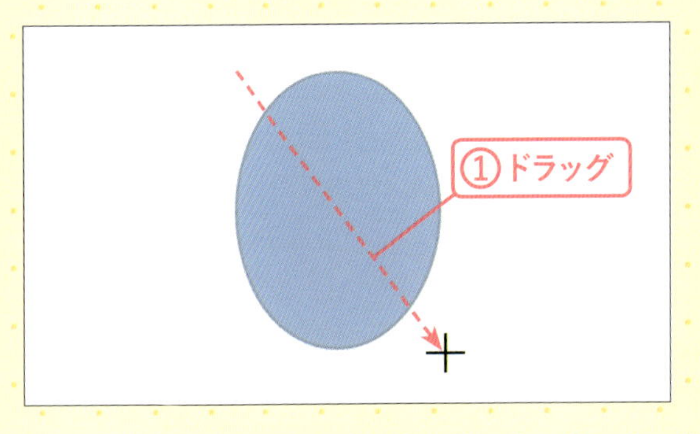

2 楕円を描く

斜め下にドラッグし、縦長の楕円を描きます①。

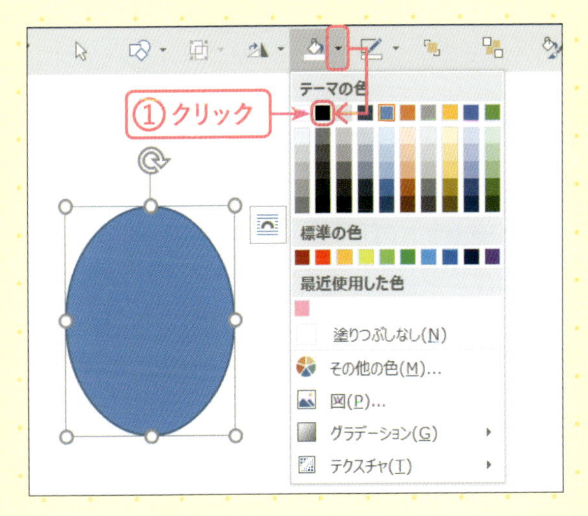

3 図形に色の設定をする

図形が選択された状態で、[図形の塗りつぶし] の▼→[テーマの色]→[黒、テキスト1をクリックします①。

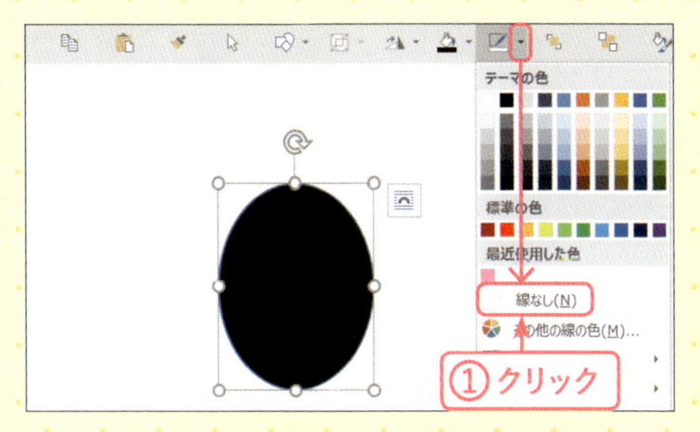

4 図形に枠線の設定をする

図形が選択された状態で、[図形の枠線] の▼→[線なし] をクリックします①。この楕円は手順❻で使用します。

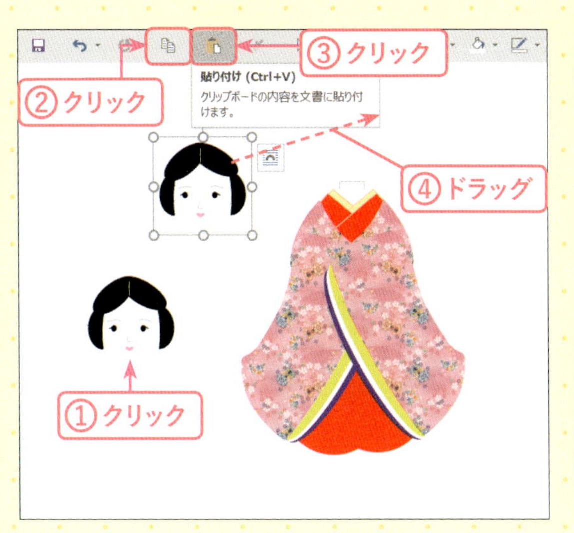

5 顔を複製する

P.91で描いた顔をクリックして選択し①、[コピー] をクリックし②、続けて [貼り付け] をクリックします③。複製された顔をドラッグして着物の上に重ねます④。

MEMO

現在手元で描いている図形は、[最前面へ移動] や [最背面へ移動] の機能を使って図形の順序を入れ替えますが、以前に描いた図形を現在のパーツに重ねたいときには、コピー&貼り付けをして重ねます。

6 楕円を最背面へ移動する

図を参考に着物と顔のバランスを調整します。手順❹で作成した楕円をクリックして選択し①、[最背面へ移動] をクリックします②。顔の後ろにドラッグして移動します③。

7 楕円の大きさを調整する

最背面にある楕円の上部が前髪の幅の少し外側になるように重ねます。楕円の高さは顔の2倍くらいに調整します①。

MEMO

図形の位置を微調整するには、キーボードの ↑↓←→キーを連続して押します。

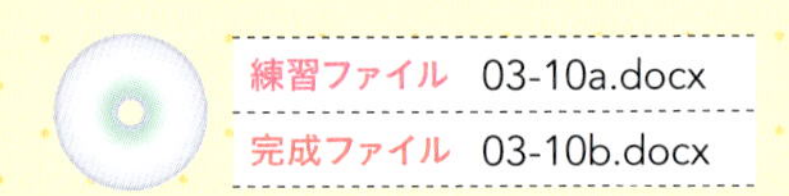

おさげを描こう

お姫さまの首のあたりにおさげを付けます。

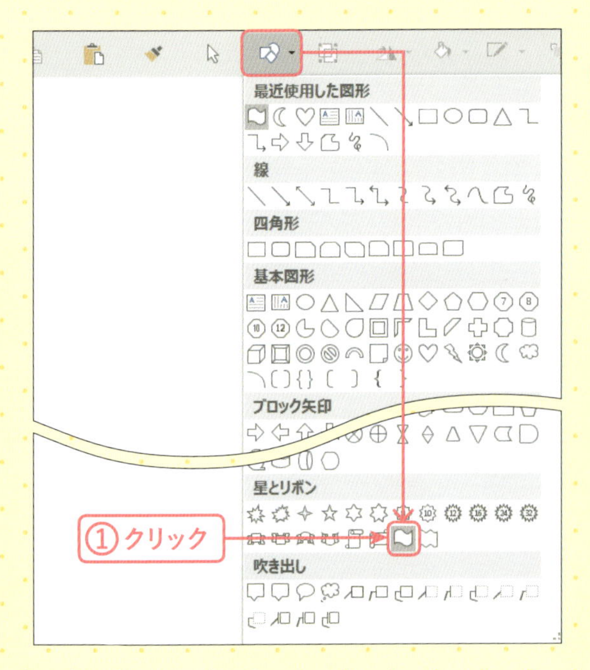

1 [波線]を選択する

小さいおさげを描きます。[図形の作成] → [星とリボン] → [波線] (Word 2013は[大波]) をクリックします①。

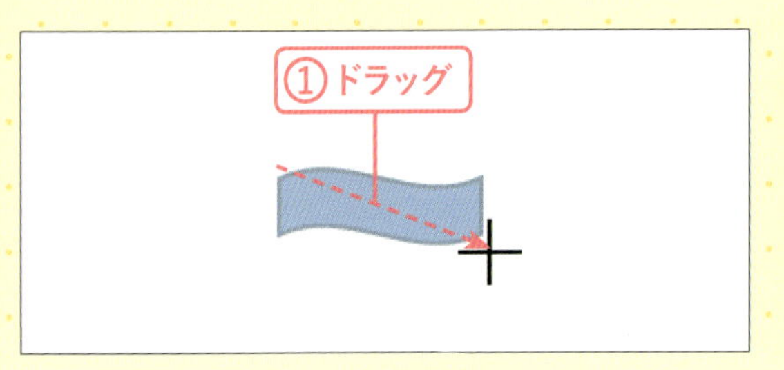

2 波線を描く

斜め横にドラッグし、横長の波線を描きます①。

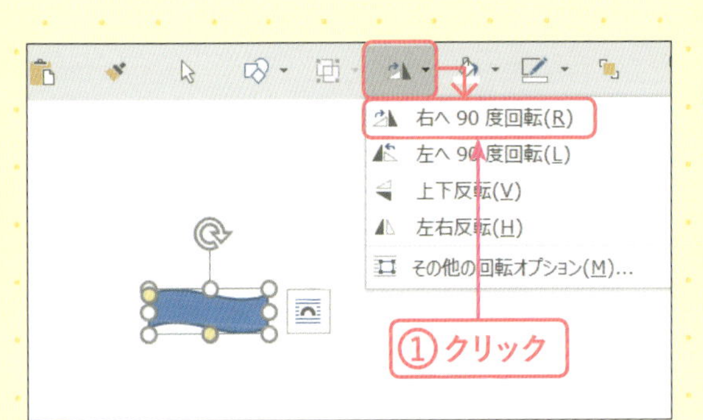

3 波線の向きを変える

図形が選択された状態で、[オブジェクトの回転] → [右へ90度回転] をクリックします①。

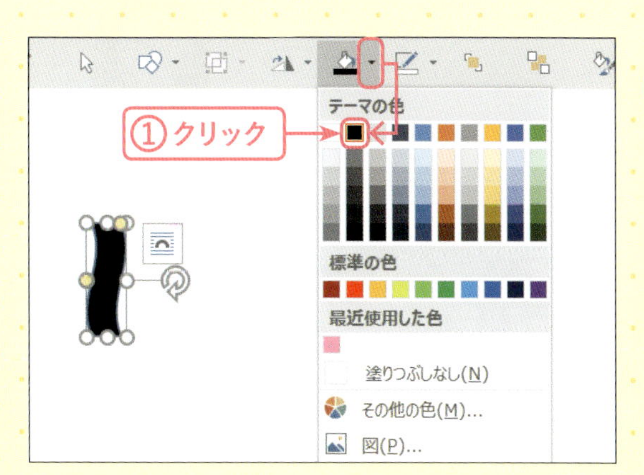

4 図形に色の設定をする

図形が縦向きになりました。図形が選択された状態で、[図形の塗りつぶし] の▼→[テーマの色]→[黒、テキスト1]をクリックします①。

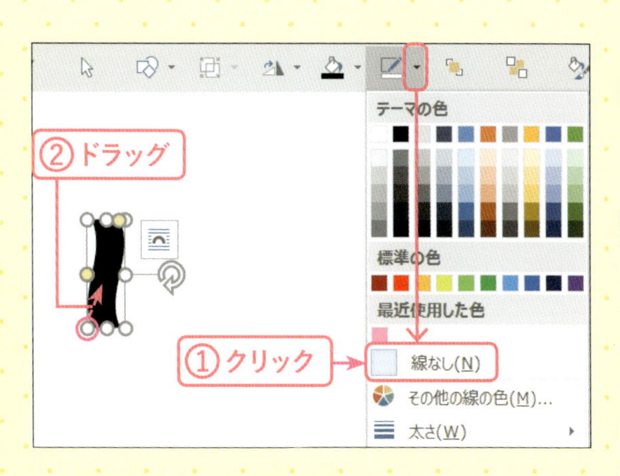

5 図形に
枠線の設定をする

図形が選択された状態で、[図形の枠線] の▼→[線なし]をクリックします①。角の[サイズハンドル]を斜め内側へドラッグして②、小さく縮小します。

6 図形を複製する

図形が小さくなりました。図形が選択された状態で、[コピー] をクリックし①、続いて[貼り付け] をクリックします②。図形が2つになりました。

7 おさげができた

図を参考に、図形を左右の耳の下あたりに付ければおさげの完成です。必要であれば、大きさを調整してください。

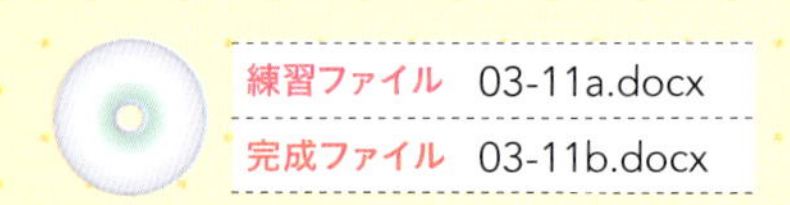

髪飾りを描こう

おさげに飾りを付けて可愛らしさを出します。

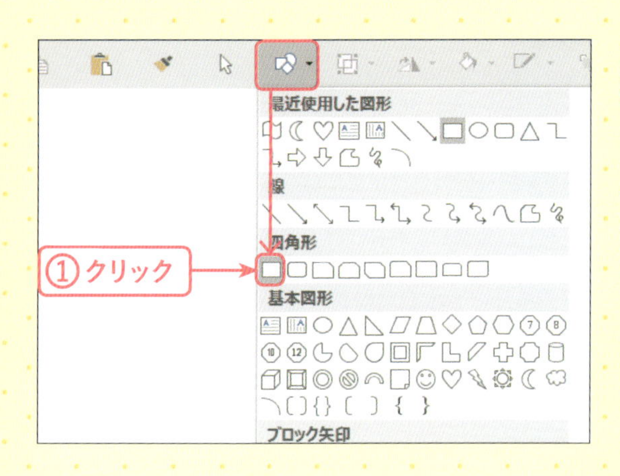

1 ［正方形/長方形］を選択する

おさげに付ける飾りを描きます。［図形の作成］→［四角形］→［正方形/長方形］クリックします①。

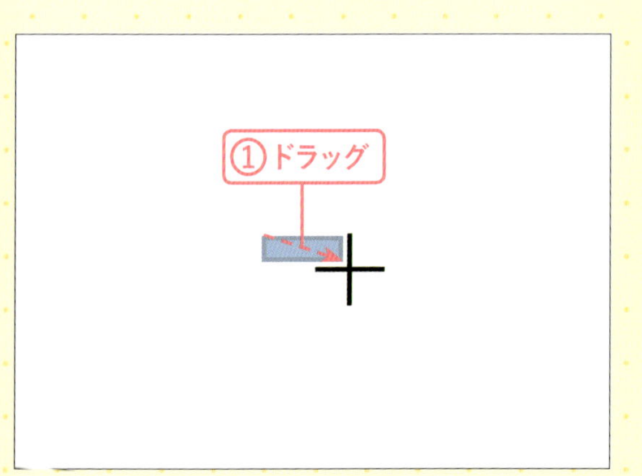

2 長方形を描く

横にドラッグし、小さい長方形を描きます①。

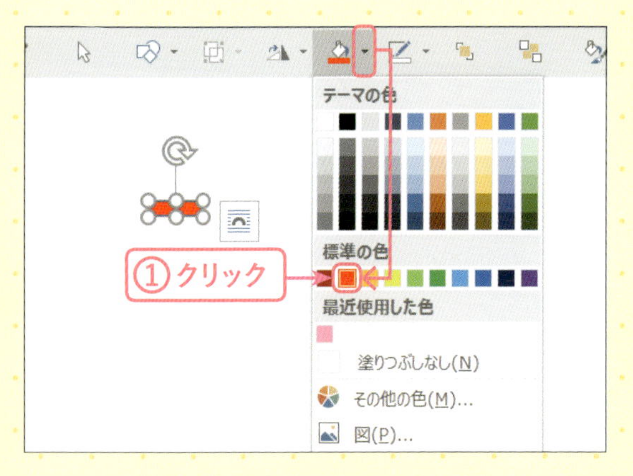

3 図形に色の設定をする

図形が選択された状態で、［図形の塗りつぶし］の▼→［標準の色］→［赤］をクリックします①。

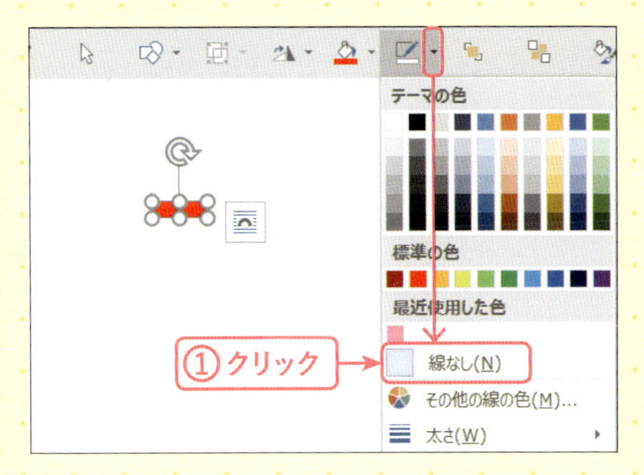

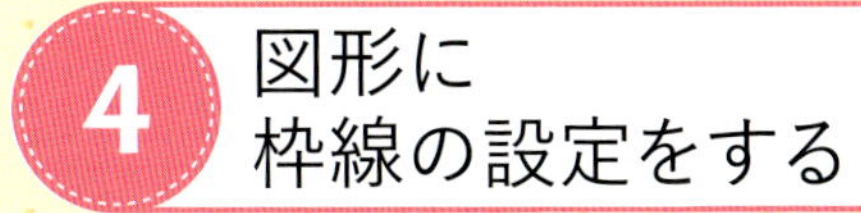

4 図形に枠線の設定をする

図形が選択された状態で、[図形の枠線]の▼→[線なし]をクリックします①。

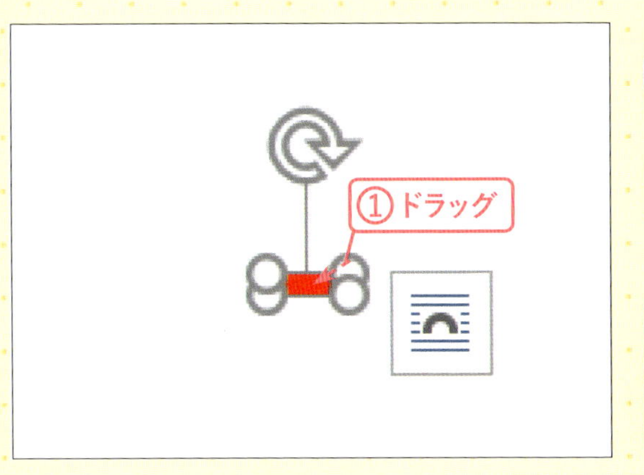

5 図形を小さくする

図形が選択された状態で、ドラッグして小さくします①。おさげの幅より少し大きくします。

MEMO

図形をとても小さくすると選択するのが難しくなります。その場合は、画面右下にあるスライダーを右へドラッグして画面を拡大して作業をしてください。

6 長方形を複製する

図形が選択された状態で、[コピー]をクリックし①、[貼り付け]をクリックします②。髪飾りが2つできました。

7 おさげに重ねる

図のように、2つの髪飾りをおさげの上部に重ねます①。

8 すべてのパーツを選択する

［オブジェクトの選択］をクリックし①、すべてのパーツをドラッグして囲みます②。

9 グループ化する

［オブジェクトのグループ化］→［グループ化］をクリックします①。

10 お姫さまが完成した

お姫さまが完成しました。

第4章

山の風景を描こう

「クイックアクセスツールバー」は
完成していますか？
まだの場合は、
P.6「絵を描く準備をしよう」を
参照してください。

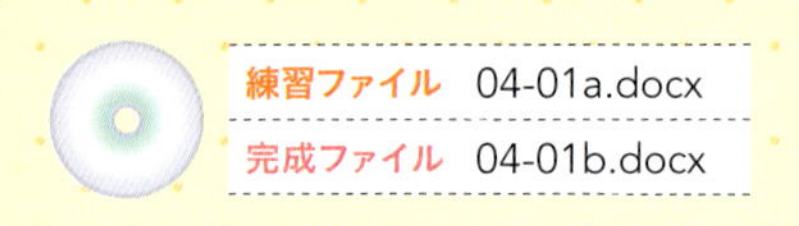

ナナカマドの葉と枝を描こう

ひし形を変形して1枚の葉を描き、グラデーションの色を塗ります。

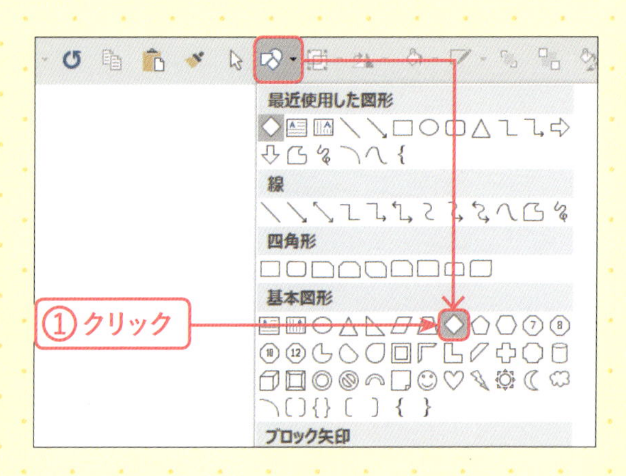

1 [ひし形]を選択する

葉のパーツを描きます。[図形の作成]→[基本図形]→[ひし形]をクリックします①。

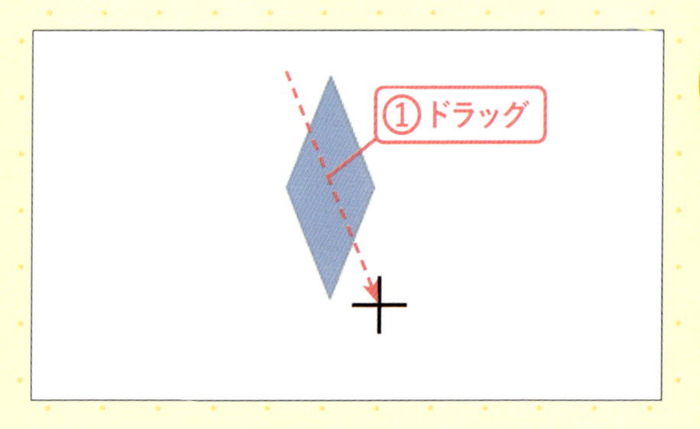

2 ひし形を描く

ドラッグして縦長のひし形を描きます①。

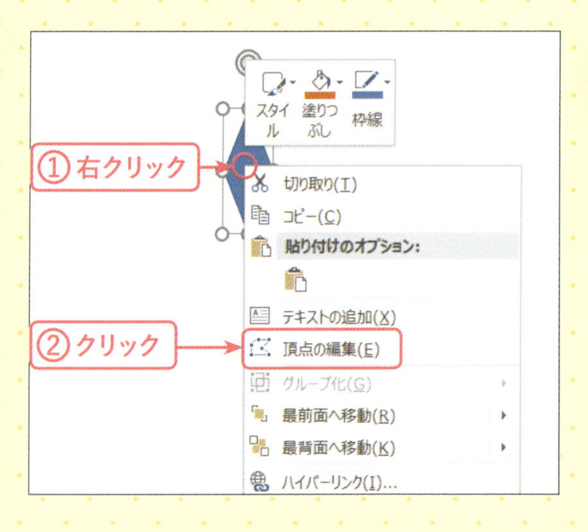

3 ひし形の頂点を表示する

ひし形の上で右クリックし①、[頂点の編集]をクリックします②。

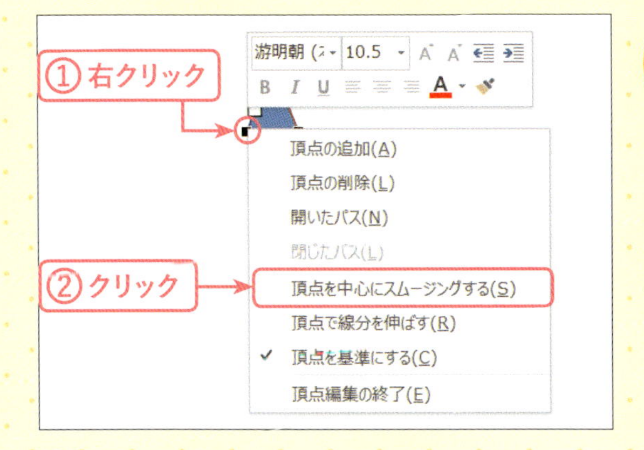

4 左側の線を スムーズにする

ひし形の頂点が表示されました。頂点が表示されている状態で、左側の頂点の上で右クリックし①、[頂点を中心にスムージングする]をクリックします②。

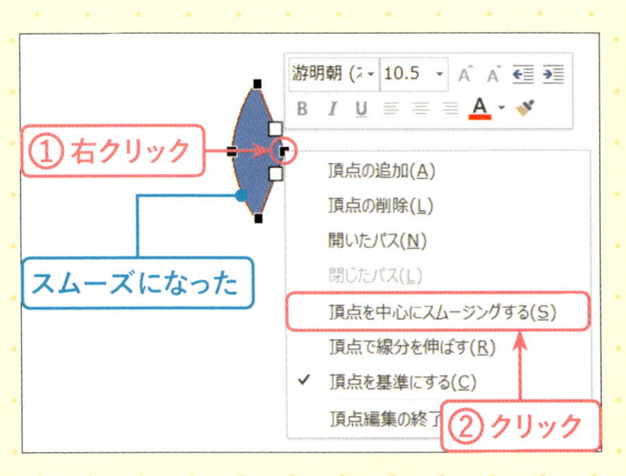

5 右側の線を スムーズにする

左側の線がスムーズになりました。頂点が表示されている状態で、右側の頂点の上で右クリックし①、[頂点を中心にスムージングする]をクリックします②。

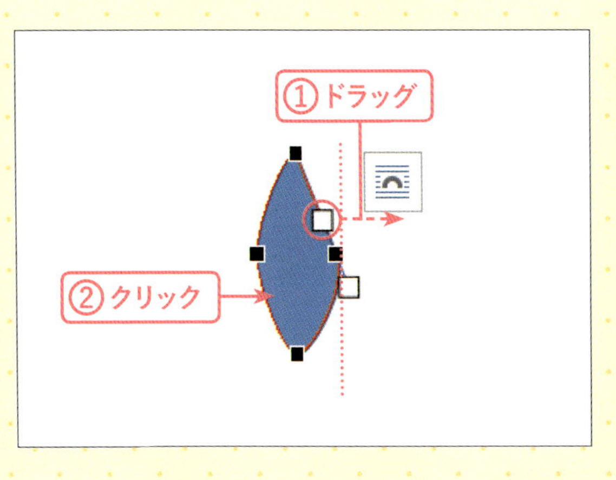

6 右側の線を修正する

右側の線がスムーズになりました。頂点が表示されている状態で、頂点の上下に付いている白いハンドルの上側を右へドラッグして真っ直ぐにし①、右側の線をなだらかにします。図形上をクリックし②、編集モードを解除しておきます。

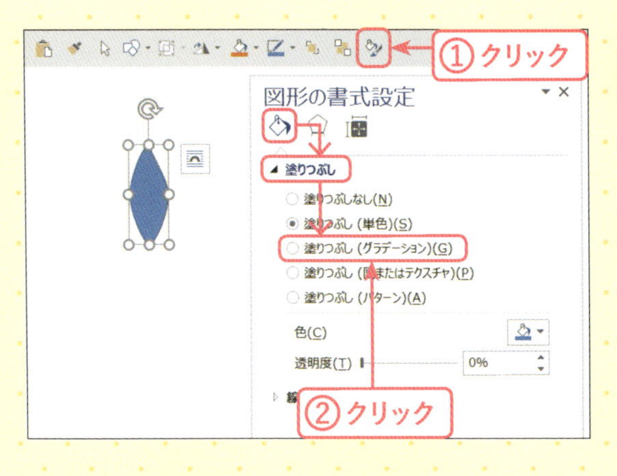

7 グラデーションの 設定画面を開く

図形が選択された状態で、[図形の書式設定]をクリックします①。作業ウィンドウの[塗りつぶしと線]→[塗りつぶし]→[塗りつぶし(グラデーション)]をクリックします②。

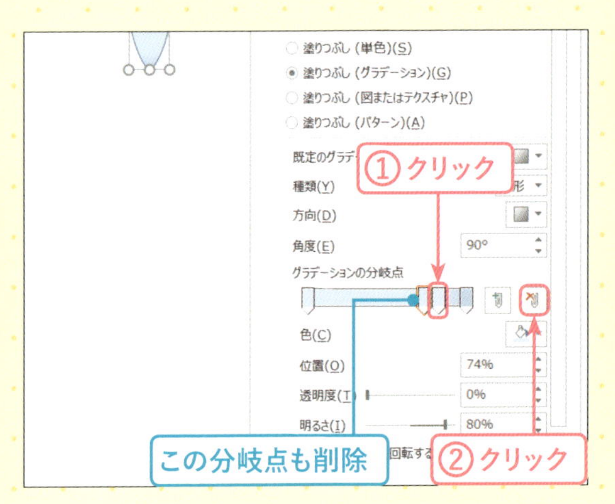

8 分岐点を削除する

塗りつぶしの設定項目が表示され、グラデーションの分岐点が4つ設定されています。ここでは左端と右端の分岐点を設定するので、そのほかの分岐点を削除します。削除する分岐点をクリックします①。グラデーションバーの右にある[グラデーションの分岐点を削除します]をクリックします②。この操作を繰り返し、分岐点は2つにしておきます。

9 左の分岐点の設定をする

左の分岐点[分岐点1/2]をクリックします①。[色]→[標準の色]の[濃い赤]をクリックします②。

MEMO
分岐点にマウスポインターをあてると、「分岐点の名称([分岐点1/2]など)」「位置」「色」の情報が表示されます。

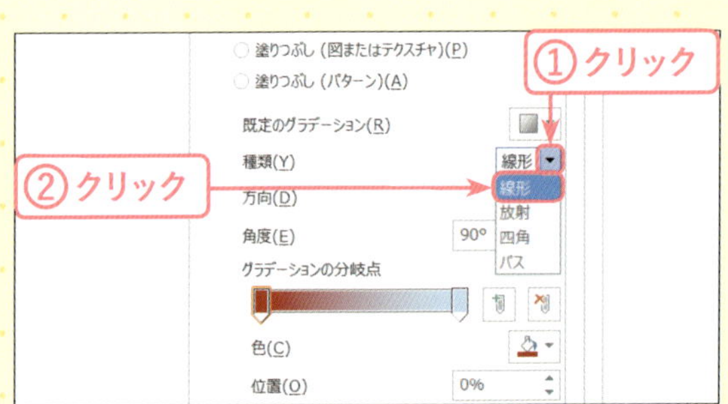

10 種類を設定する

[種類]の▼をクリックし①、[線形]をクリックします②。

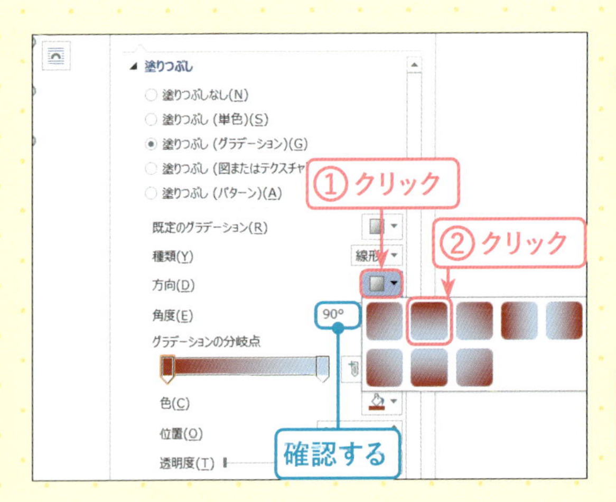

11 方向と角度を設定する

[方向]をクリックし①、[下方向]をクリックします②。[角度]に「90°」と表示されているのを確認します。

MEMO
[角度]は[方向]と連動していて、[方向]を選択すると自動的に設定されます。

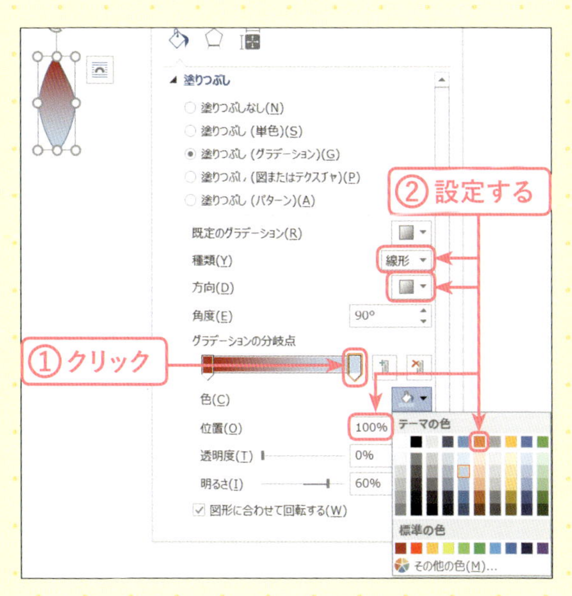

12 右の分岐点の設定をする

右の分岐点［分岐点2/2］をクリックします①。手順❽～⓫を参考にしながら、以下のように設定します。

色	テーマの色:オレンジ、アクセント2
種類	線形
方向	下方向
位置	100％

MEMO

分岐点は下にある［位置］と連動しています。一番左端の分岐点の［位置］は「0％」、一番右端の分岐点の［位置］は「100％」と表示されます。

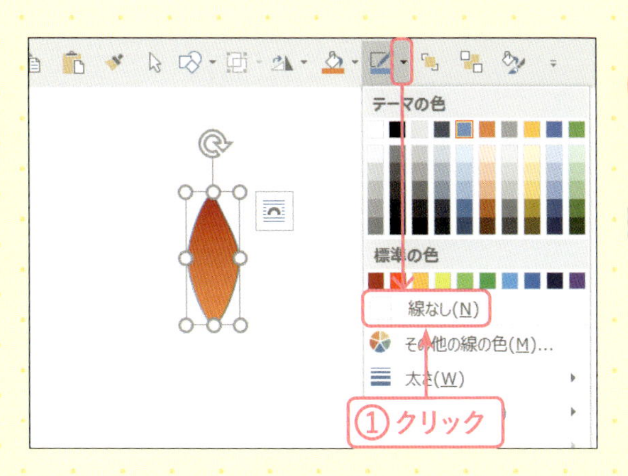

13 図形に枠線の設定をする

図形が選択された状態で、［図形の枠線］の▼→［線なし］をクリックします①。赤い葉のパーツができました。

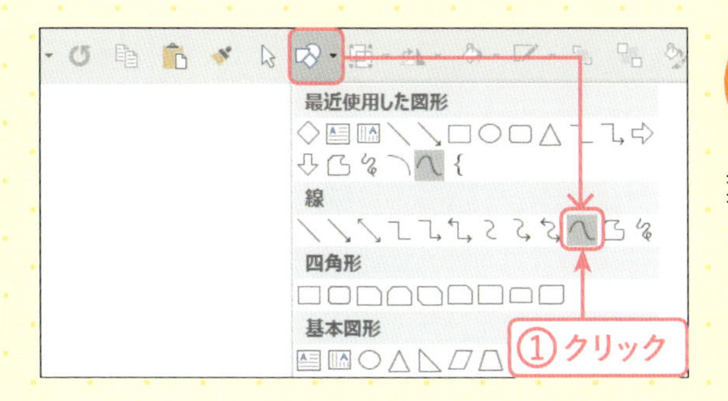

14 ［曲線］を選択する

葉のジクを描きます。［図形の作成］→［線］→［曲線］をクリックします①。

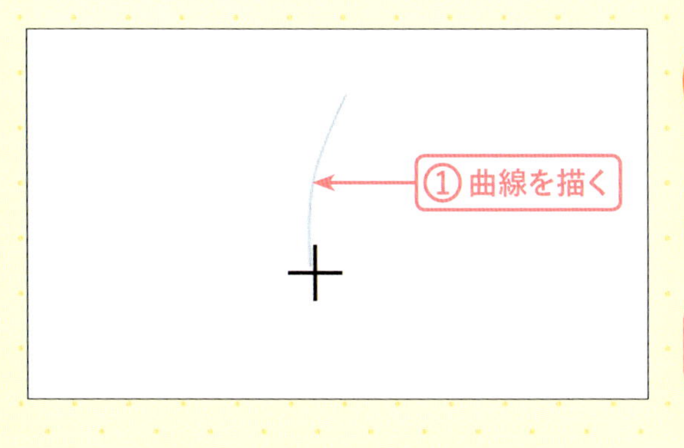

15 曲線を描く

ドラッグとクリックを繰り返して、図のような曲線を描きます①。

MEMO

曲線の描き方はP.66手順⓾～⓫を参照してください。

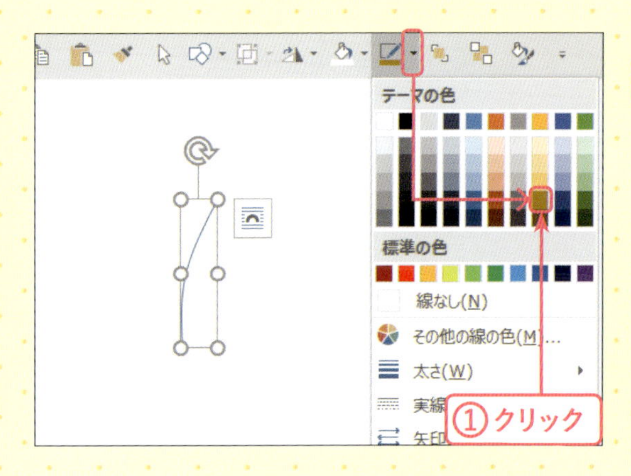

16 線に色の設定をする

線が選択された状態で、[図形の枠線] の▼→[テーマの色]→[ゴールド、アクセント4、黒+基本色25%]をクリックします①。

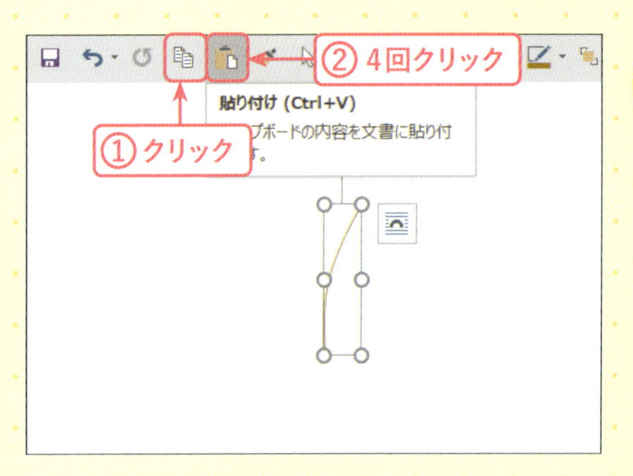

17 線を複製する

線が選択された状態で、[コピー] をクリックし①、[貼り付け] を4回クリックします②。合計5本のジクができました。複製された4本のジクは、Sec.02の操作で使います。

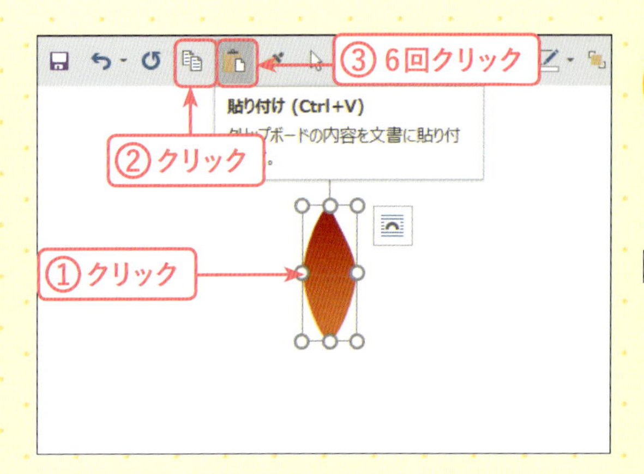

18 赤い葉を複製する

手順⑬の赤い葉をクリックして選択し①、[コピー] をクリックし②、続いて[貼り付け] を6回クリックします③。合計7枚の葉ができました。

19 赤い葉をジクに付ける

図を参考にしながら、葉の大きさや向きを調整し、ジクに付けていきます。下の4つの葉は同じ大きさにし、上の3つは少し縮小します。

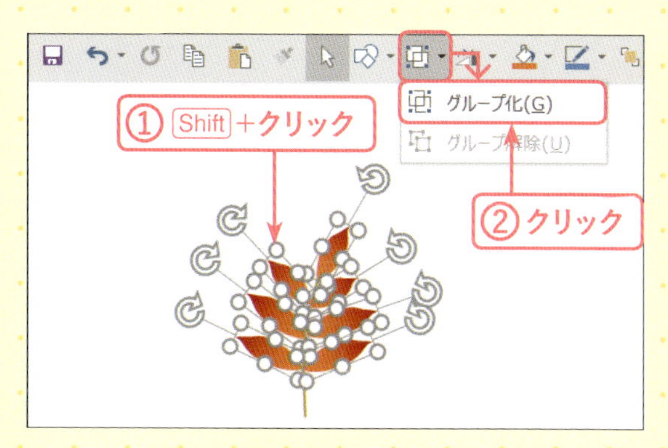

20 赤い葉をグループ化する

Shiftキーを押しながら7つの赤い葉をクリックして選択し①、続いて[オブジェクトのグループ化]→[グループ化]をクリックします②。ここでは、ジクはグループ化しません。

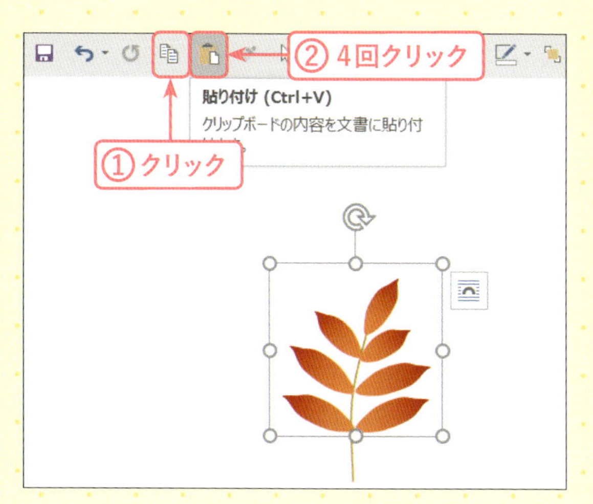

21 赤い葉を複製する

赤い葉が1枚できました。葉だけが選択された状態で、[コピー]をクリックし①、続いて[貼り付け]を4回クリックします②。複製された4つの赤い葉は、Sec.02の手順で使うので、ここでは一時的に横に移動しておきます。

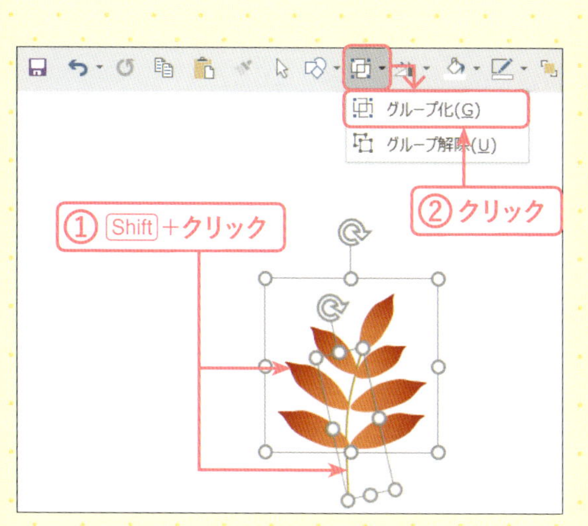

22 赤い葉とジクをグループ化する

Shiftキーを押しながら、グループ化された赤い葉とジクをクリックし①、[オブジェクトのグループ化]→[グループ化]をクリックします②。

23 赤い葉ができた

これで赤い葉が1つできました。

第4章 山の風景を描こう

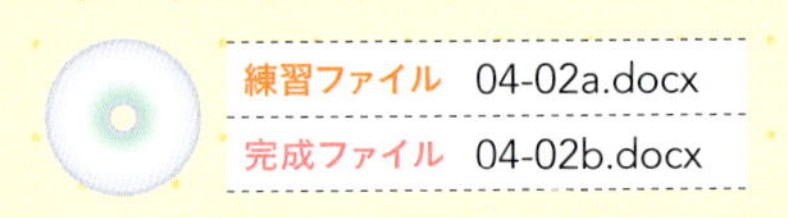

葉の色を変えよう

Sec.01で作成した葉を元に、色を塗り替えて4種類の葉を描きます。

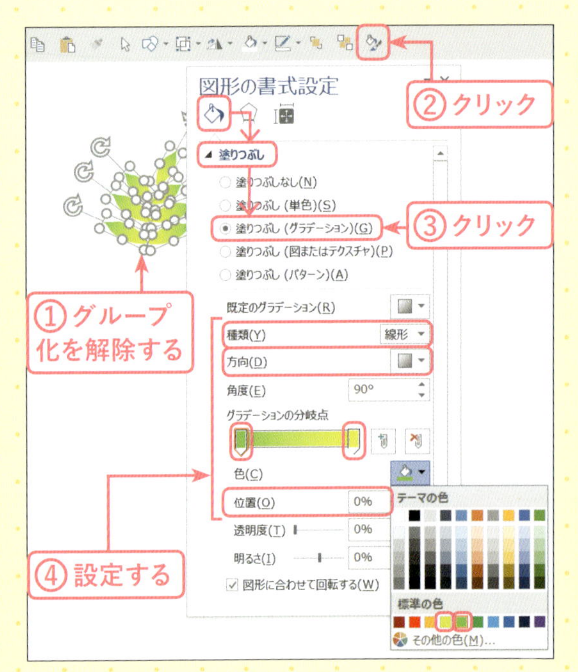

1 赤い葉を黄緑に塗り替える

P.125手順㉑で複製された赤い葉の1つを、グループ化の解除をします①(解除方法はP.24 CHECK!参照)。7枚の葉が選択された状態で、[図形の書式設定]をクリックします②。作業ウィンドウの[塗りつぶしと線]→[塗りつぶし]→[塗りつぶし(グラデーション)]をクリックします③。グラデーションは以下のように設定します④。

色	[分岐点1/2]標準の色:薄い緑
	[分岐点2/2]標準の色:黄
種類	線形
方向	下方向
位置	[分岐点1/2]0%
	[分岐点2/2]100%

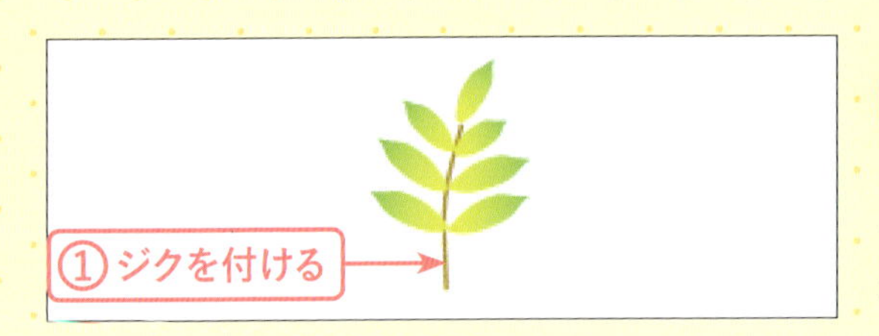

2 黄緑の葉にジクを付ける

赤い葉が黄緑に変わりました。P.124手順⑰で複製したジクを図のように葉に付けます①。

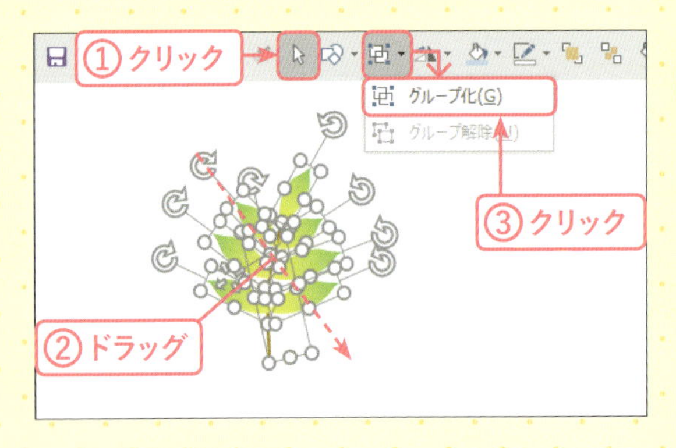

3 黄緑の葉とジクをグループ化する

[オブジェクトの選択]をクリックして①、葉とジクをドラッグで囲みます②。続いて[オブジェクトのグループ化]→[グループ化]をクリックします③。黄緑の葉ができました。

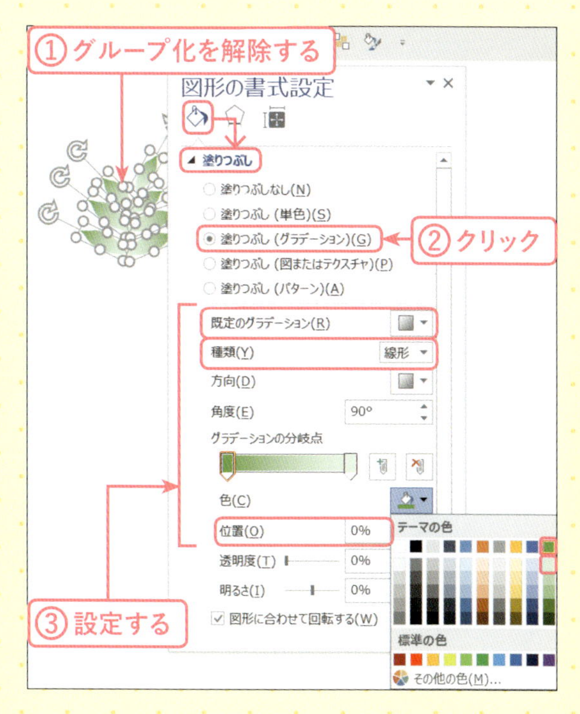

4 赤い葉を緑の葉に塗り替える

P.125手順㉑で複製された赤い葉のグループ化を解除しておきます①。7枚の葉が選択された状態で、作業ウィンドウの［塗りつぶしと線］→［塗りつぶし］→［塗りつぶし（グラデーション）］をクリックします②。グラデーションは以下のように設定します③。

色	［分岐点1/2］テーマの色：緑、アクセント6
	［分岐点2/2］テーマの色：緑、アクセント6、白＋基本色80％
種類	線形
方向	下方向
位置	［分岐点1/2］0％
	［分岐点2/2］100％

5 緑の葉を仕上げる

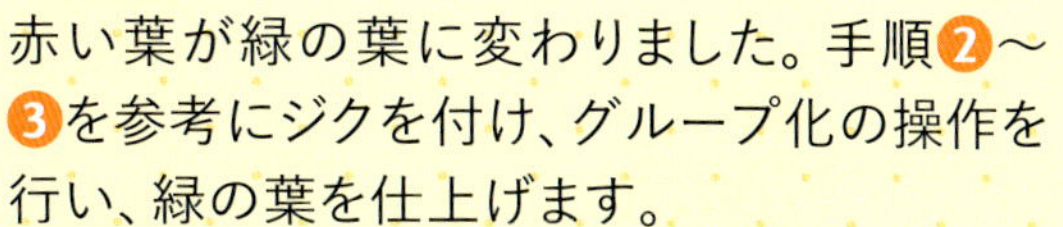

赤い葉が緑の葉に変わりました。手順❷～❸を参考にジクを付け、グループ化の操作を行い、緑の葉を仕上げます。

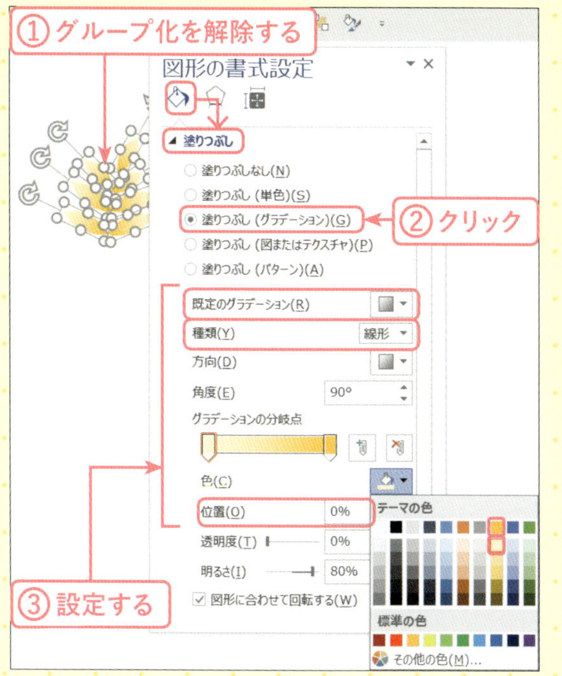

6 赤い葉をゴールドの葉に塗り替える

P.125手順㉑で複製された赤い葉のグループ化を解除しておきます①。7枚の葉が選択された状態で、作業ウィンドウの［塗りつぶしと線］→［塗りつぶし］→［塗りつぶし（グラデーション）］をクリックします②。グラデーションは以下のように設定します③。

色	［分岐点1/2］テーマの色：ゴールド、アクセント4、白＋基本色80％
	［分岐点2/2］テーマの色：ゴールド、アクセント4
種類	線形
方向	下方向
位置	［分岐点1/2］0％
	［分岐点2/2］100％

7 ゴールドの葉を仕上げる

赤い葉がゴールドの葉に変わりました。P.126手順❷〜❸を参考にジクを付け、グループ化の操作を行い、ゴールドの葉を仕上げます。

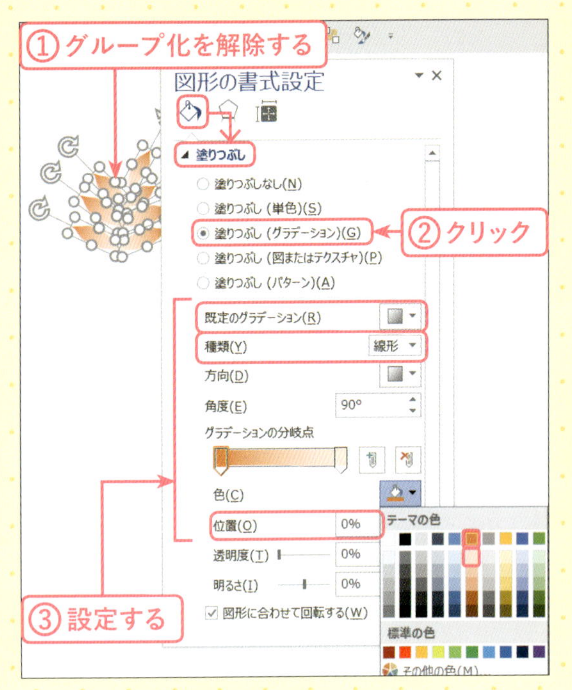

8 赤い葉をオレンジの葉に塗り替える

P.125手順㉑で複製された赤い葉のグループ化を解除しておきます①。7枚の葉が選択された状態で、作業ウィンドウの[塗りつぶしと線]→[塗りつぶし]→[塗りつぶし(グラデーション)]をクリックします②。グラデーションは以下のように設定します③。

色	[分岐点1/2]テーマの色:オレンジ、アクセント2
	[分岐点2/2]テーマの色:オレンジ、アクセント2、白+基本色80%
種類	線形
方向	下方向
位置	[分岐点1/2]0%
	[分岐点2/2]100%

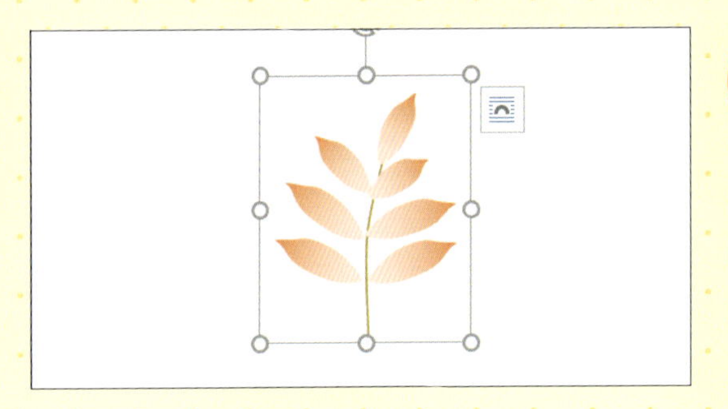

9 オレンジの葉を仕上げる

赤い葉がオレンジの葉に変わりました。P.126手順❷〜❸を参考にジクを付け、グループ化の操作を行い、オレンジの葉を仕上げます。

10 5種類の葉ができた

5種類の葉(赤、黄緑、緑、ゴールド、オレンジ)ができました。

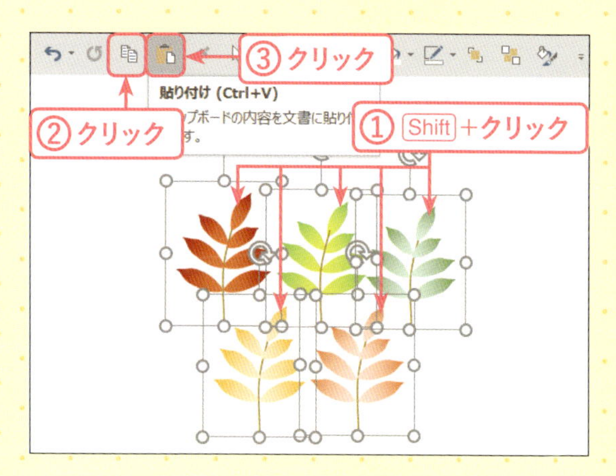

11 葉を増やす

Shiftキーを押しながら5種類の葉をクリックして選択し①、[コピー]をクリックし②、続いて[貼り付け]をクリックします③。葉が10枚になりました。

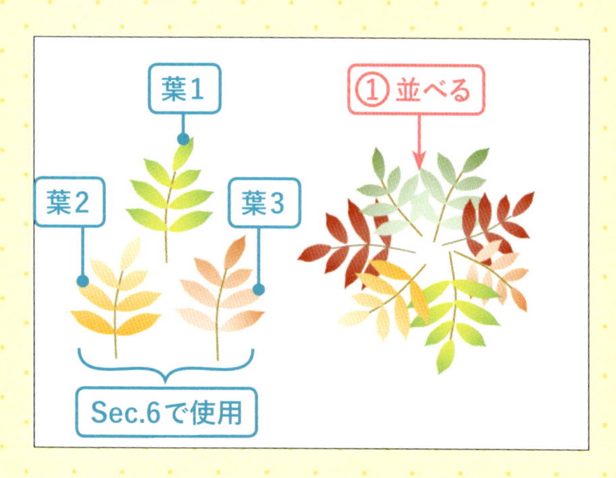

12 葉を輪に並べる

好きな7枚の葉を選び図のように輪に並べます①。一部の葉を反転して変化をつけても良いでしょう。残りの3枚の葉はあとのSec.06の手順で使います。

MEMO
反転の方法は、P.21手順❺〜❻を参照してください。

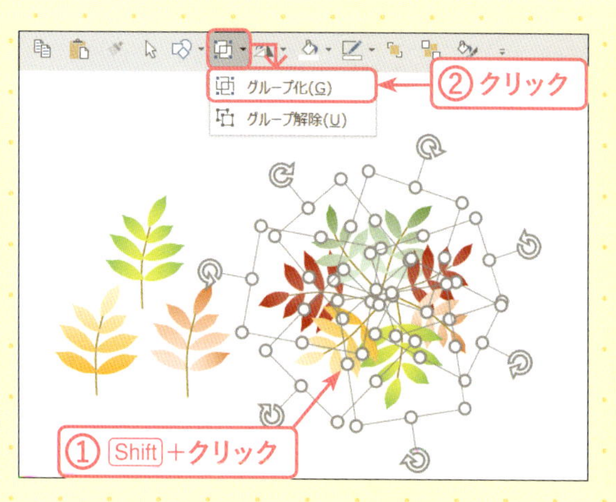

13 グループ化する

Shiftキーを押しながら輪に並べた7枚の葉をクリックし①、[オブジェクトのグループ化]→[グループ化]をクリックします②。

14 葉の集まりができた

グループ化されたナナカマドの葉の集まり(花の環)ができました。

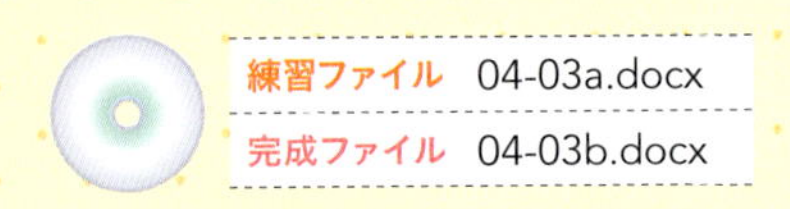

ナナカマドの細い枝を描こう

フリーハンドで5本の枝を描いて組み合わせます。

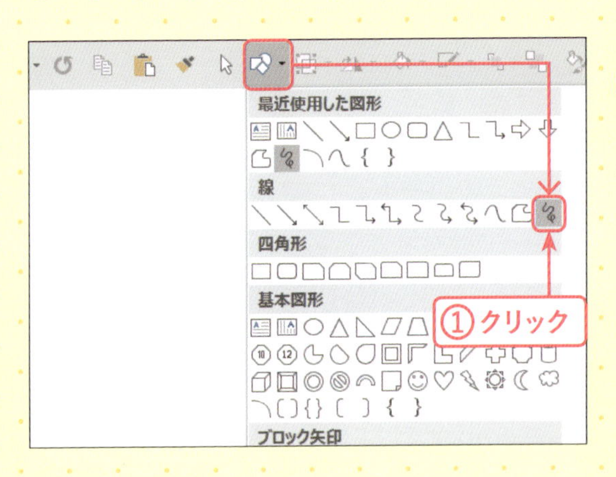

1 [フリーハンド]を選択する

[図形の作成] → [線] → [フリーフォーム:フリーハンド] (Word 2013は[フリーハンド])をクリックします①。

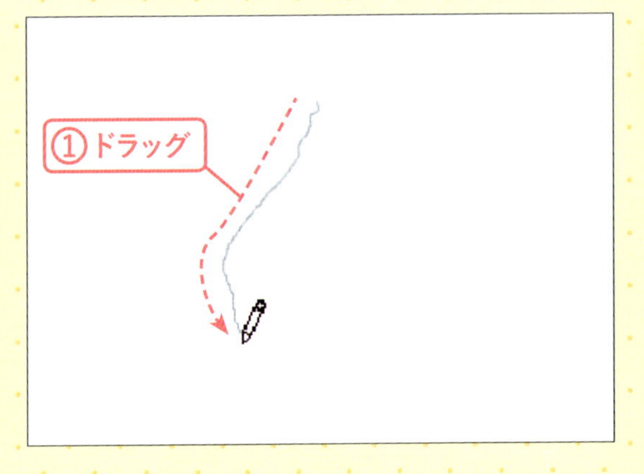

2 フリーハンドで線を描く

これから小枝を描いていきます。ドラッグすると先端が の形に変わり①、自由に線が描けます。

MEMO
フリーハンドは1本描くごとに、再度[フリーフォーム:フリーハンド] を選択し直す必要があります。

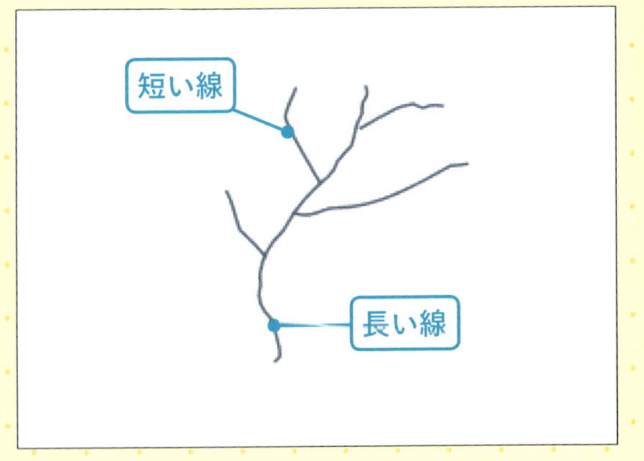

3 線を組み合わせる

図のように長い線を1本と短い線を4本描き、組み合わせます。

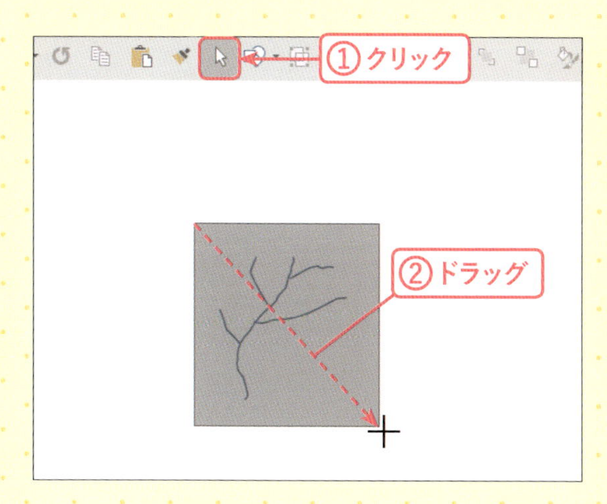

4 すべての線を選択する

［オブジェクトの選択］をクリックし①、すべての線をドラッグして囲みます②。

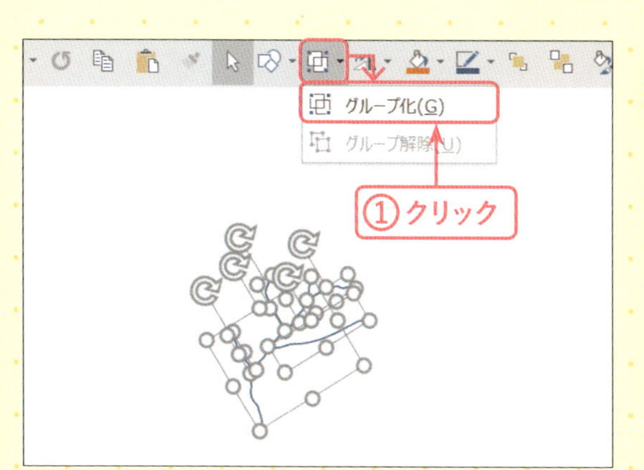

5 線をグループ化する

線が選択された状態で、［オブジェクトのグループ化］→［グループ化］をクリックします①。

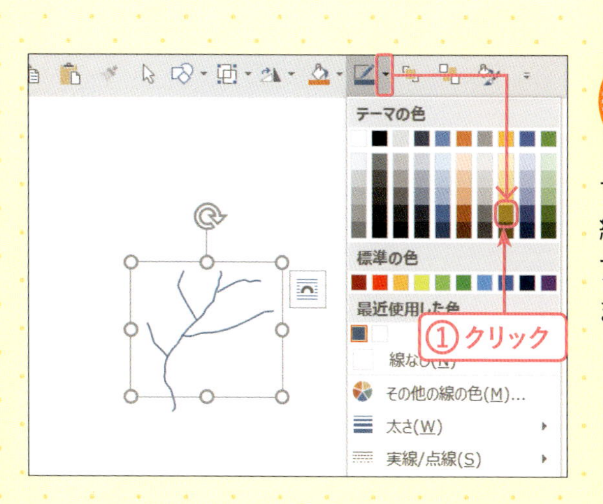

6 線に色の設定をする

すべての線が選択された状態で、［図形の枠線］の▼→［テーマの色］→［ゴールド、アクセント4、黒+基本色25 %］をクリックします①。

7 小枝ができた

茶色の枝ができました。

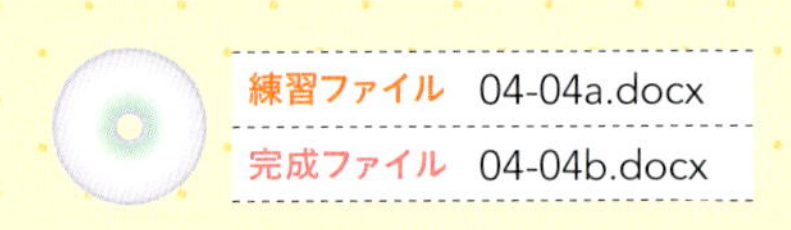

ナナカマドの実を描こう

小さい図形を操作するときは、ズーム機能で大きくして作業します。

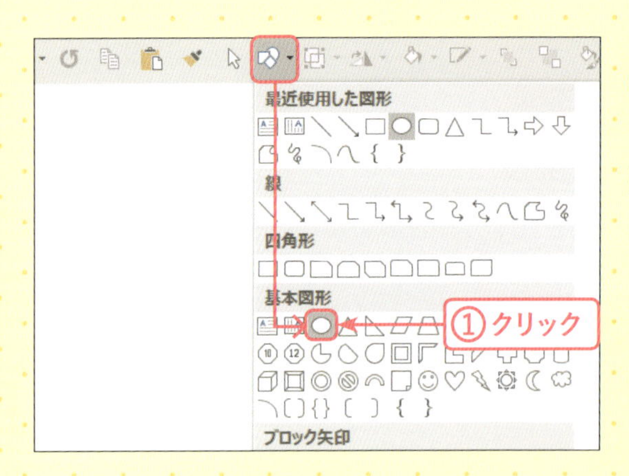

1 [楕円]を選択する

[図形の作成]→[基本図形]→[楕円](Word 2013は[円/楕円])をクリックします①。

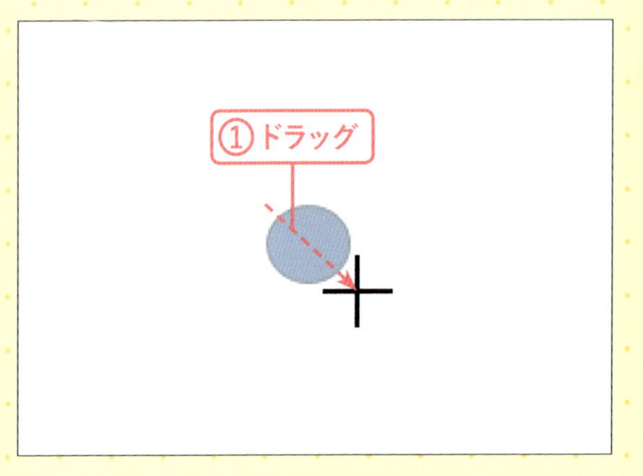

2 楕円を描く

P.131手順❼で描いた小枝に付けていくので、枝の大きさを基準にして実を描いていきます。ドラッグして小さい楕円を描きます①。

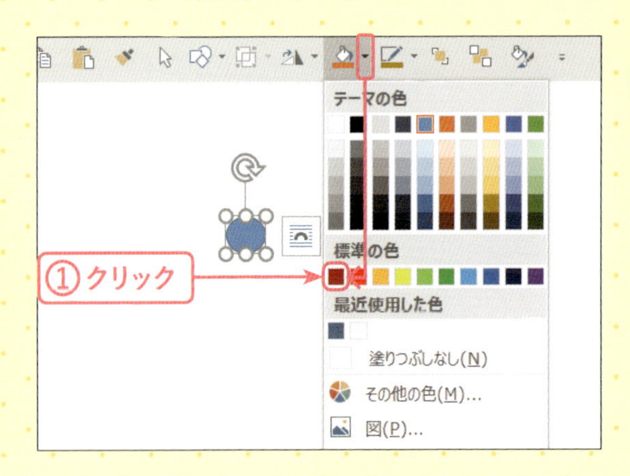

3 図形に色の設定をする

図形が選択された状態で、[図形の塗りつぶし]の▼→[標準の色]→[濃い赤]をクリックします①。

4 図形に枠線の設定をする

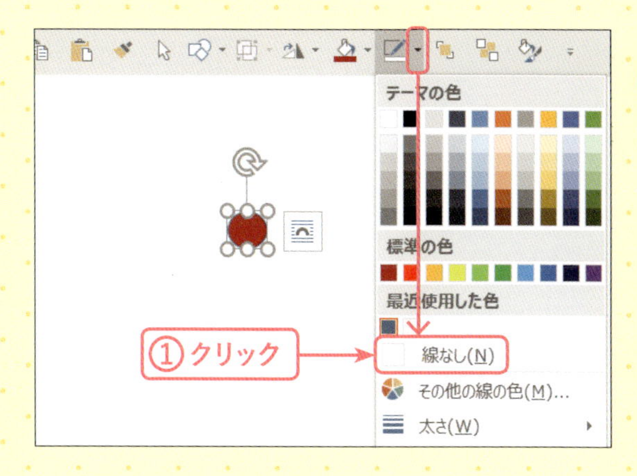

図形が選択された状態で[図形の枠線]のの▼→[線なし]をクリックします①。

5 楕円を複製する

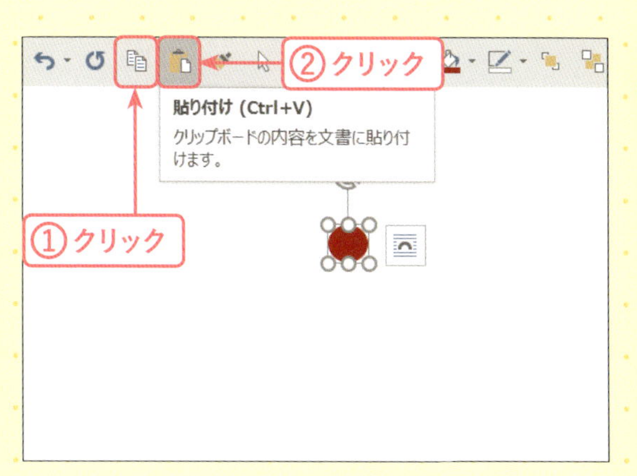

図形が選択された状態で、[コピー]をクリックし①、続いて[貼り付け]をクリックします②。

6 複製された図形に色の設定をする

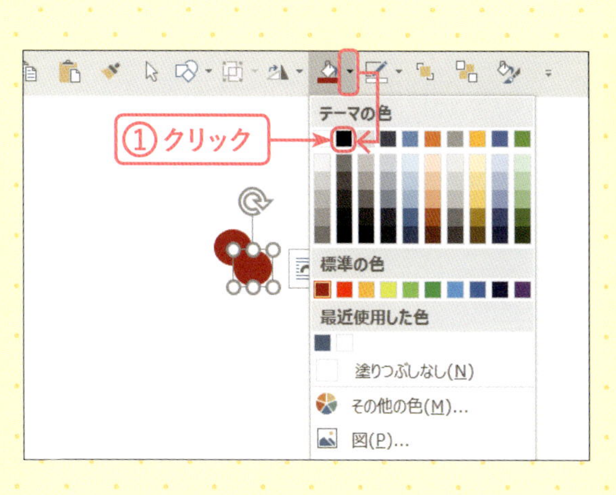

楕円が2つになりました。複製された図形が選択された状態で、[図形の塗りつぶし]の▼→[テーマの色]→[黒、テキスト1]をクリックします①。

7 図形を縮小する

楕円の色が黒に変わりました。黒い楕円が選択された状態で、角の[サイズハンドル]を内側へドラッグし①、小さくします。

8 黒い楕円を重ねる

縮小した黒い楕円を、図のように赤い楕円の右上に重ねます。

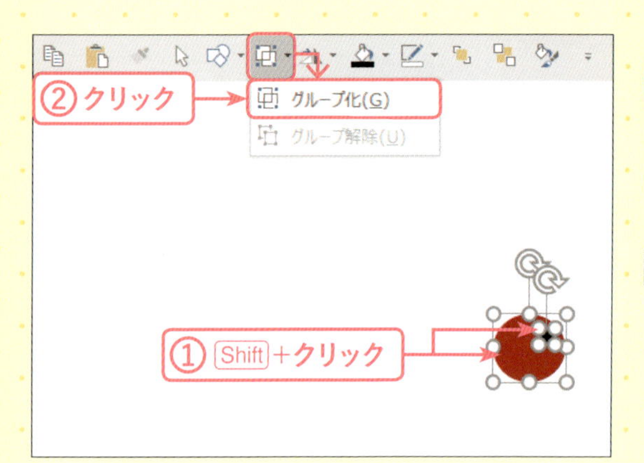

9 グループ化する

Shiftキーを押しながら2つの図形をクリックして選択し①、[オブジェクトのグループ化]→[グループ化]をクリックします②。

10 図形を複製する

実が1つできました。図形が選択された状態で、[コピー]をクリックし①、続いて[貼り付け]を10回クリックします②。

11 小枝に赤い実を付ける

P.131手順❼で描いた小枝の上に、11個の赤い実を1つずつ図のように付けていきます。

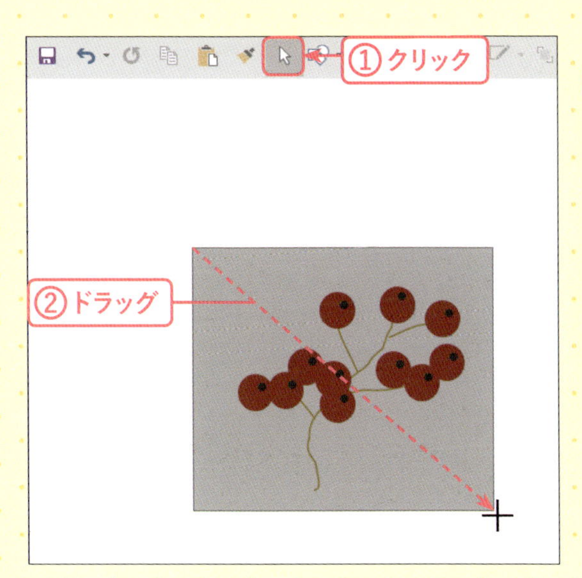

12 小枝とすべての実を選択する

[オブジェクトの選択] をクリックし①、ドラッグしてすべてのパーツを囲みます②。

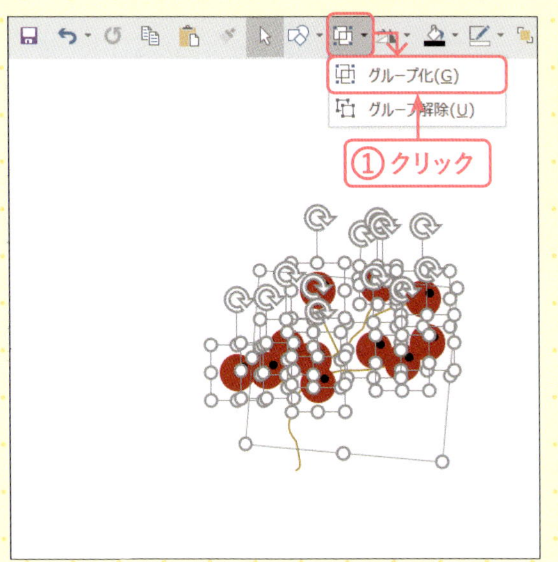

13 グループ化する

[オブジェクトのグループ化] →[グループ化]をクリックします①。

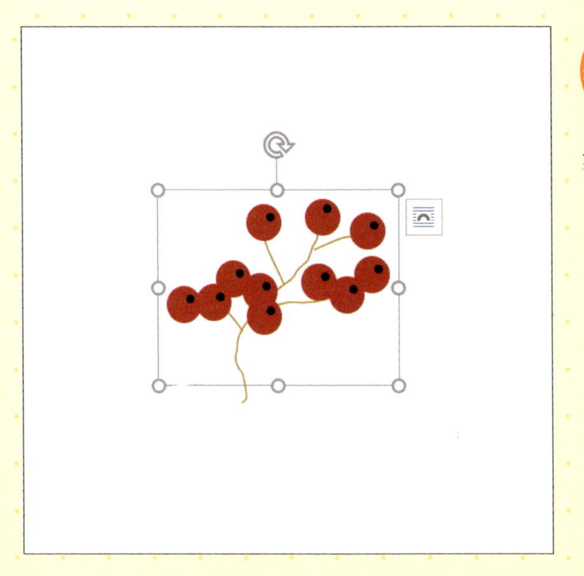

14 実ができた

赤い実が付いた小枝ができました。

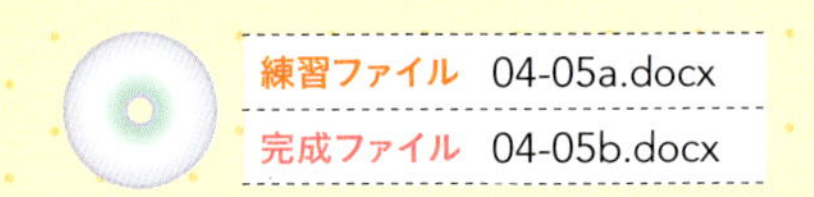

ナナカマドの太い枝を描こう

フリーハンドで2本の太い枝を描きます。

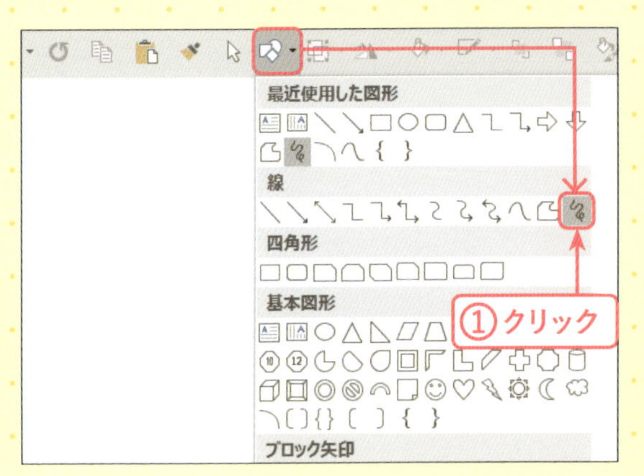

1 [フリーハンド]を選択する

[図形の作成] → [線] → [フリーフォーム:フリーハンド] (Word 2013は[フリーハンド])をクリックします①。

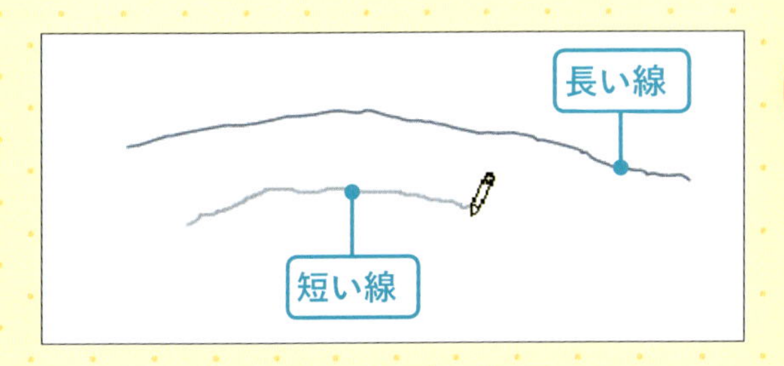

2 フリーハンドで線を2本描く

長い線1本と短い線を1本描きます。

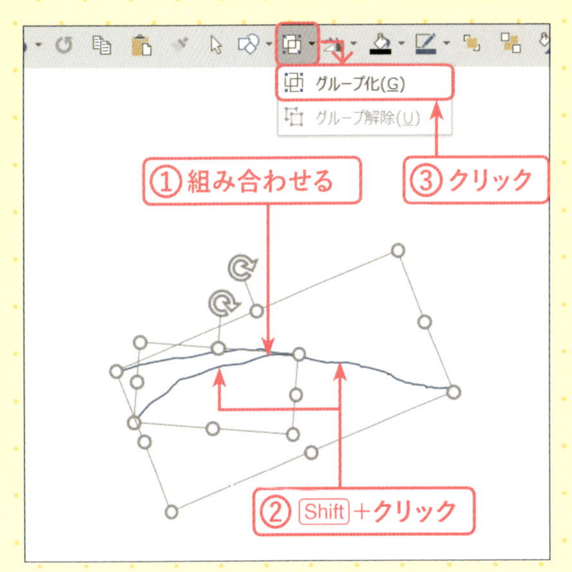

3 線を組み合わせてグループ化する

図のように2本の線を組み合わせます①。Shiftキーを押しながらクリックして選択し②、[オブジェクトのグループ化] → [グループ化]をクリックします③。

4 線に色や太さ設定をする

グループ化された枝が選択された状態で、[図形の枠線] の▼→[テーマの色]→[ゴールド、アクセント4、黒+基本色50%]をクリックします①。再度、[図形の枠線] の▼→[太さ]のリストから[3pt]をクリックします②。

MEMO
完成図を拡大／縮小したときも、線の太さは変更されることなく同じポイント（太さ）で表示されます。

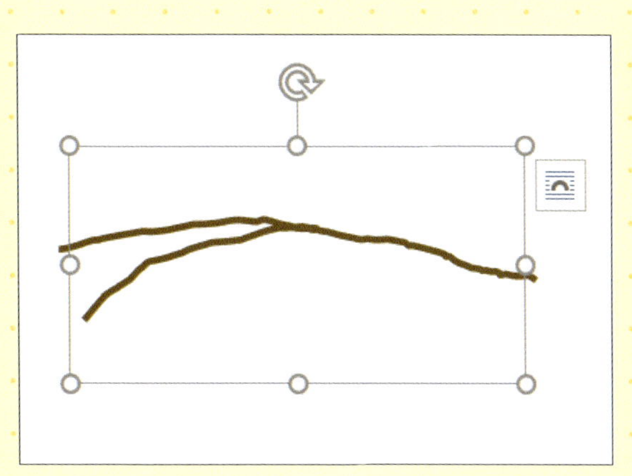

5 太い枝ができた

太い枝ができました。

6 パーツが揃った

これでパーツが揃いました。次のセクションでこれらのパーツをまとめていきます。

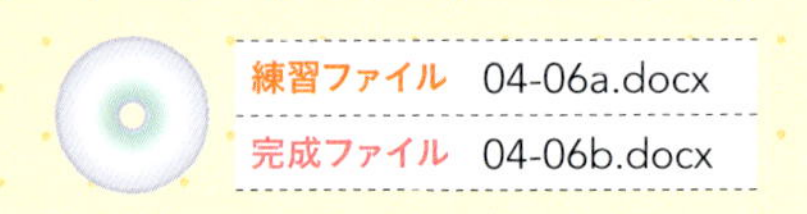

ナナカマドのパーツをまとめよう

パーツを組み合わせてナナカマドの絵を仕上げます。

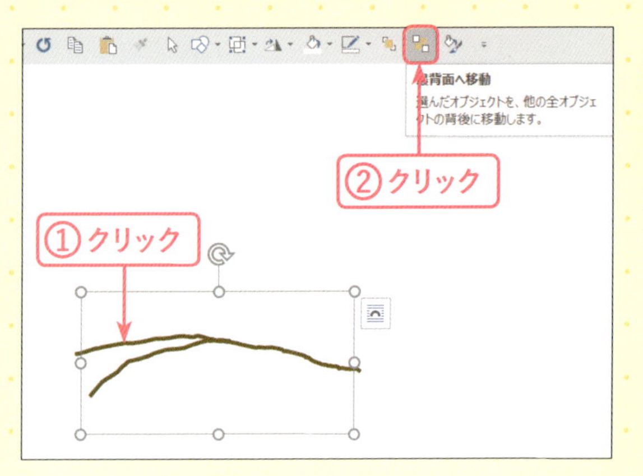

1 太い枝を最背面へ配置する

太い枝をクリックして選択し①、[最背面へ移動]をクリックします②。

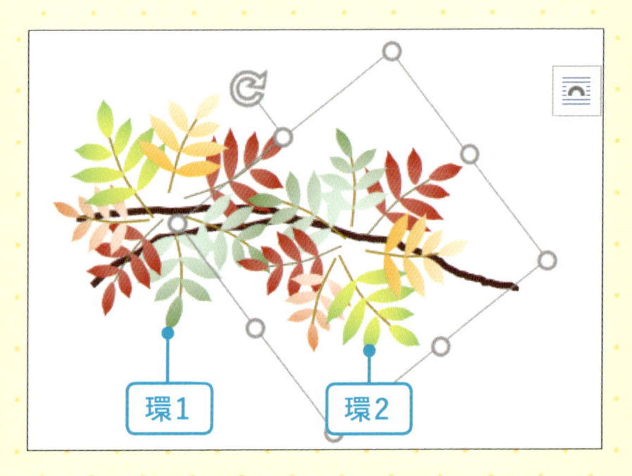

2 葉を複製して太い枝に重ねる

P.129手順⑭で描いた7枚の葉の環を複製して2つにします。図を参考に、2つの葉の環を枝の2か所に配置します。葉の色などを考えて、[回転ハンドル]で向きを変えて重ねると変化が出ます。

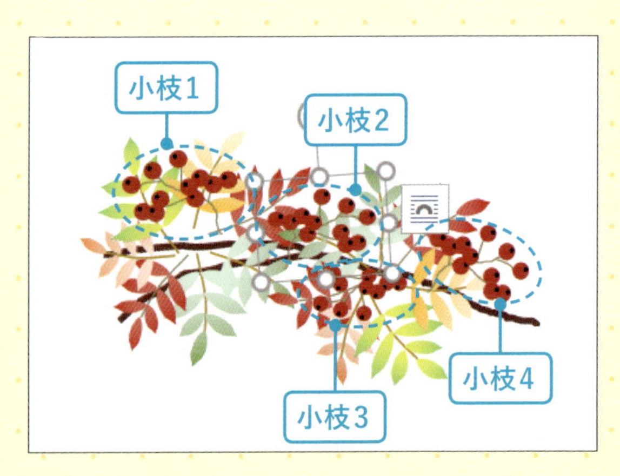

3 小枝を複製して太い枝に重ねる

赤い実が付いた小枝を複製して4つにします。図を参考に、葉の環の上に赤い実の小枝を重ねます。葉の中心あたりに2つの小枝を重ね、残りは左右に適宜重ねます。

4 3枚の葉を配置する

P.129手順⑫で残しておいた3枚を重ねます。図を参考に、隙間を埋めたり動きや奥行きをだすなどして変化をつけます。

MEMO
葉を背面へ配置したい場合は、葉を選択して［最背面へ移動］をクリックます。また、葉を増やしたい場合は、適宜複製して使ってください。

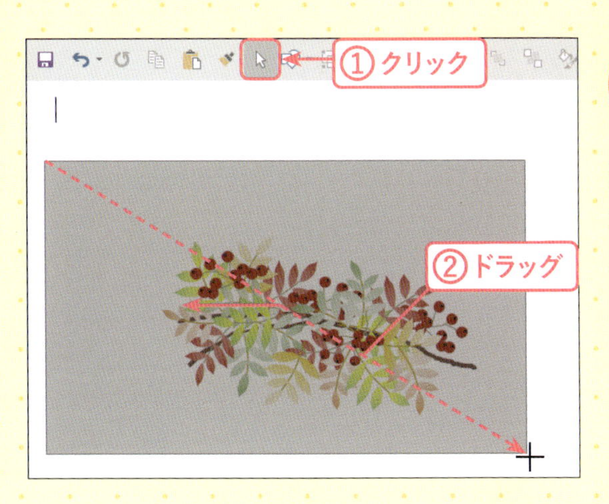

5 すべてのパーツを選択する

［オブジェクトの選択］をクリックし①、ナナカマドのすべてのパーツをドラッグして囲みます②。

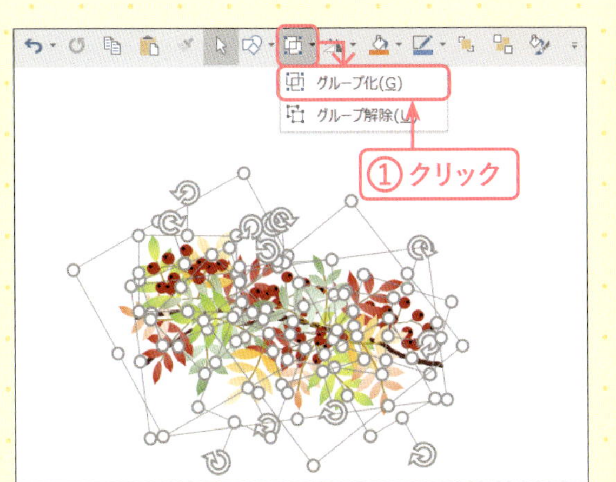

6 グループ化する

［オブジェクトのグループ化］→［グループ化］をクリックします①。

7 ナナカマドの枝ができた

ナナカマドの枝ができました。

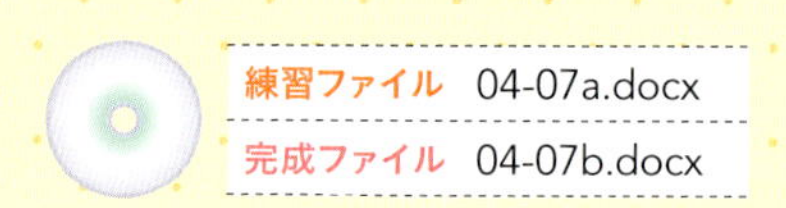

山を描こう

山の稜線を描き、雪渓がある秋の風景を描きます。

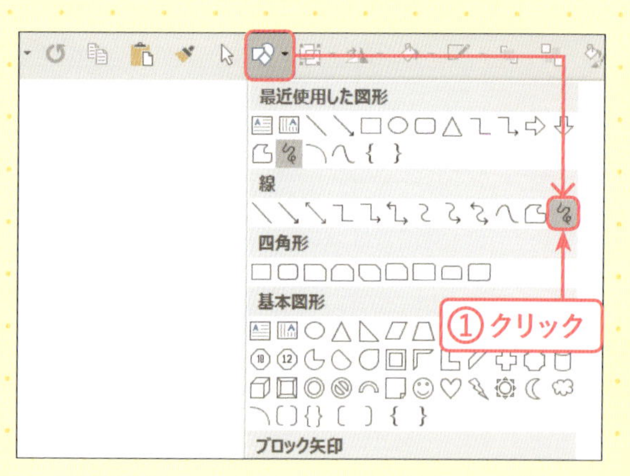

1 [フリーハンド]を選択する

[図形の作成] →[線]→[フリーフォーム:フリーハンド] (Word 2013は[フリーハンド])をクリックします①。

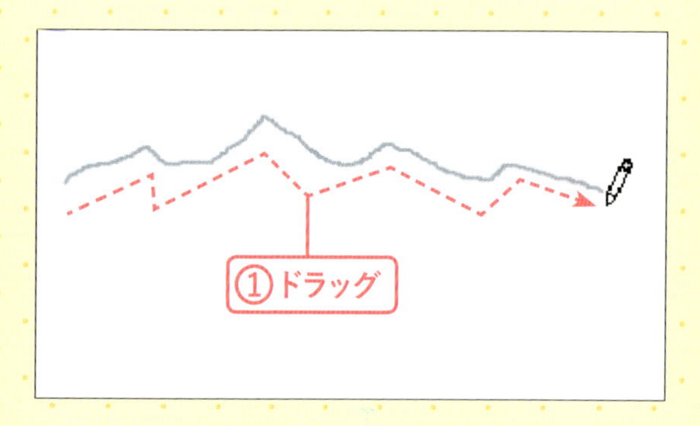

2 フリーハンドで線を描く

始点から終点までマウスを離さずにドラッグし①、図のような山並みを描きます。

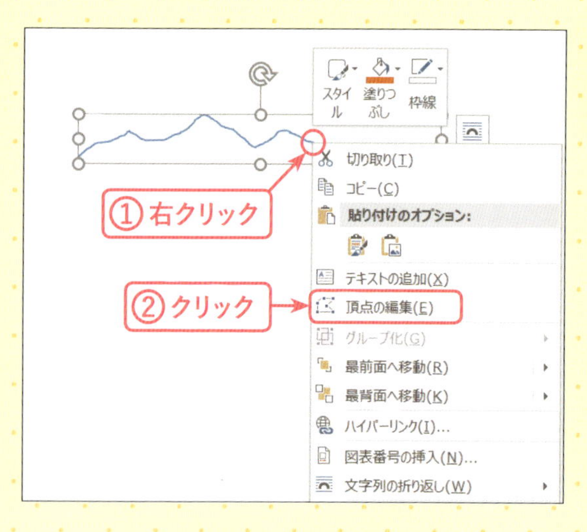

3 頂点の編集を表示する

線の上で右クリックし①、[頂点の編集]をクリックします②。

MEMO

細かい頂点の編集をしていくので、画面右下にあるズーム機能の[+]をクリックし、画面を拡大しておくと作業がしやすいです。

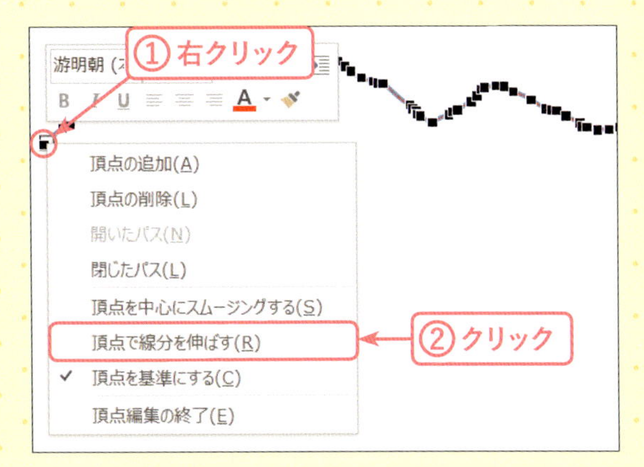

4 始点の線分を伸ばす

頂点が表示された状態で、左端の始点の上で右クリックし①、[頂点で線分を伸ばす] をクリックします②。

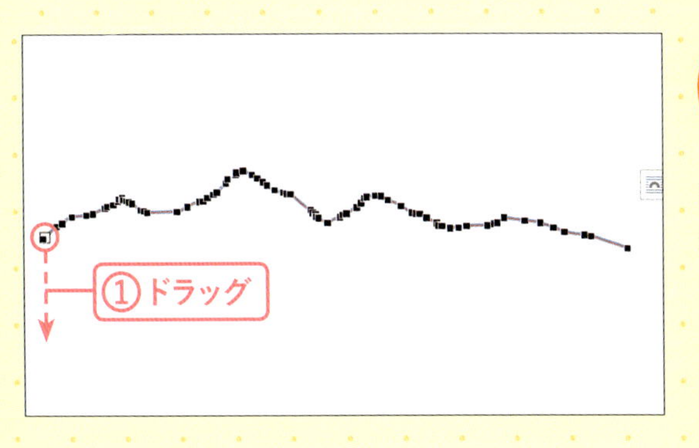

5 始点を伸ばす

まだ始点に変化はありません。頂点が表示された状態で、左端にある始点を下方向に少しドラッグします①。

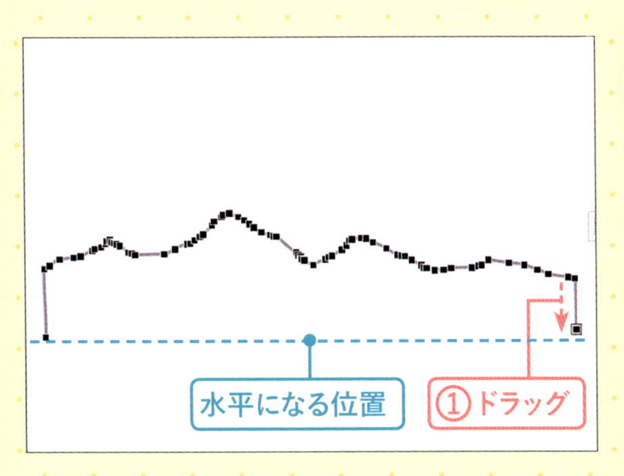

6 終点の線分を伸ばす

始点が下に伸びました。手順4～5を参考にして、同じように右端の終点をドラッグして下へ伸ばします①。始点と終点の位置は図のように2点を結んだ線が水平になるように位置を調整します。

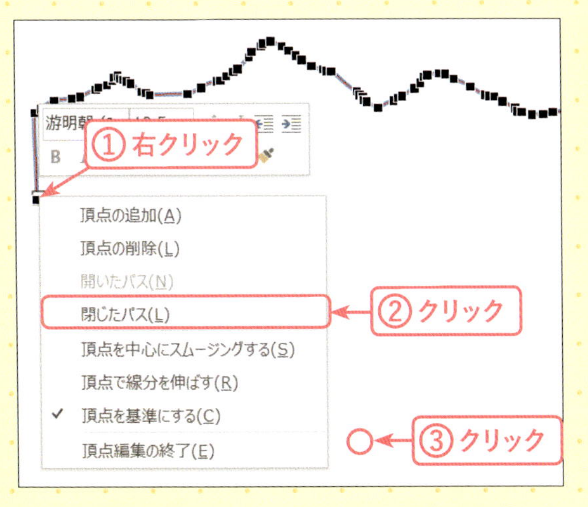

7 線を図形に変える

頂点が表示された状態で、始点または終点の上で右クリックし①、[閉じたパス] をクリックします②。始点と終点が結ばれて図形に変わります。ここで、画面の余白をクリックして③、頂点の編集を解除しておきます。

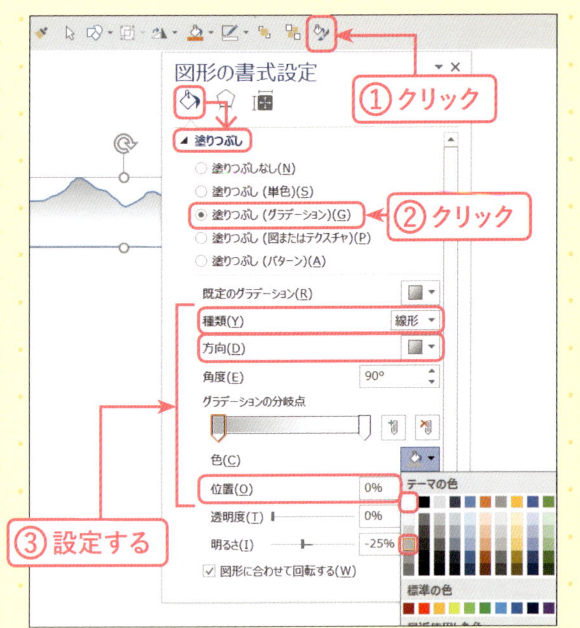

8 図形に色の設定をする

図形が選択された状態で、[図形の書式設定]をクリックします①。作業ウィンドウの[塗りつぶしと線]→[塗りつぶし]→[塗りつぶし(グラデーション)]をクリックします②。グラデーションは以下のように設定します③。

色	[分岐点1/2]テーマの色：白、背景1、黒+基本色25％
	[分岐点2/2]テーマの色：白、背景1
種類	線形
方向	下方向
位置	[分岐点1/2]0％
	[分岐点2/2]100％

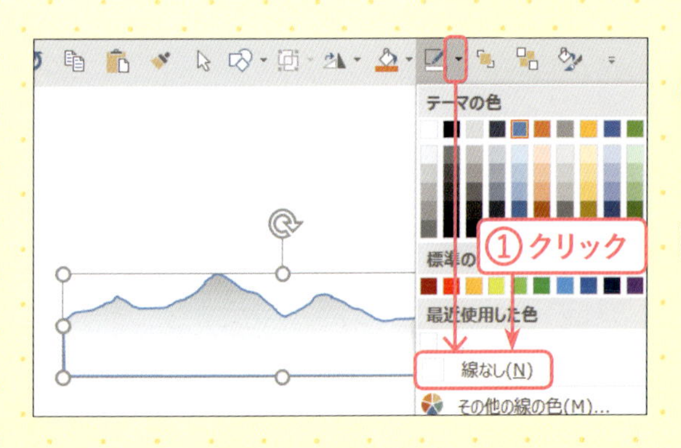

9 図形に枠線の設定をする

図形が選択された状態で、[図形の枠線]の▼→[線なし]をクリックします①。

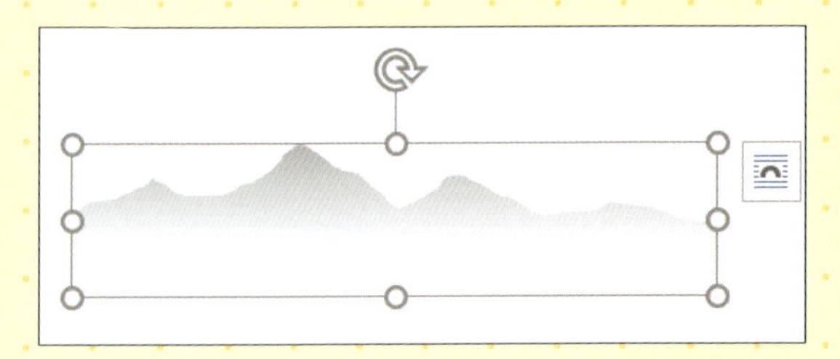

10 山の図形ができた

山の図形ができました。

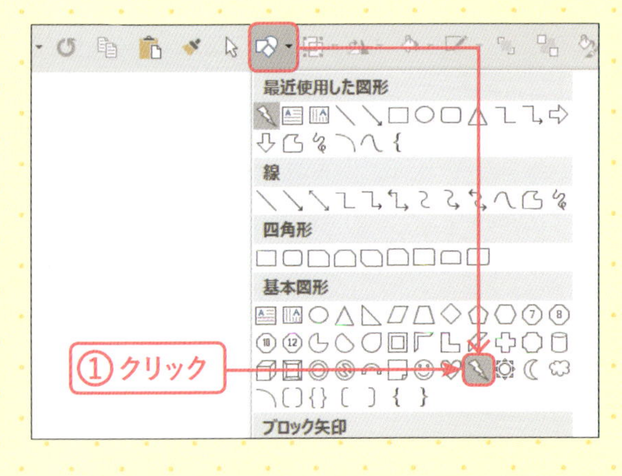

11 [稲妻]を選択する

ここからは雪渓を描きます。[図形の作成]→[基本図形]→[稲妻]をクリックします①。

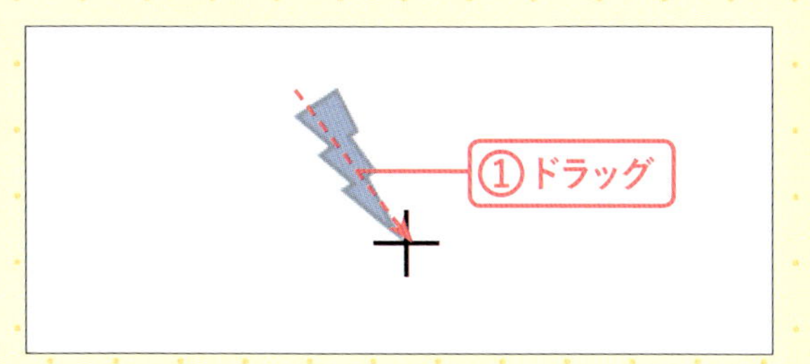

12 稲妻を描く

ドラッグして小さい稲妻を描きます①。これが雪渓になります。

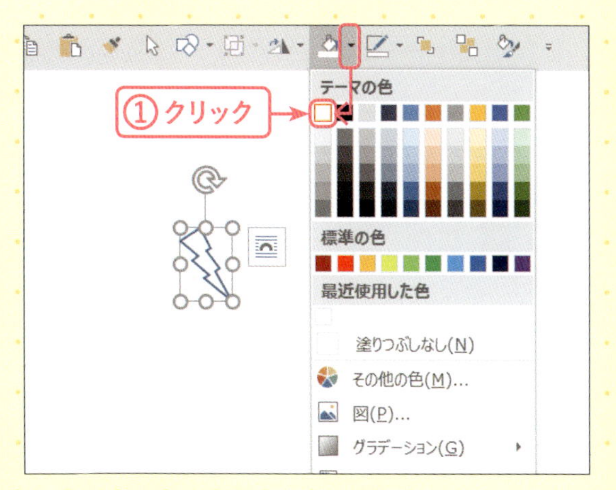

13 図形に色の設定をする

図形が選択された状態で、[図形の塗りつぶし] の▼→[テーマの色]→[白、背景1]をクリックします①。

MEMO
次の手順で図形を見えやすくするため、色の付いた四角で背景を描き、[最背面へ移動]をクリックしておきます。

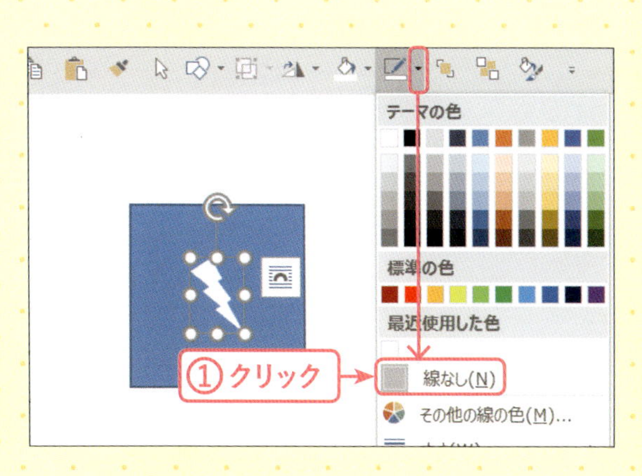

14 図形に枠線の設定をする

図形が選択された状態で、[図形の枠線] の▼→[線なし]をクリックします①。

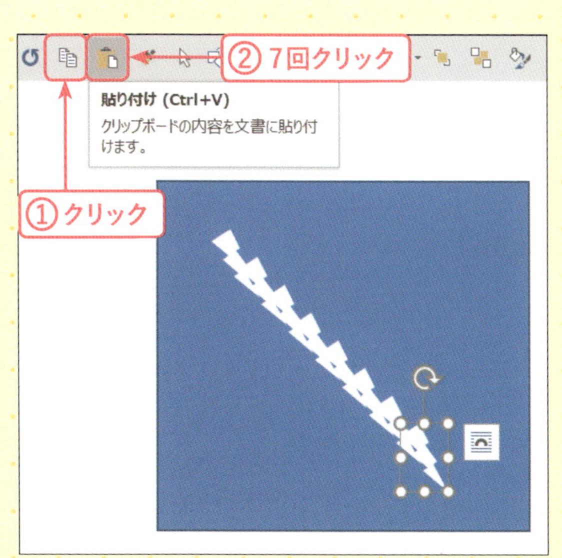

15 図形を複製する

図形が選択された状態で、[コピー] をクリックし①、続いて[貼り付け] を7回クリックします②。合計で8個の稲妻ができました。

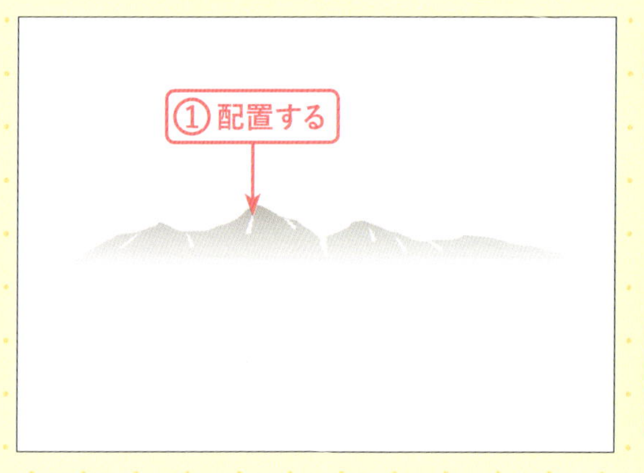

16 山の上に雪渓を重ねる

図のように、雪渓を回転や縮小をして山の頂上付近に配置します①。

MEMO
雪渓の配置が終わったら、背景の四角はDeleteキーで削除しておきます。

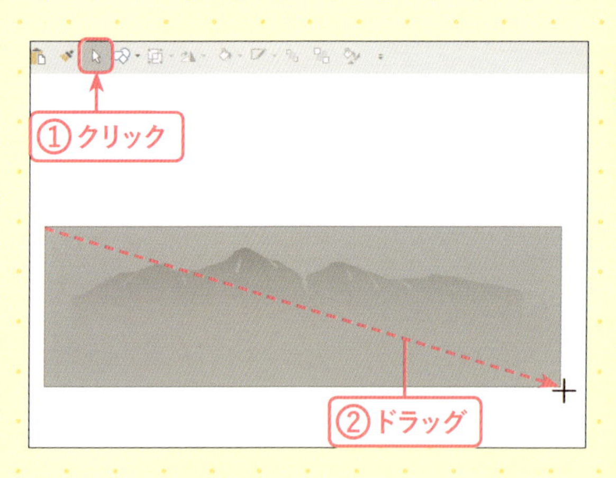

17 山と雪渓を選択する

[オブジェクトの選択]をクリックし①、ドラッグしてすべてのパーツを囲みます②。

18 グループ化する

[オブジェクトのグループ化]→[グループ化]をクリックします①。

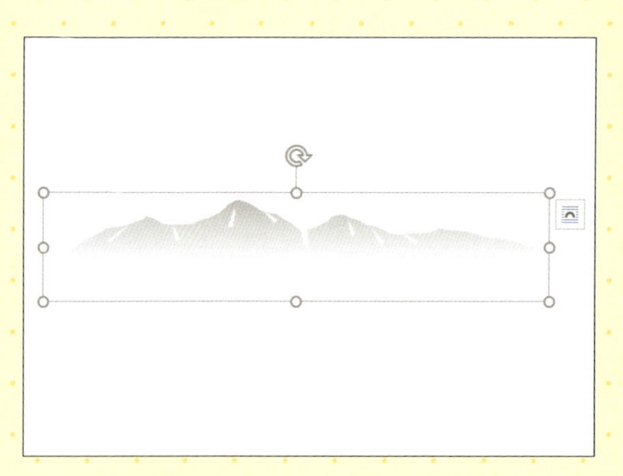

19 山と雪渓ができた

山と雪渓ができました。

CHECK!

図の一部を透明化する

❶ 正円と正三角形を組み合わせ、色を塗って重ねます。続いてグループ化します。

❷ 図形の上で右クリックして[コピー]をクリックします。

❸ もう1度右クリックし、「貼り付けのオプション」にある[図]をクリックします。

❹ すると同じような図形が貼り付きますが、これは「図」です。この時点ではまだ中央の三角形は白い色です。

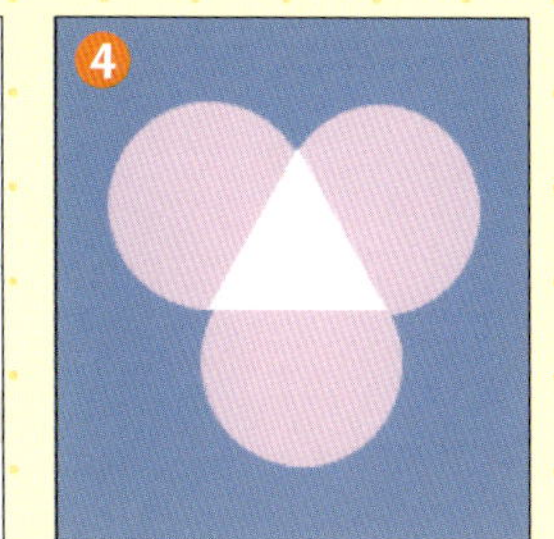

❺ 図を選択し、[図ツール・書式]タブをクリックします。

❻ リボンの左端にある「調整」の[色]をクリックし、[透明色を指定]をクリックします。

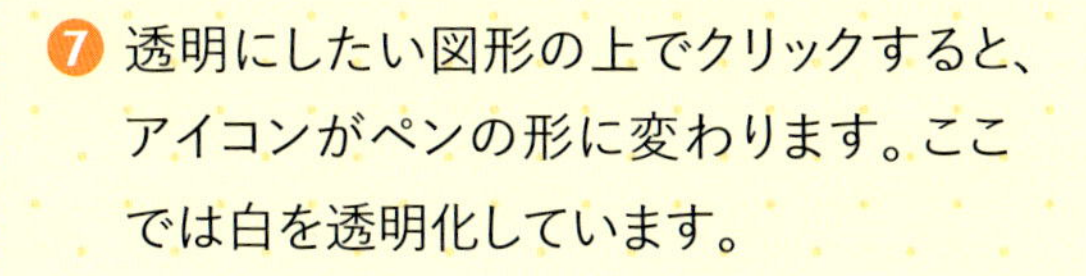

❼ 透明にしたい図形の上でクリックすると、アイコンがペンの形に変わります。ここでは白を透明化しています。

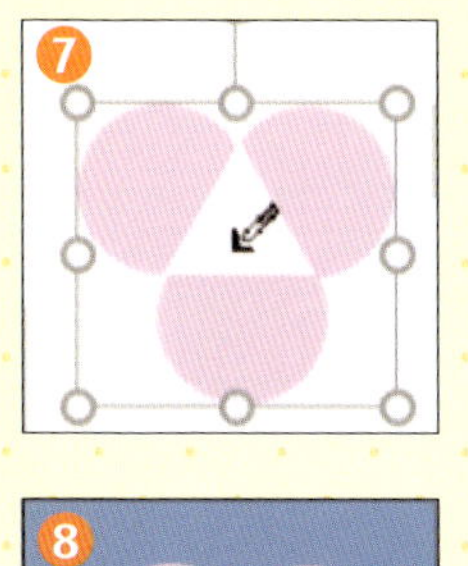

❽ 同じ場所でクリックすると、その図形が透明化されます。

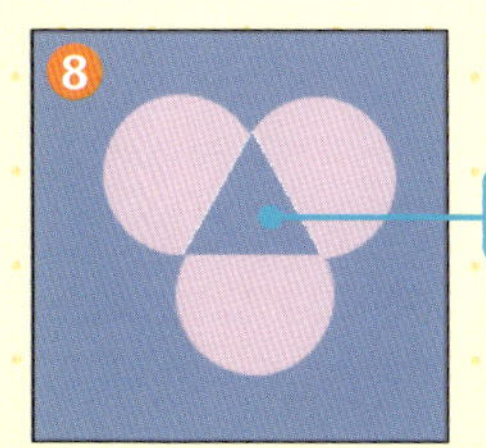

白が透明化された

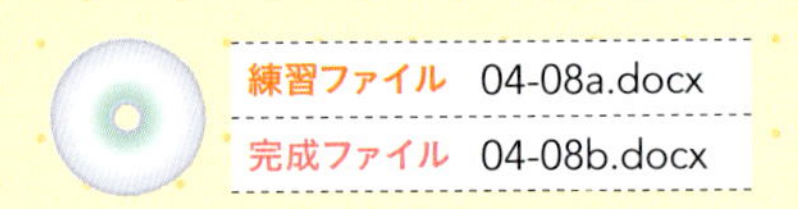

遠くの森を描こう

山の下に見える遠くの森の風景を描きます。

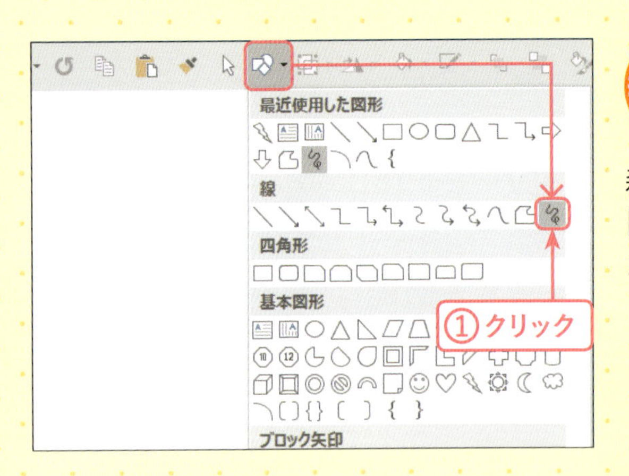

1 [フリーハンド]を選択する

森を描きます。[図形の作成] →[線]→[フリーフォーム:フリーハンド] (Word 2013は[フリーハンド])をクリックします①。

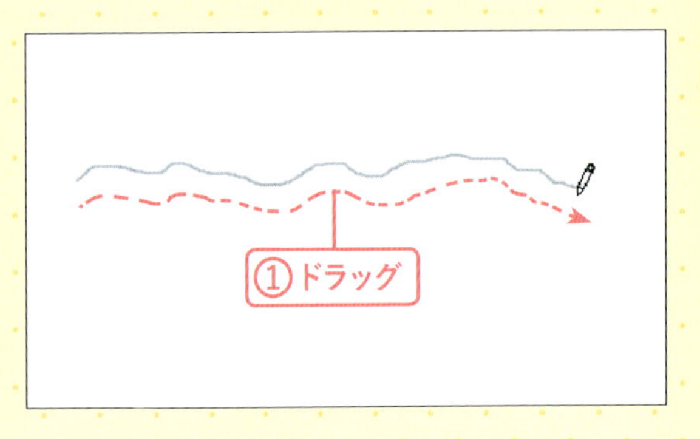

2 フリーハンドで線を描く

始点から終点までマウスを離さずにドラッグし①、図のような線を描きます。

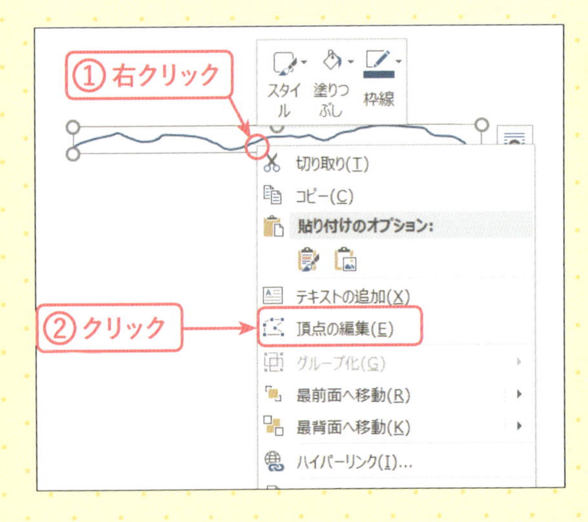

3 頂点の編集を表示する

線が選択された状態で、線上で右クリックし①、[頂点の編集]をクリックします②。

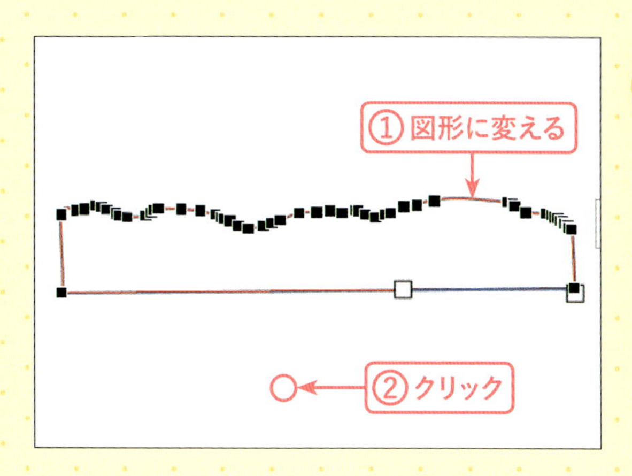

4 始点と終点の線分を伸ばす

P.141手順❹～❼を参考に、線を図形に変えます①。図形に変わったら、画面の余白をクリックし②、頂点の編集を解除しておきます。

5 図形に色の設定をする

図形が選択された状態で、[図形の塗りつぶし]の▼→[テーマの色]→[緑、アクセント6]をクリックします①

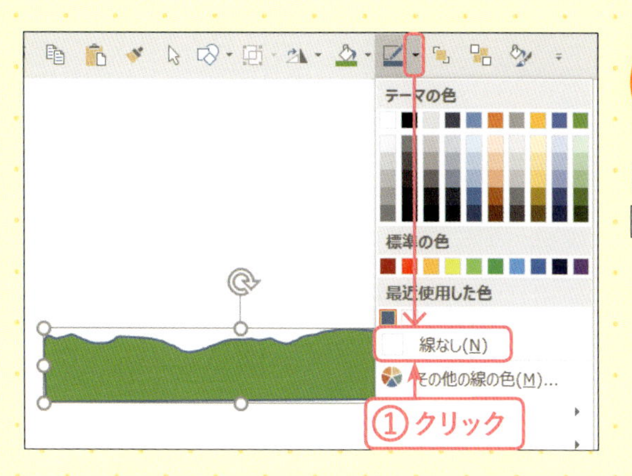

6 図形に枠線の設定をする

図形が選択された状態で、[図形の枠線]の▼→[線なし]をクリックします①。

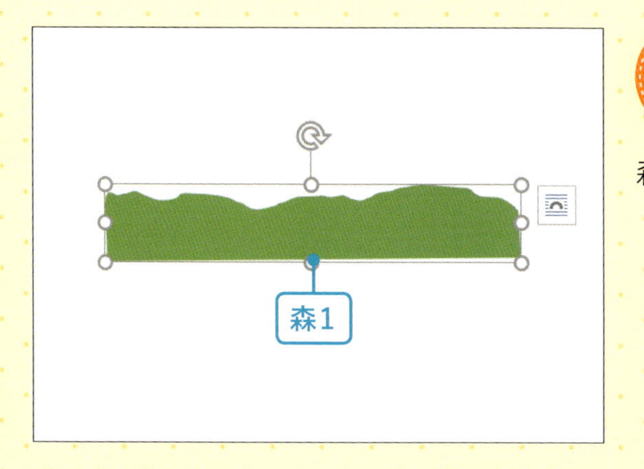

7 森1ができた

森が描けました。これを「森1」とします。

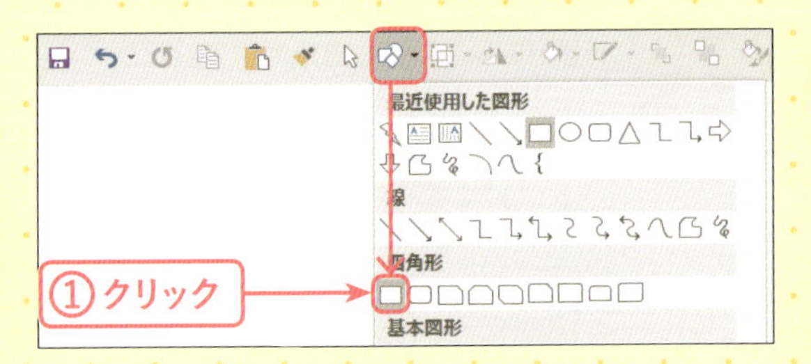

8 [正方形/長方形]を選択する

「森1」の下に続くパーツ、「森2」を描きます。[図形の作成] →[四角形]→[正方形/長方形] →をクリックします①。

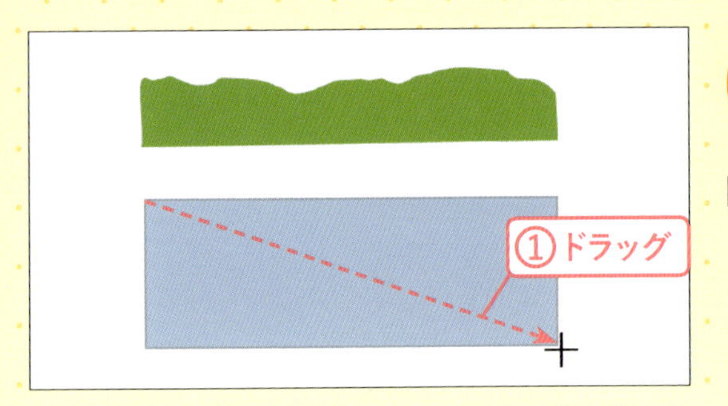

9 長方形を描く

「森1」と同じ幅で、高さが2倍位の四角をドラッグして描きます①。

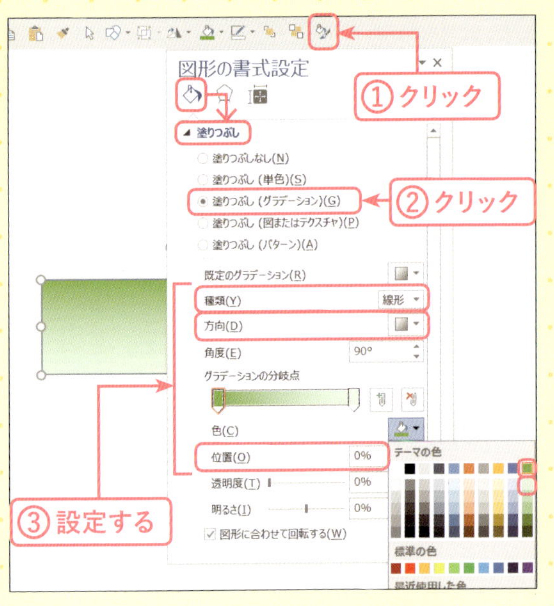

10 図形に色の設定をする

図形が選択された状態で、[図形の書式設定] をクリックします①。作業ウィンドウの[塗りつぶしと線] →[塗りつぶし]→[塗りつぶし(グラデーション)]をクリックします②。グラデーションは以下のように設定します③。

色	[分岐点1/2]テーマの色：緑、アクセント6
	[分岐点2/2]テーマの色：緑、アクセント6、白+基本色60％
種類	線形
方向	下方向
位置	[分岐点1/2]0％
	[分岐点1/2]100％

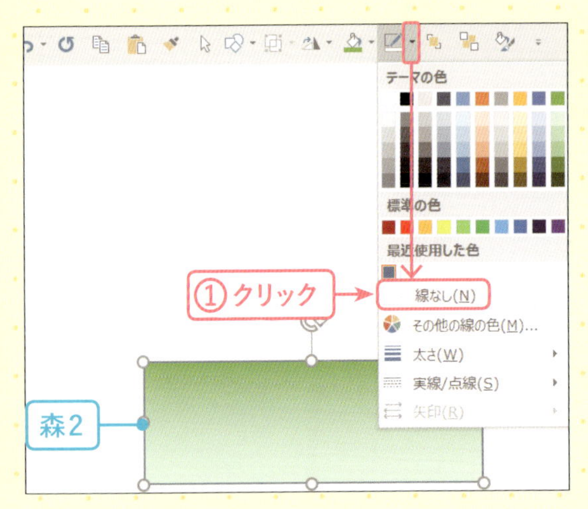

11 図形に枠線の設定をする

図形が選択された状態で、[図形の枠線] の▼→[線なし]をクリックします①。「森1」の下に続く図形が描けました。これを「森2」とします。

CHECK!

図形をガイドとして使う

用意されている図形をガイドに使って、よりかんたんに絵を描く方法を試してみましょう。

《作例》万華鏡のような模様を描いてみよう

❶ ［星とリボン］→［星：12pt］を選び、Shiftキーを押しながら図形を描きます。

❷ ［基本図形］→［ひし形］を選んで図形を描きます。

❸ ［星：12pt］の1つの角に「ひし形」を重ね、大きさを調整してピッタリ重ねます。

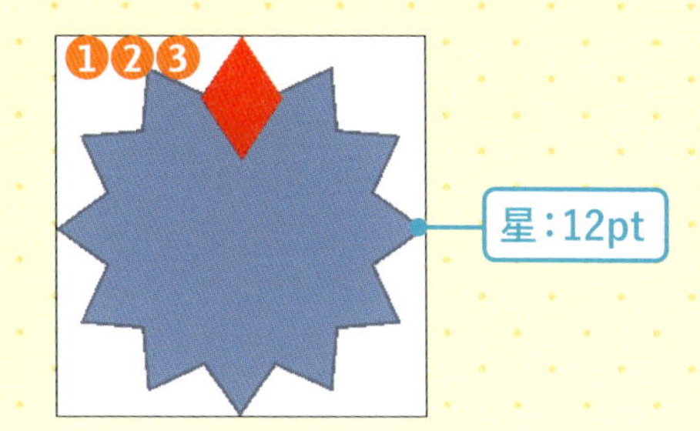

❹ 「ひし形」を6つ複製して向きを変えながら「星：12pt」に重ねて色を塗ります。

❺ 6つの「ひし形」をグループ化して複製し、左へ180度回転して反対側へ重ねます（「左へ90度回転」を2回行います）。

❻ 輪になったひし形を選択してグループ化し、最後に「星：12pt」の図形を外します。

❼ 輪の図形を2つ複製し、1つは縮小して［右へ90度回転］し、残りの1つはそのまま小さく縮小して中央に配置します。すべてをグループ化します。万華鏡のような模様ができました。

このように、図形をガイドに使って組み合せを工夫したりすることで、かんたんに作品を作ることができます。

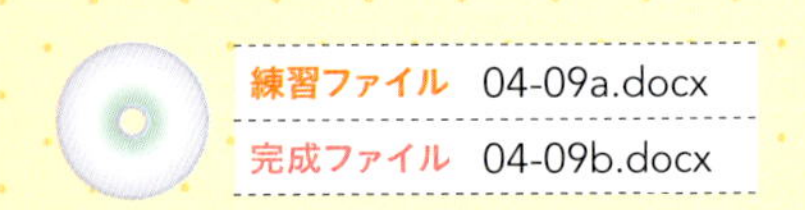

手前の森を描こう

近くに見える森の風景を描きます。

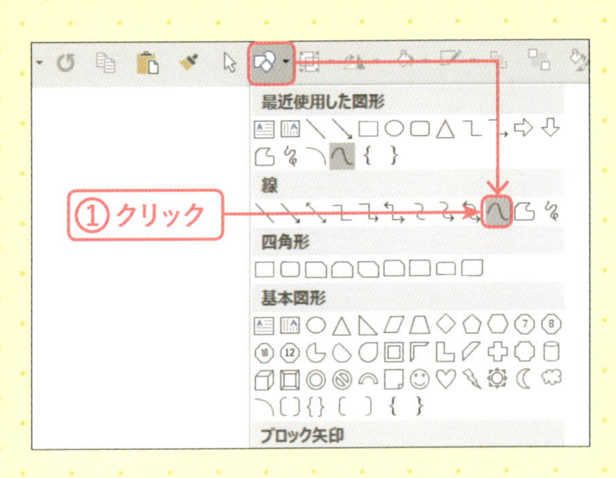

1 [曲線]を選択する

手前の森、「森3」を描きます。[図形の作成] →[線]→[曲線] をクリックします①。

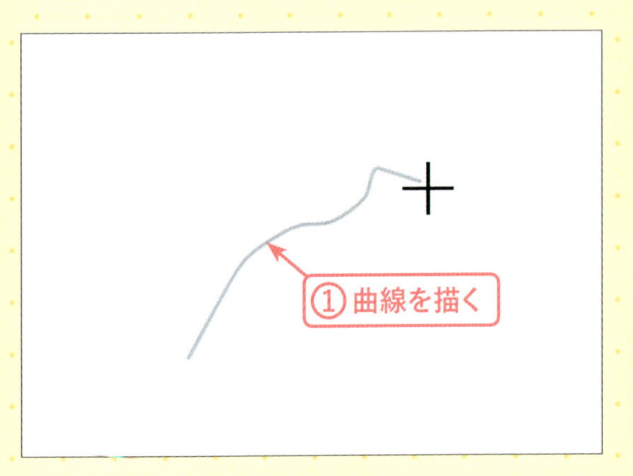

2 曲線を描く

ドラッグとクリックを繰り返しながら、図のように凹凸をつけて、斜めに線を描きます①。

MEMO

曲線の描き方は、P.66手順⑩〜⑪を参照してください。

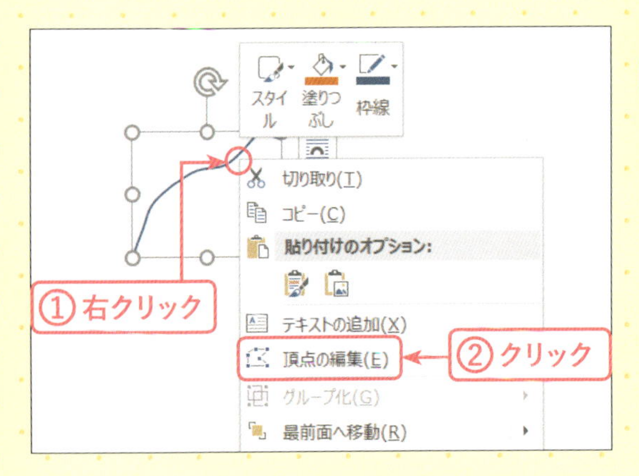

3 図形の頂点を表示する

線が選択された状態で右クリックし①、[頂点の編集]をクリックします②。

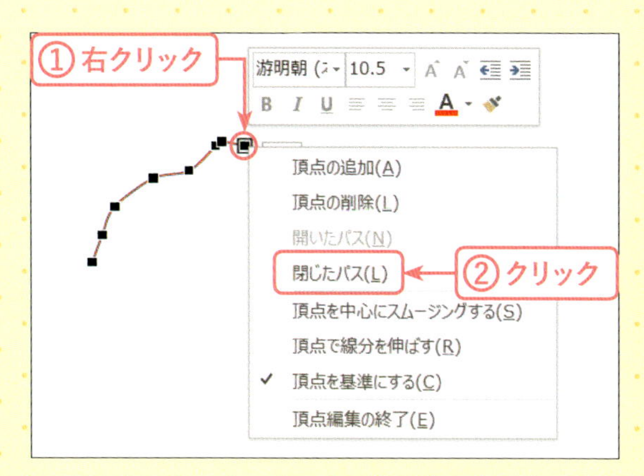

4 線を図形にする

頂点が表示されている状態で、端の頂点の上で右クリックし①、[閉じたパス]をクリックします②。

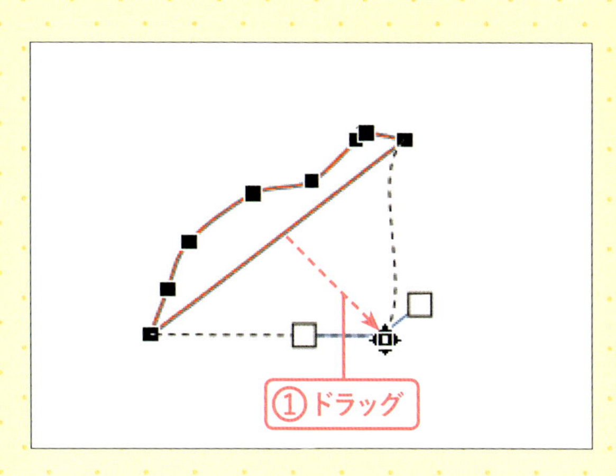

5 頂点を追加する

始点と終点が結ばれて図形になりました。頂点が表示されている状態で、結ばれた線分の中心あたりを斜め下へドラッグします①。

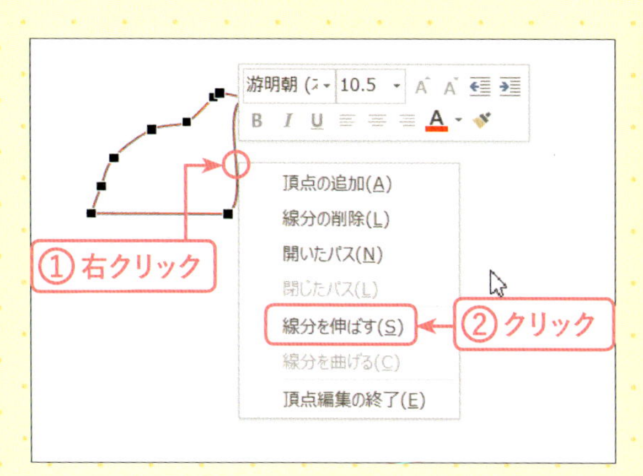

6 曲線を直線に変える

右側の縦の線分が曲線になりました。頂点が表示されている状態で、曲線の線分の上で右クリックし①、[線分を伸ばす]をクリックします②。

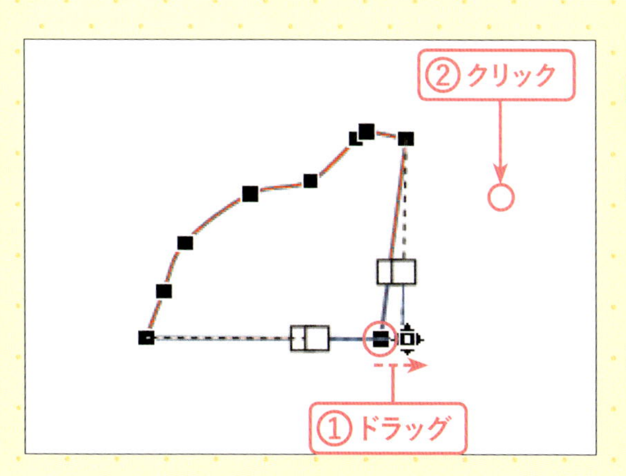

7 頂点を移動して図形を整える

縦の線分が直線になりました。頂点が表示されている状態で、右下角の頂点をドラッグして①、縦と横の線を真っ直ぐにします。真っ直ぐにしたあとは、余白をクリックして頂点の編集を解除します②。

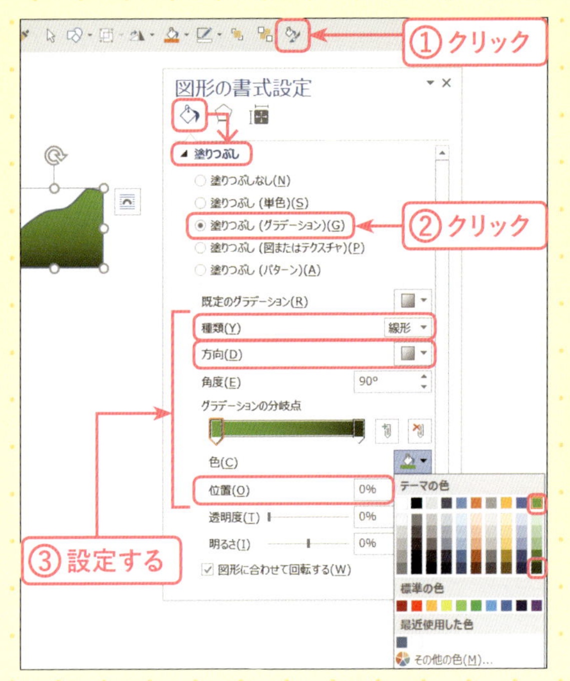

8 森3に色の設定をする

図形が選択された状態で、[図形の書式設定] をクリックします①。作業ウィンドウの[塗りつぶしと線]→[塗りつぶし]→[塗りつぶし(グラデーション)]をクリックします②。グラデーションは以下のように設定します③。

色	[分岐点1/2]テーマの色：緑、アクセント6
	[分岐点2/2]テーマの色：緑、アクセント6、黒+基本色50％
種類	線形
方向	下方向
位置	[分岐点1/2]0％
	[分岐点2/2]100％

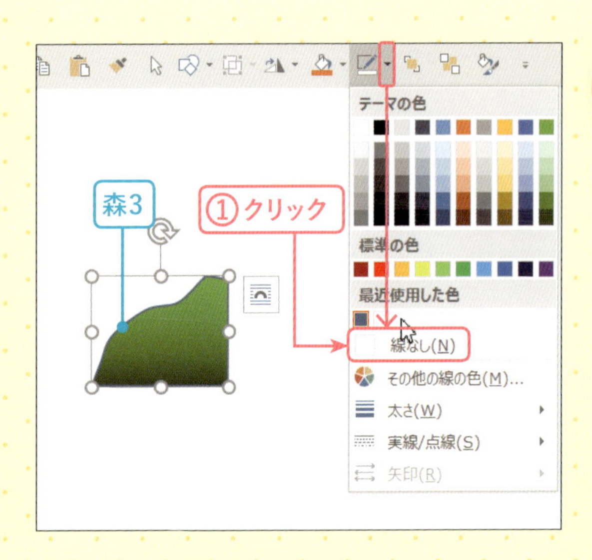

9 図形に枠線の設定をする

図形が選択された状態で、[図形の枠線] の▼→[線なし]をクリックします①。「森3」ができました。

10 森3を複製する

「森3」が選択された状態で、[コピー] をクリックします①、続いて[貼り付け] をクリックします②。

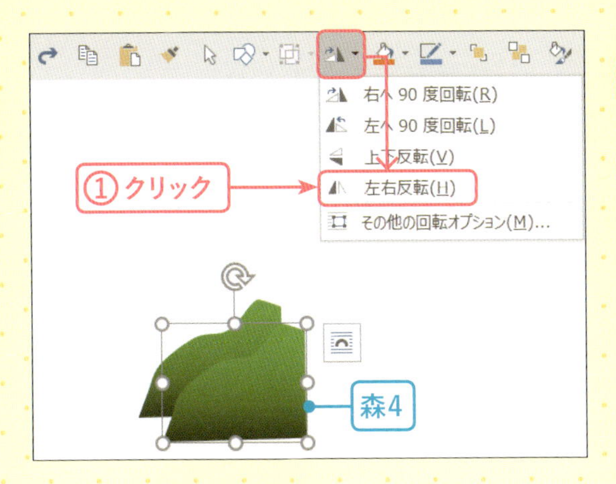

11 森4を反転する

図形が2つになりました。複製された図形を「森4」とします。「森4」が選択された状態で、[オブジェクトの回転] →[左右反転]をクリックします①。

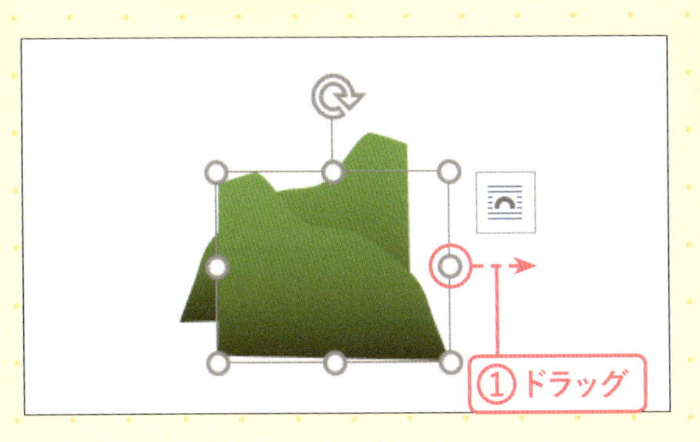

12 森4を変形する

「森4」が反転しました。図形が選択された状態で、右側の[サイズハンドル]を右へドラッグして①、横長の図形に変形します。

13 森4が長くなった

「森4」が横に長くなりました。

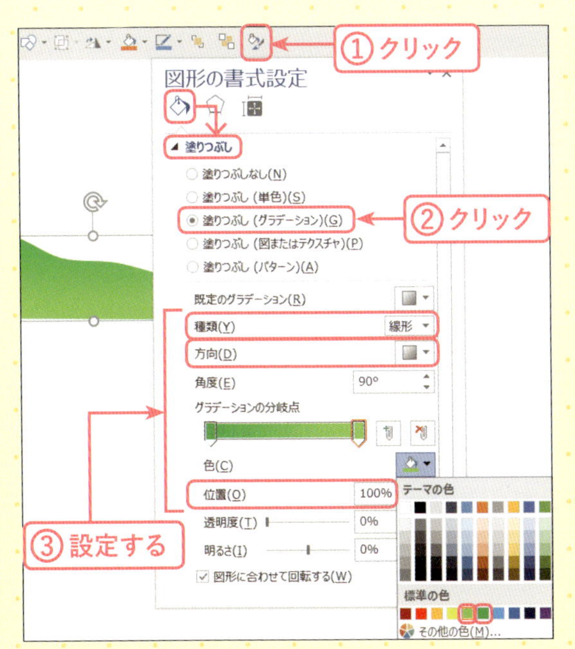

14 森4に色の設定をする

「森4」が選択された状態で、[図形の書式設定] をクリックします①。作業ウィンドウの[塗りつぶしと線] →[塗りつぶし]→[塗りつぶし(グラデーション)]をクリックします②。グラデーションは以下のように設定します③。

色	[分岐点1/2]標準の色:緑
	[分岐点2/2]標準の色:薄い緑
種類	線形
方向	下方向
位置	[分岐点1/2]0%
	[分岐点2/2]100%

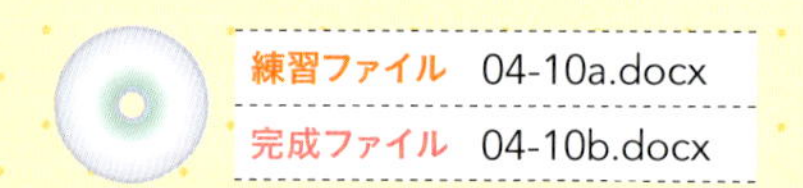

空を描こう

秋の高い空をイメージして色を塗ります。

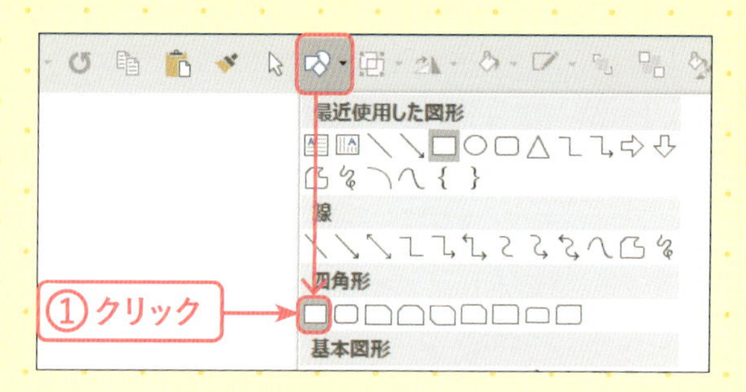

1 [正方形/長方形]を選択する

ここからは空を描きます。[図形の作成] →[四角形]→[正方形/長方形] をクリックします①。

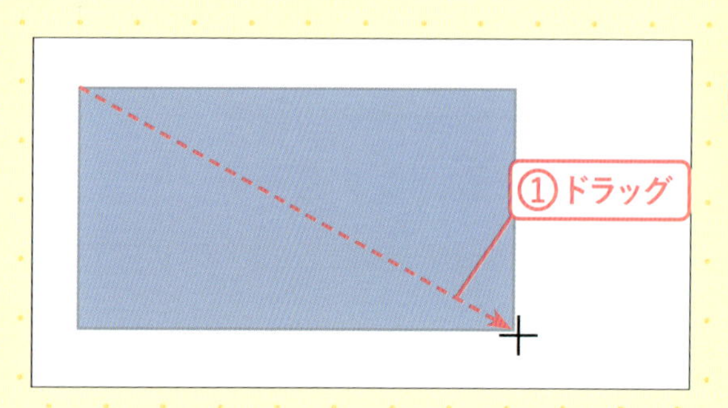

2 長方形を描く

ドラッグして、長方形を描きます①。

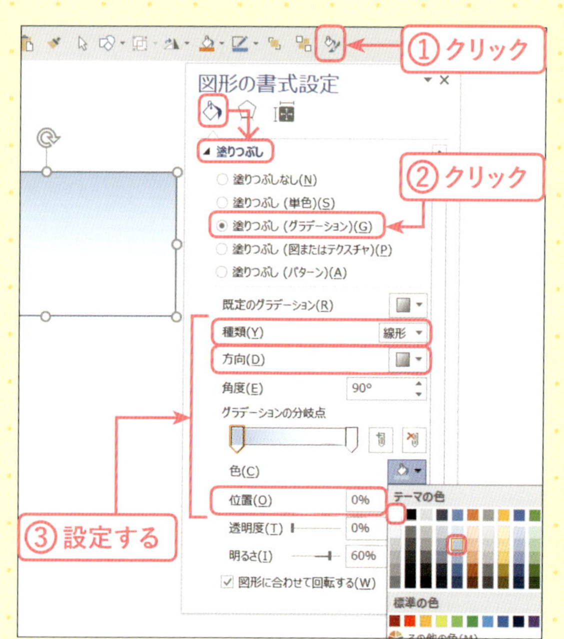

3 図形に色の設定をする

図形が選択された状態で、[図形の書式設定] をクリックします①。作業ウィンドウの[塗りつぶしと線] →[塗りつぶし]→[塗りつぶし(グラデーション)]をクリックします②。グラデーションは以下のように設定します③。

色	[分岐点1/2]テーマの色:青、アクセント1、白+基本色60%
	[分岐点2/2]テーマの色:白、背景1
種類	線形
方向	下方向
位置	[分岐点1/2]0%
	[分岐点2/2]100%

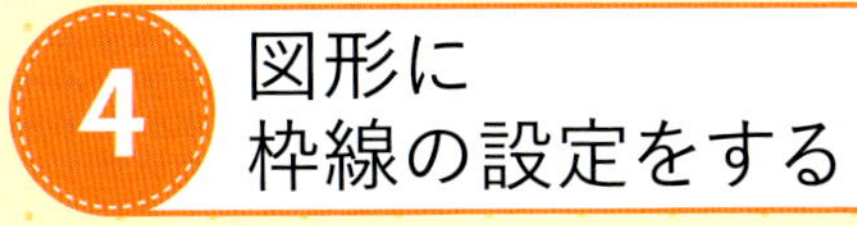

4 図形に枠線の設定をする

図形が選択された状態で、[図形の枠線] の▼→[線なし] をクリックします①。空の図形ができました。

CHECK! 絵を引き立てる背景

絵を引き立てる背景を作るときのポイントです。

薄い単色を使う

花を引き立たせる色を選びます。

薄いグラデーションの色を使う

奥行きのある絵に仕上げたいときに使えます。

写真を使う

絵に物語を感じさせるような効果があります。

テクスチャを使う

個性的な模様を使うと絵の雰囲気が変わります。

好きな色は人それぞれで違います。描いた絵を引き立たせるようなオリジナルの背景を作成してみましょう。図形を組み合わせて自作のテクスチャを作るのも楽しいです。
また、千代紙や布地などをスキャンして画像に変えておくと、いつでもテクスチャとして図形に挿入でき、より作品作りの幅が広がります。

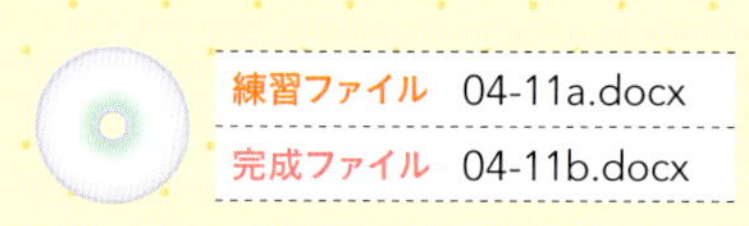

すべてのパーツをまとめよう

山のパーツを組み合わせて秋の山の風景に仕上げます。

1 すべてのパーツが揃った

これまで描いた「山」「森1」「森2」「森3」「森4」「空」の順に重ねていきます。

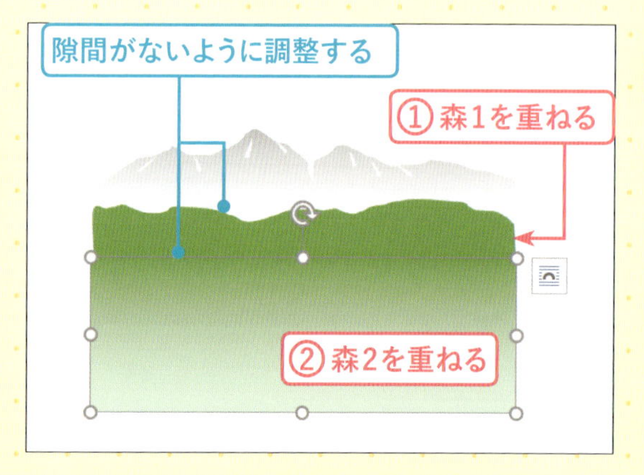

2 山に遠くの森を重ねる

図を参考にしながら、「森1」を山の図形の幅と同じに調整して重ねます①。続いて、「森2」を「森1」の幅と同じに調整して重ねます②。「森1」の上部が山の図形に隙間なく重なるように高さを調整します。

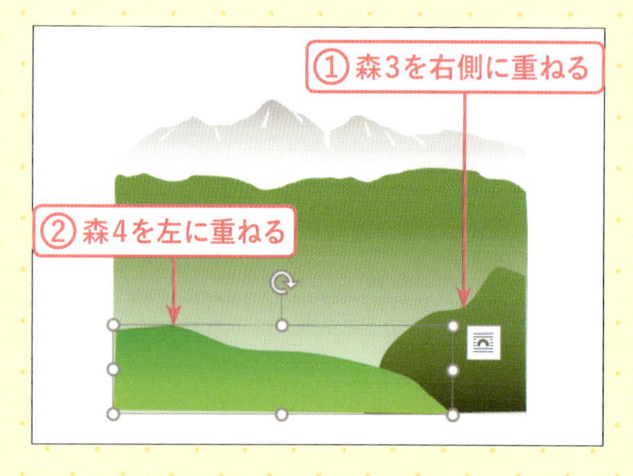

3 森3と森4を重ねる

「森3」を右側に重ねます①。続いて、「森4」は縦を少し縮めて左側に重ねます②。

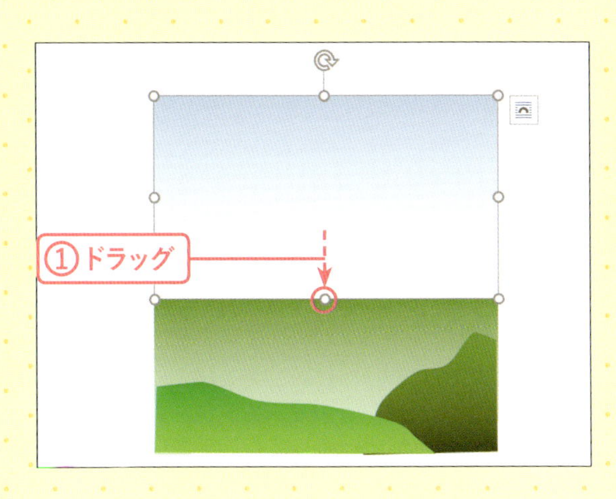

4 空を重ねる

空を山の幅と同じに調整して重ね、「森1」が隠れるくらいまでドラッグして、高さを伸ばします①。

5 空を移動する

空の図形が選択された状態で、[最背面へ移動] をクリックします①。

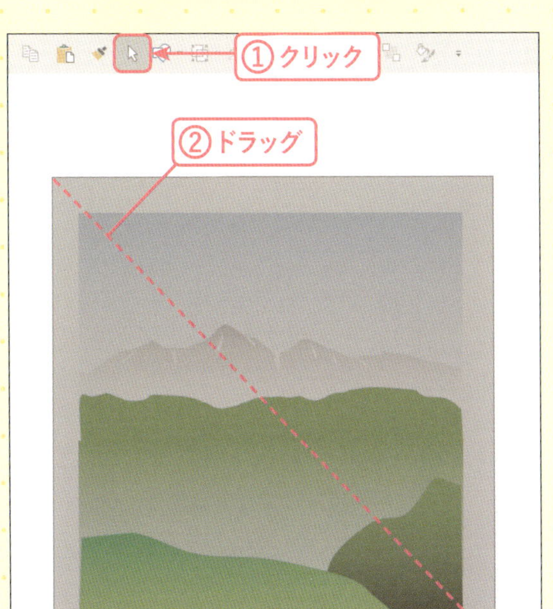

6 すべてのパーツを選択する

[オブジェクトの選択] をクリックし①、ドラッグしてすべての図形を囲みます②。

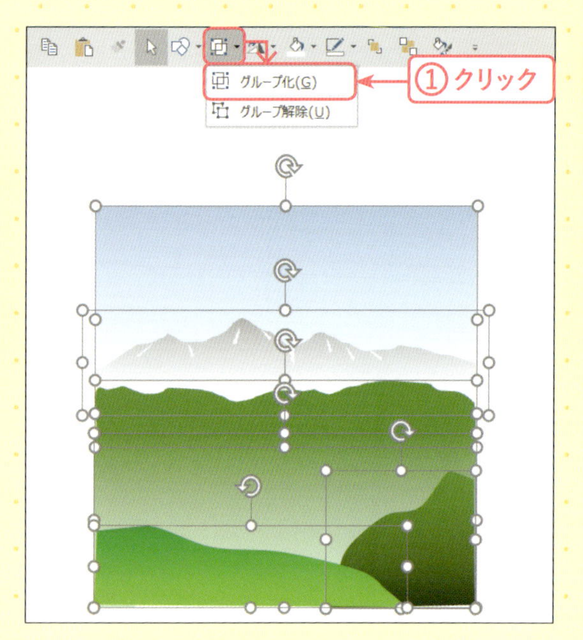

7 グループ化する

[オブジェクトのグループ化] → [グループ化] をクリックします①。

8 ナナカマドを複製して配置する

山の背景ができました。ナナカマドの枝が選択された状態で、[コピー] をクリックし①、続いて、山の背景の上で [貼り付け] をクリックし②、複製します。ナナカマドの枝は背景に合うように大きさを調整します。

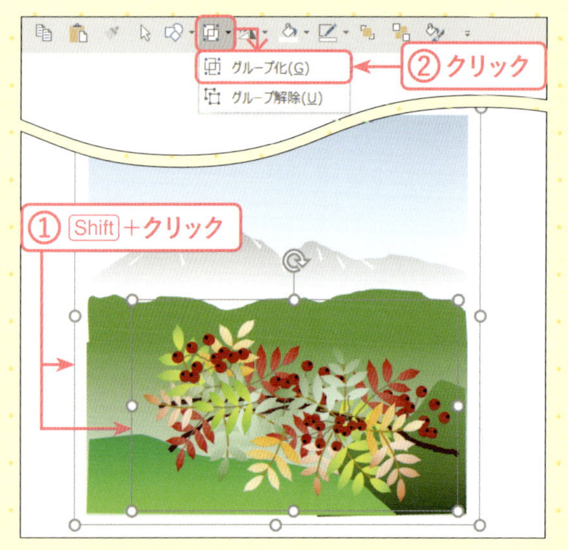

9 グループ化する

Shiftキーを押しながら背景とナナカマドをクリックし①、[オブジェクトのグループ化] → [グループ化] をクリックします②。紅葉の風景ができました。

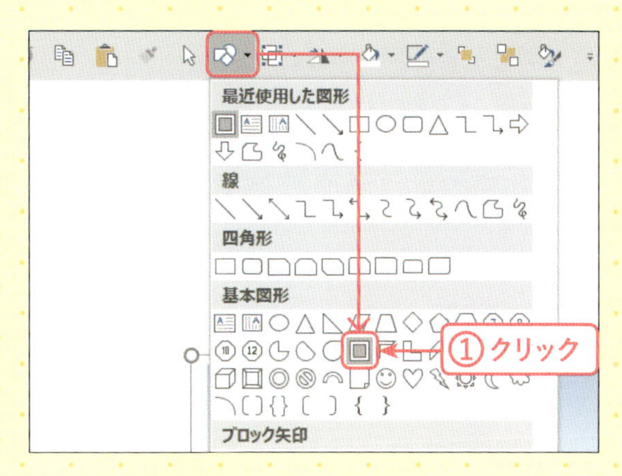

10 [フレーム]を選択する

ここからは風景の周りにフレームを描きます。[図形の作成] →[基本図形]→[フレーム] をクリックします①。

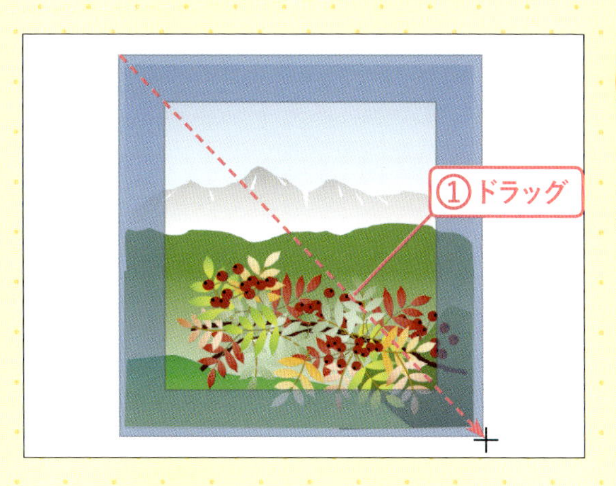

11 フレームを描く

ドラッグして風景よりも少し大き目の図形を描きます①。

12 フレームの幅を調整する

図形が選択された状態で、[調整ハンドル] を左へドラッグして①、幅を狭めます。風景の周りの不揃いになっている部分が隠れるようにします。

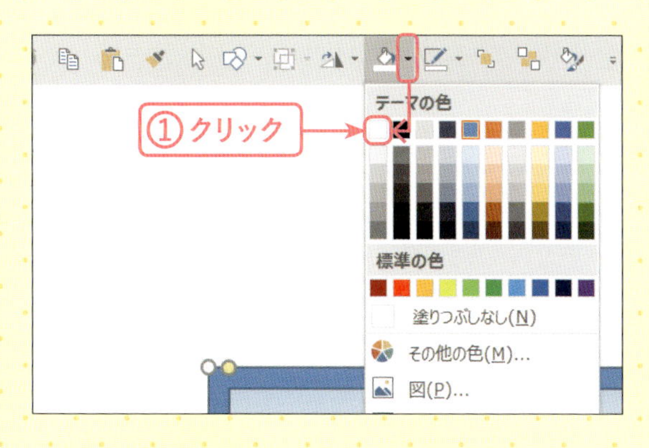

13 フレームに色の設定をする

図形が選択された状態で、[図形の塗りつぶし] の▼→[テーマの色]→[白、背景1]をクリックします①。

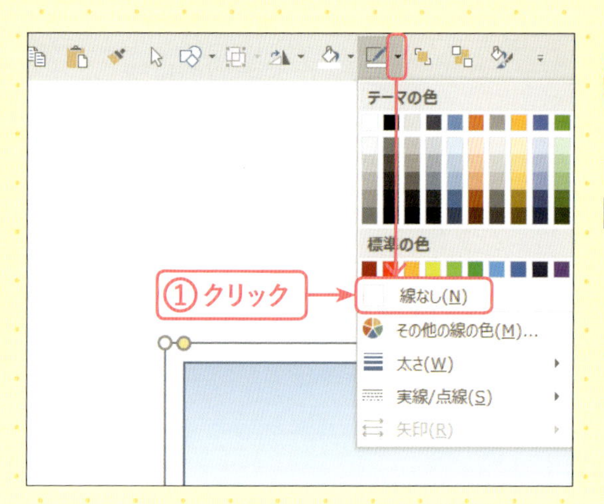

14 フレームに枠線の設定をする

図形が選択された状態で、[図形の枠線] の▼→[線なし]をクリックします①。

15 背景とフレームをグループ化する

Shiftキーを押しながら背景とフレームをクリックし①、続いて[オブジェクトのグループ化] →[グループ化]をクリックします②。

16 山の風景が完成した

秋の山の風景が完成しました。

年賀状を作ろう

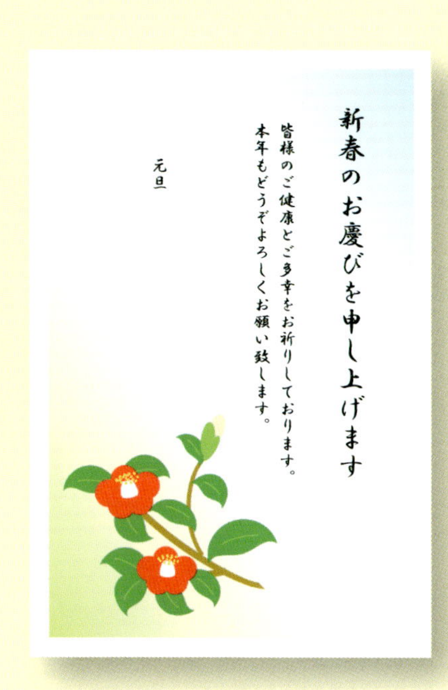

第2章で描いた
椿の絵を活用して、
年賀状を作ってみましょう。

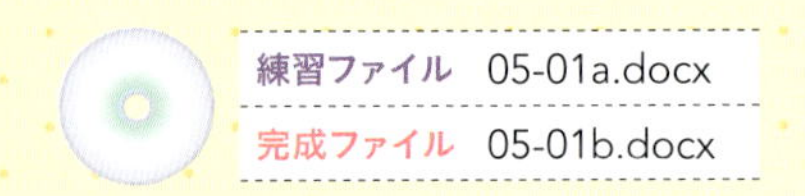

文書をはがきサイズに設定しよう

文書をはがきサイズに設定します。

1 新しい文書を作成する

ここではすでに文書を開いている状態で、新しい文書を作成します。[ファイル]タブをクリックします①。

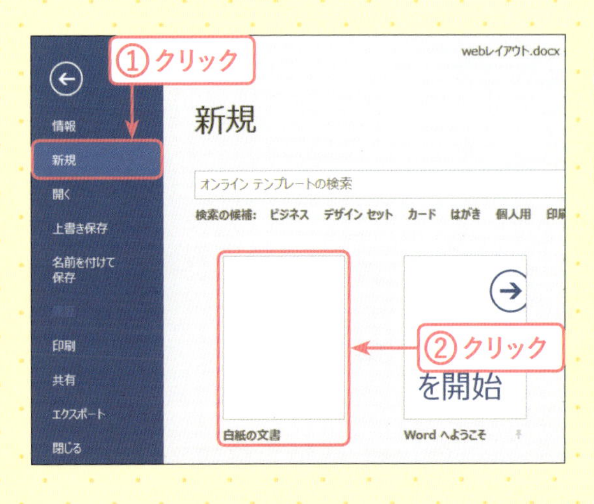

2 白紙の文書を選択する

[新規]をクリックし①、[白紙の文書]をクリックします②。

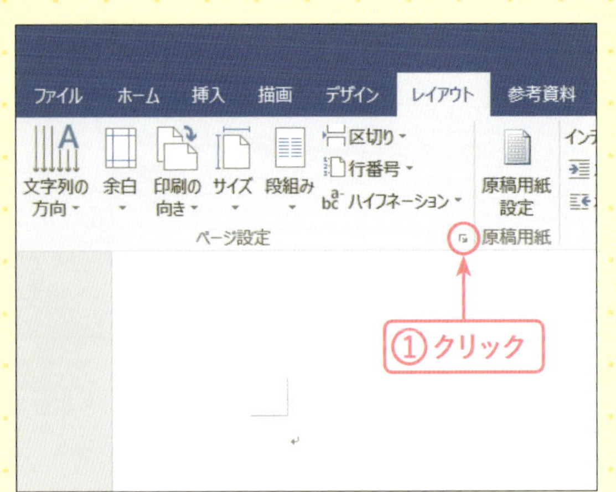

3 ページ設定を表示する

新しい文書が作成されました。[レイアウト](Word 2013は[ページレイアウト])タブ→[ページ設定]の をクリックします①。

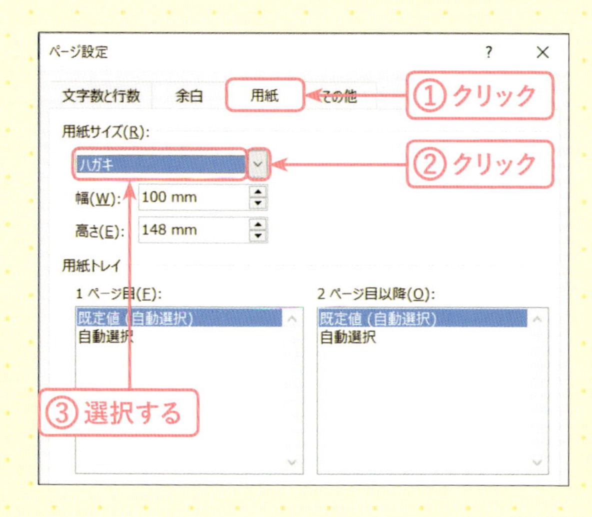

4 はがき用紙の設定をする

［ページ設定］ダイアログボックスが表示されます。［用紙］タブをクリックし①、［用紙サイズ］の⌄をクリックし②、一覧から［ハガキ］を選択します③。

MEMO

用紙サイズに［ハガキ］が見つからない場合は、［用紙サイズ］の一覧から［サイズを指定］をクリックし、［幅］に「100mm」、［高さ］に「148mm」と入力します。

5 余白を設定する

続いて［余白］タブをクリックし①、余白の「上」「下」「左」「右」に「10mm」と入力し②、［OK］をクリックします③。

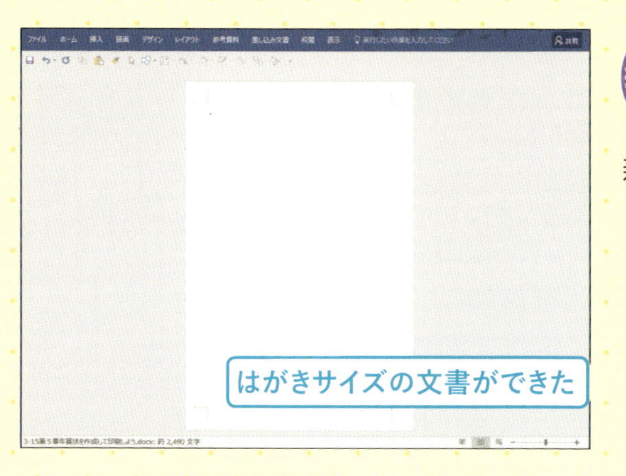

6 はがきサイズの文書ができた

新しいはがきサイズの文書ができました。

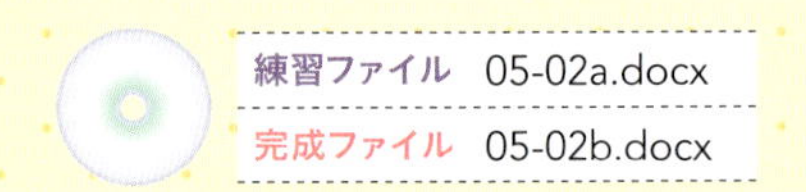

背景を描こう

はがきの文面にグラデーションの色を塗ります。

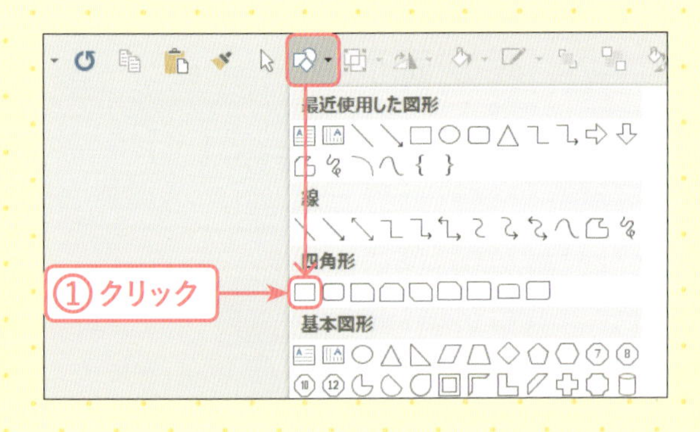

1 [正方形/長方形]を選択する

[図形の作成] →[四角形]→[正方形/長方形] をクリックします①。

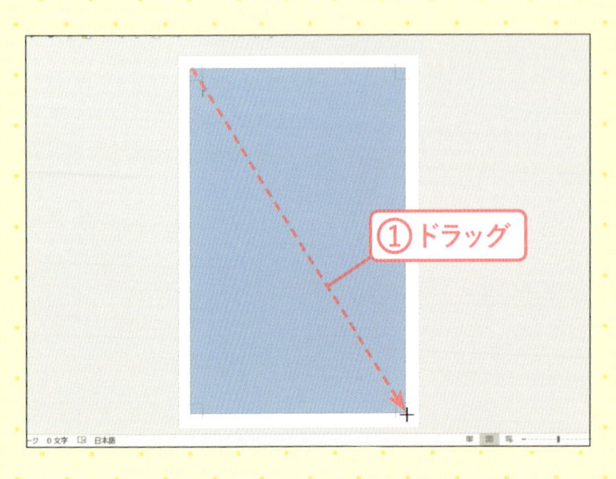

2 長方形を描く

はがきの幅いっぱいにドラッグし、縦長の長方形を描きます①。

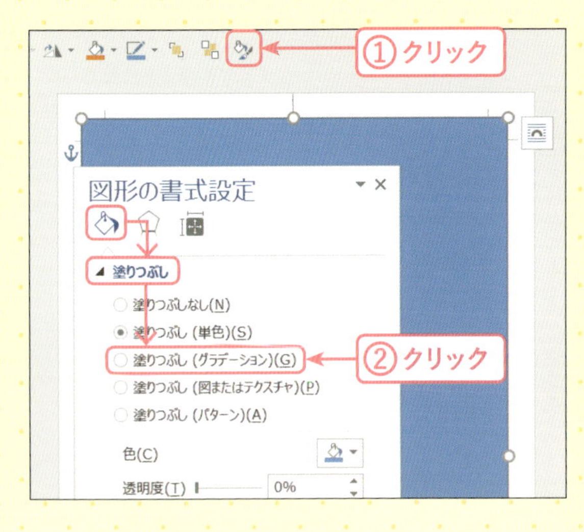

3 図形の書式設定画面を開く

図形が選択された状態で、[図形の書式設定] をクリックします①、作業ウィンドウの[塗りつぶしと線] →[塗りつぶし]→[塗りつぶし(グラデーション)]をクリックします②。

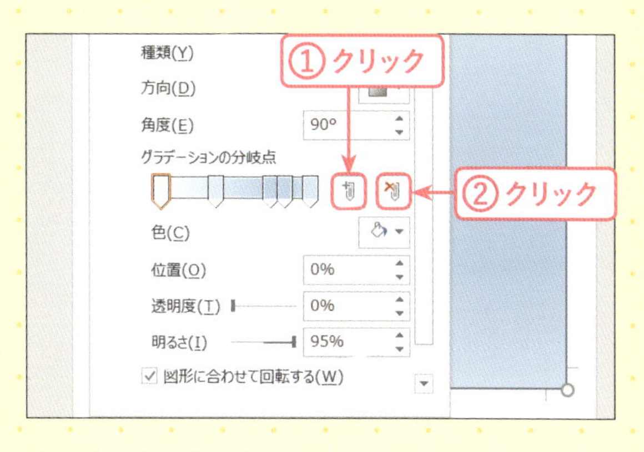

分岐点を5つ用意する

グラデーションの分岐点は5つ用意しておきます。分岐点を増やす場合は をクリックし①、減らす場合は をクリックします②。分岐点の位置は仮で大丈夫です。

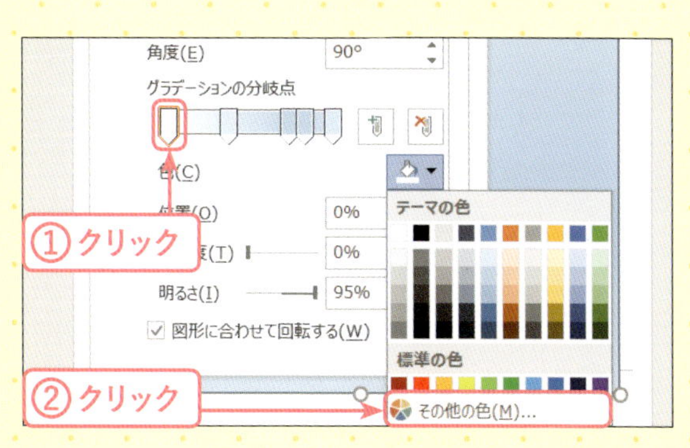

5 色の設定画面を表示する

[分岐点1/5]をクリックし①、[色]→[その他の色]をクリックします②。

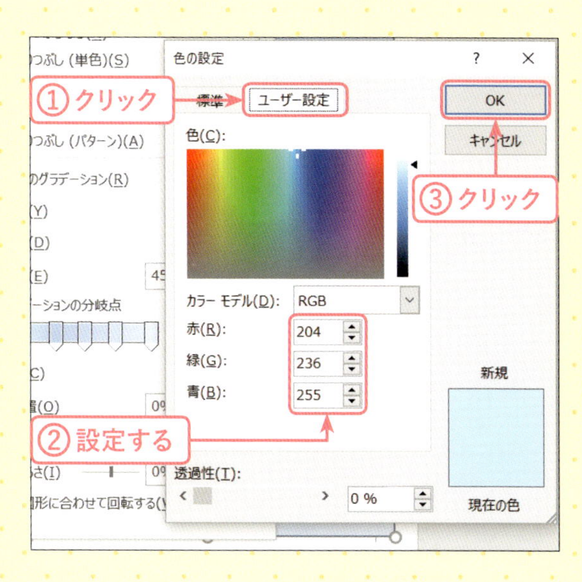

6 分岐点1/5の色の設定をする

[色の設定]画面が表示されるので、[ユーザー設定]をクリックし①、色を以下のように設定します②。設定後、[OK]をクリックします③。

赤	204
緑	236
青	255

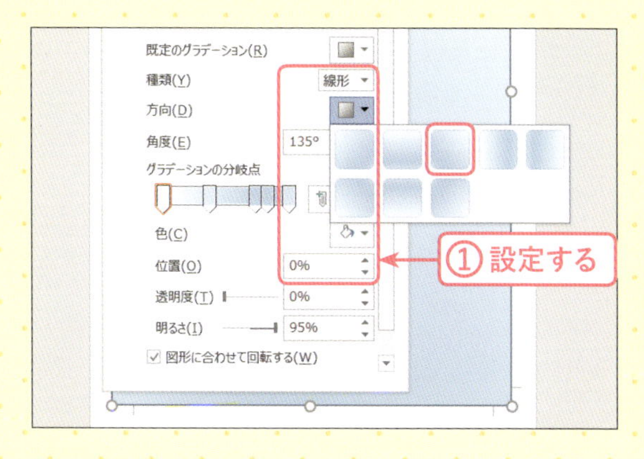

分岐点1/5のグラデーションの設定をする

[分岐点1/5]が選択されている状態で、種類、方向、角度、位置は以下のように設定します①。

種類	線形
方向	斜め方向-右上から左下
位置	0%

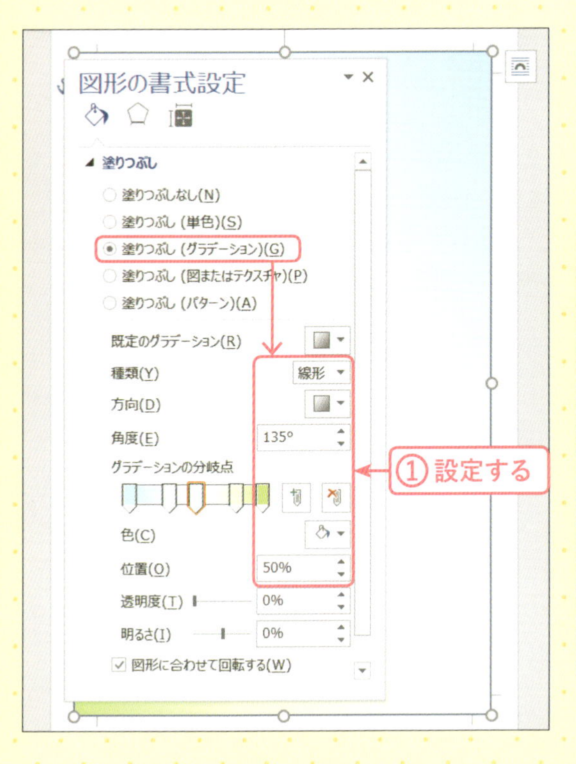

8 分岐点2/5～5/5を設定する

手順❺～❼を参考にしながら、分岐点2/5～5/5を以下のように設定します①。

色（ユーザー設定）	[分岐点2/5] 赤：243　緑：250　青：255
	[分岐点3/5] 赤：255　緑：255　青：255
	[分岐点4/5] 赤：255　緑：255　青：217
	[分岐点5/5] 赤：221　緑：255　青：125
種類	線形
方向	斜め方向-右上から左下
位置	[分岐点2/5] 30％
	[分岐点3/5] 50％
	[分岐点4/5] 80％
	[分岐点5/5] 100％

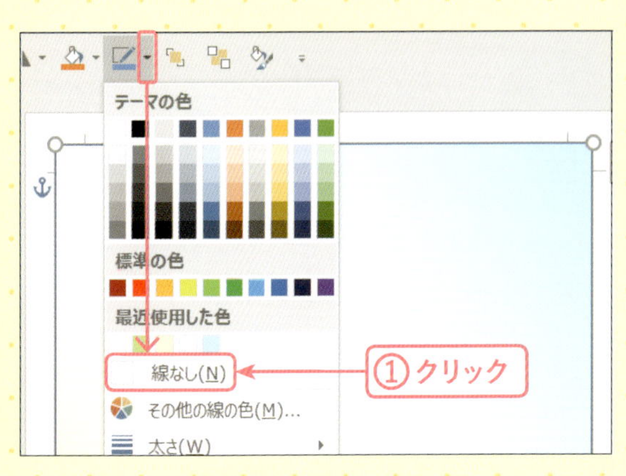

9 四角に線の設定をする

図形が選択された状態で、[図形の枠線]の▼→[線なし]をクリックします①。

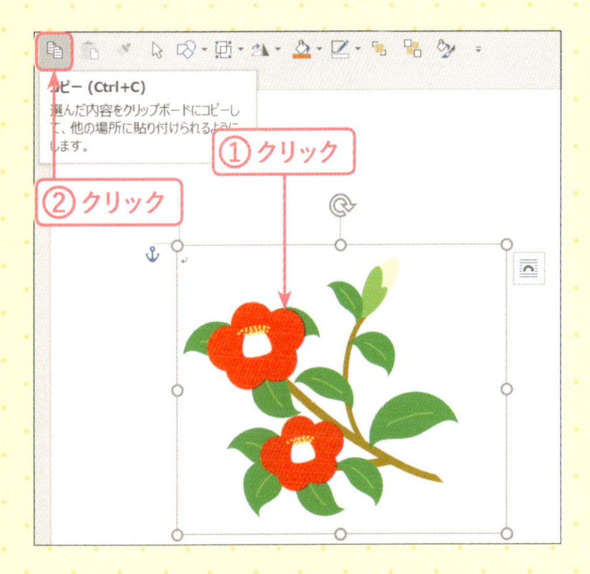

10 椿の花を複製する

第2章で作成した椿の完成ファイルを開きます。作成した椿の絵をクリックして選択し①、[コピー]をクリックします②。

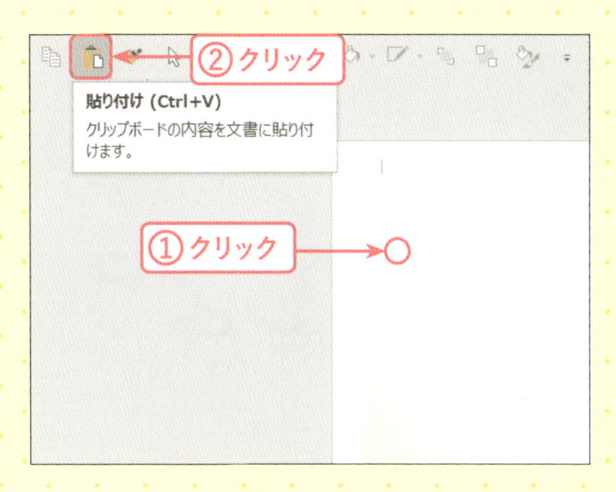

11 椿の花を貼り付ける

背景が付いたはがきの上でクリックし①、[貼り付け] をクリックします②。

12 絵の位置と大きさを調整する

背景の上に椿の絵が貼り付けられました。椿の絵が選択された状態で、用紙の下までドラッグします①。

13 背景ができた

年賀状の背景ができました。

MEMO
必要であれば、Shiftキーを押しながら絵の大きさを調整します。

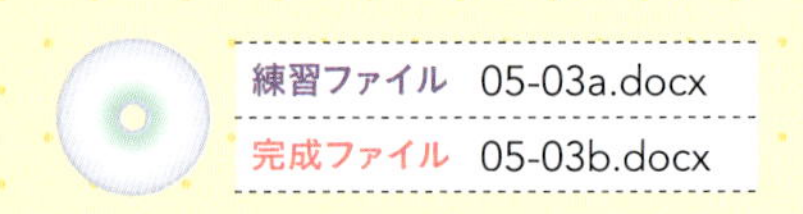

文面の文字を入力しよう

はがきに年賀状の文字を入力します。

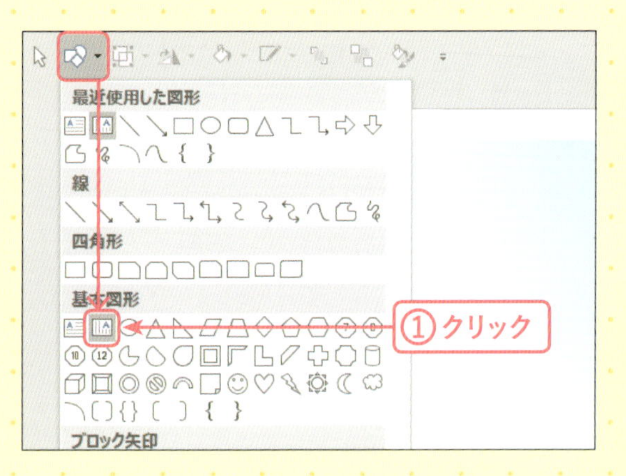

1 テキストボックスを選択する

ここからは、はがきに文字を入力していきます。[図形の作成] → [基本図形] → [縦書きテキストボックス] をクリックします①。

2 テキストボックスを描く

はがきの上で、斜め下にドラッグし、テキストボックスを描きます①。

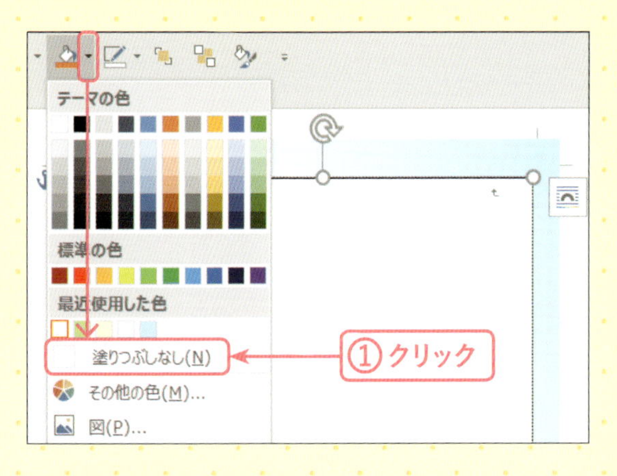

3 テキストボックスを透明にする

テキストボックスが表示されました。テキストボックスが選択された状態で、[図形の塗りつぶし] の▼→[塗りつぶしなし]をクリックします①。

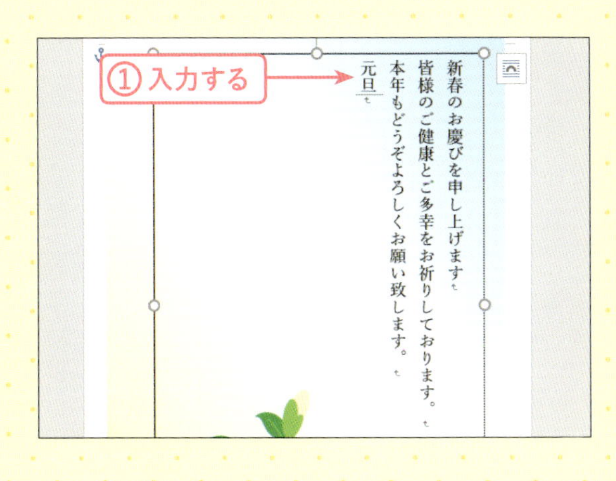

4 文字を入力する

テキストボックスが透明になりました。テキストボックスが選択された状態で、図を参考に右上から4行の文章を改行しながら入力します①。

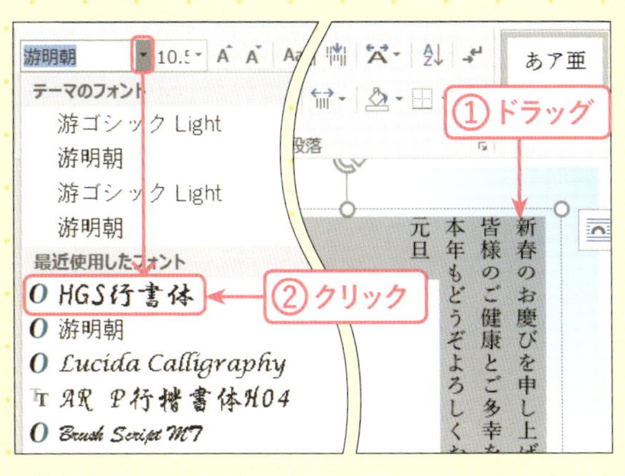

5 文字の形（フォント）を変える

すべての文字をドラッグして選択し①、［ホーム］タブの［フォント］▼→［HGS行書体］をクリックします②。

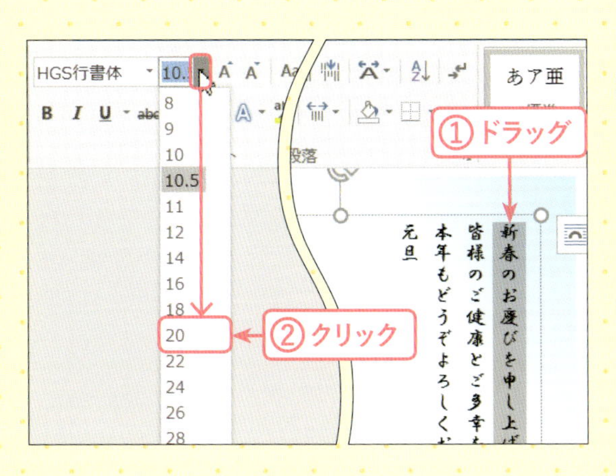

6 1行目の文字の大きさを変える

文字の形が変わりました。1行目の文字をドラッグして選択し①、［ホーム］タブの［フォントサイズ］▼→［20］ポイントをクリックします②。

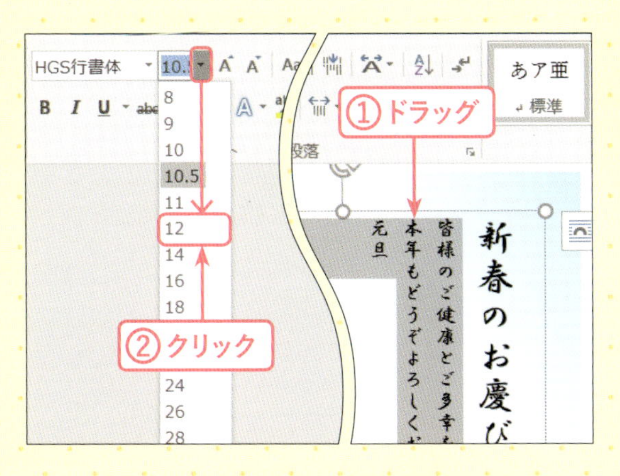

7 2行目以降の文字の大きさを変える

1行目の文字が大きくなりました。2行目から4行目の文字をドラッグして選択し①、［ホーム］タブの［フォントサイズ］▼→［12］ポイントをクリックします②。

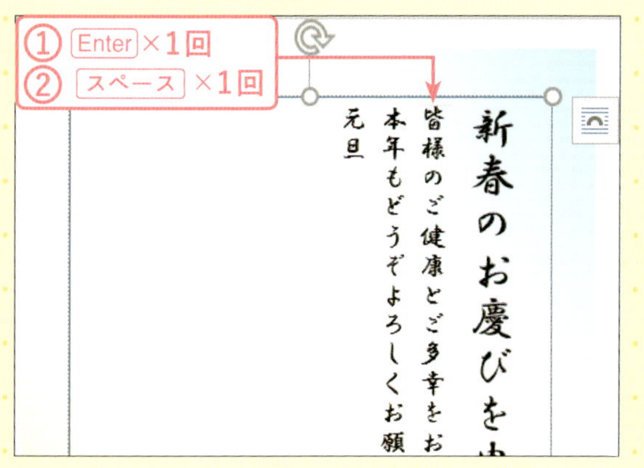

8 2行目の文字列を整える

2～4行目の文字が少し大きくなりました。ここから文章の体裁を整えていきます。2行目の先頭にカーソルを置き Enter キーを1回押します①。続いて スペース キーを1回押します②。

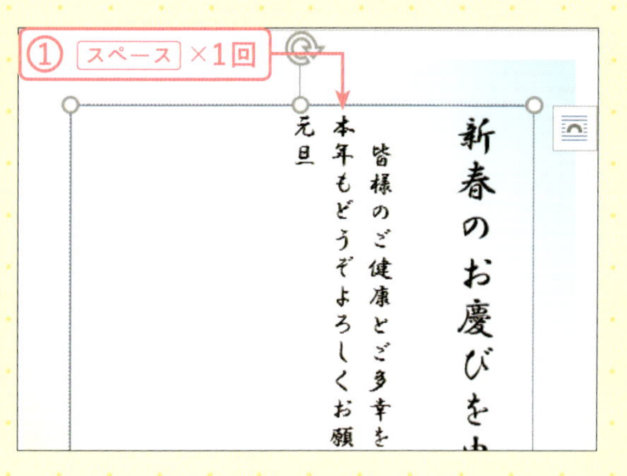

9 3行目の文字列を整える

2行目右の行間が広くなり、行頭が1文字下がりました。3行目の先頭にカーソルを置き スペース キーを1回押します①。

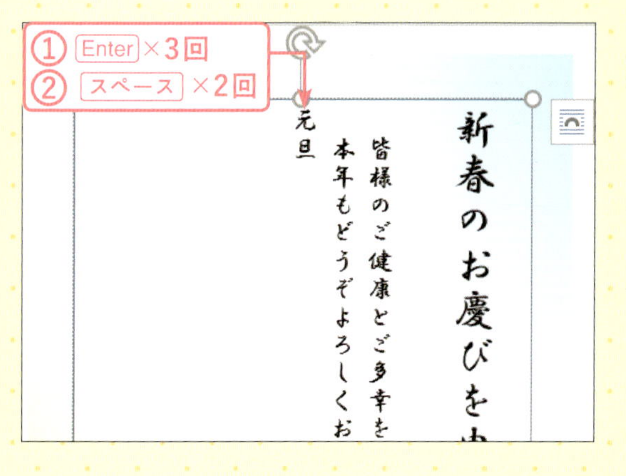

10 4行目の文字列を整える

3行目の行頭が1文字下がりました。4行目の先頭にカーソルを置き Enter キーを3回押します①。続いて スペース キーを2回押します②。

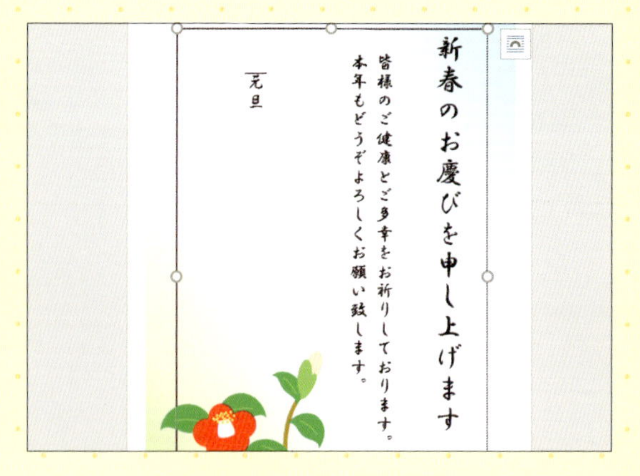

11 体裁が整った

4行目右の行間が広くなり、行頭が2文字下がりました。これで体裁が整いました。

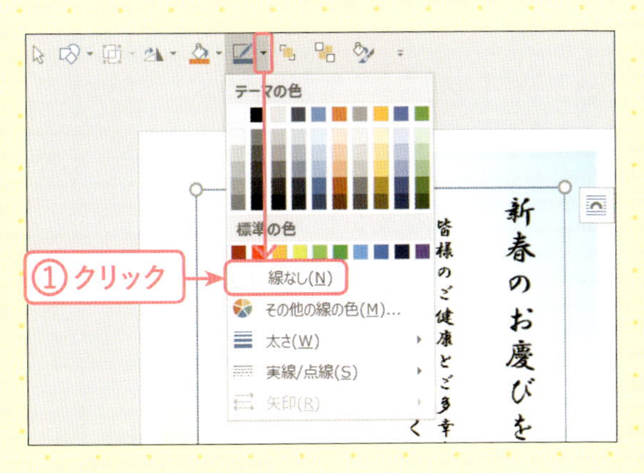

12 図形に枠線の設定をする

テキストボックスが選択された状態で、[図形の枠線] の▼→[線なし]をクリックします①。

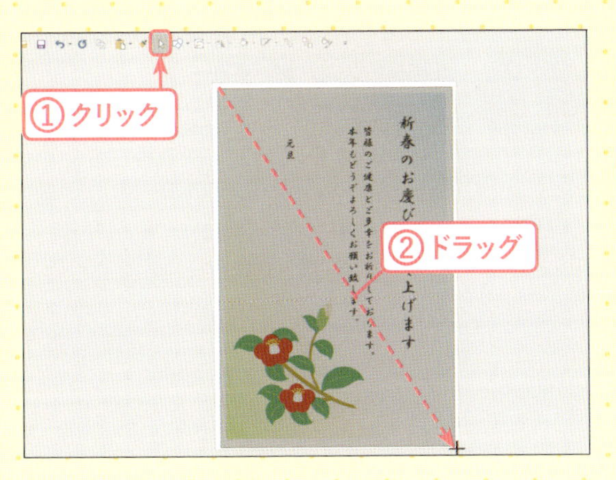

13 すべてを選択する

[オブジェクトの選択] をクリックし①、背景を含めてすべてをドラッグして囲みます②。

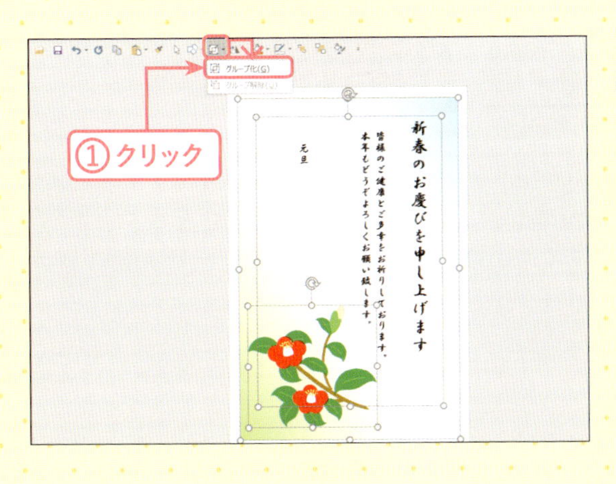

14 グループ化する

[オブジェクトのグループ化] →[グループ化]をクリックします①。

15 文面ができた

年賀状の文面が完成しました。

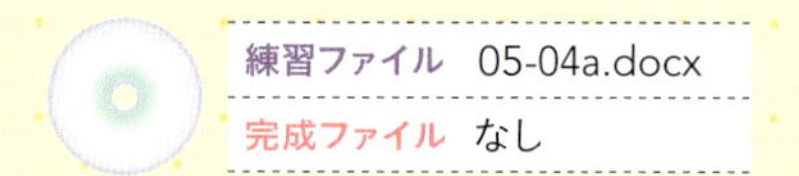

印刷をしよう

はがきを印刷します。

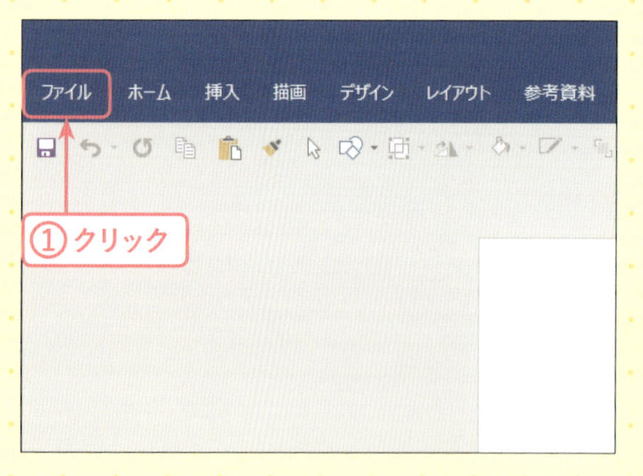

1 印刷プレビューを表示する

印刷をする前に、プリンターの電源と用紙（今回の場合ははがきサイズの用紙）がセットされていることを確認しておきましょう。[ファイル]タブをクリックします①。

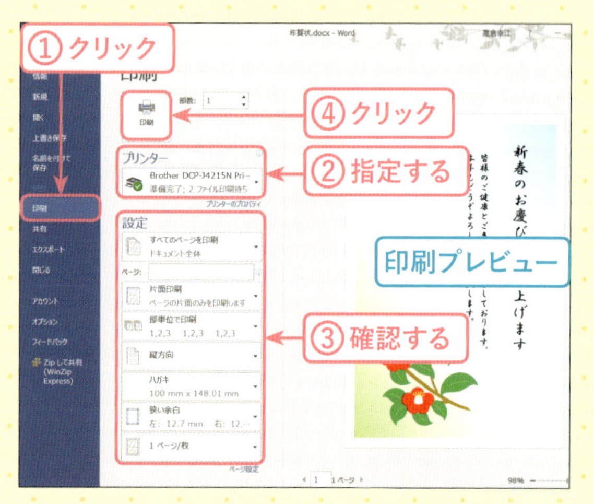

2 印刷の設定を確認する

[印刷] をクリックすると①、印刷プレビューが表示されます。印刷に使うプリンターを指定し②、印刷の設定を確認し③、[印刷] をクリックします④。

MEMO

印刷の設定画面はプリンターにより異なります。

3 印刷できた

はがきに印刷ができました。

付録

本編で描き方を
マスターしたあとは、
いろいろな課題に
取り組んでみましょう。
新しい発見が
あるかもしれません。

※付録で使用する図形の名称は、Word 2016のものです。Word 2013をご使用の場合は、
各付録の見出しに配置してある「使用する図形」を目安にしてください。
※RGBは光の三原色の頭文字です。R=Red（赤）、G=Green（緑）、B=Blue（青）。

付録1

黒ユリを描く

花1は図形をもとにするため描きやすいですが、花2は各花びらの形が違うため手間がかかります。時間をかけて少しずつ描きましょう。

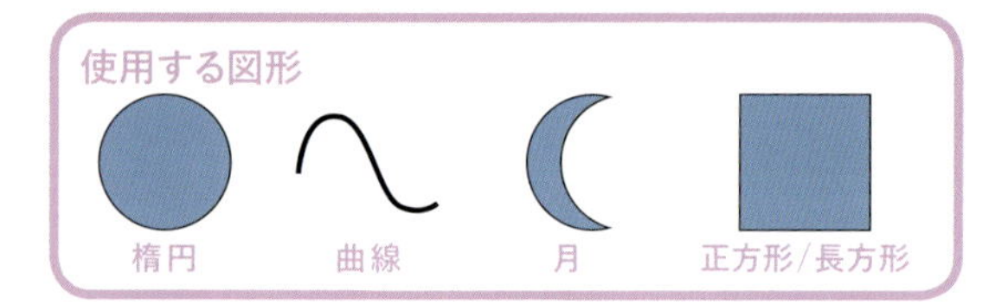

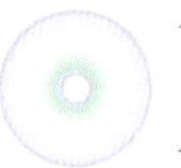

完成ファイル
付録1_黒ユリ.docx

Step 1 • 花1を描く

❶［図形の作成］→［楕円］を選び、縦長の図形を描きます。図形を右クリック→［頂点の編集］を選択します。線分の上で右クリック→［頂点の追加］を選んで頂点を追加していき、図のような花びらの図形にします。
❷花びらに色と枠の設定をします。
❸複製して6つの図形を輪に並べ、［オブジェクトのグループ化］をします。
❹［図形の作成］→［楕円］を選び、めしべの小さい図形を6つ描きます。輪に並べ［オブジェクトのグループ化］をして、色の設定をします。
❺［図形の作成］→［楕円］を選び、おしべの細い図形を3つ描きます。図のように並べ［オブジェクトのグループ化］をして色の設定をします。
❻花、めしべ、おしべの順に重ねて［オブジェクトのグループ化］をします。

花びらの色：グラデーション	［分岐点1/2］その他の色→ユーザー設定→RGB：58、0、29
	［分岐点2/2］テーマの色→黒、テキスト1
種類	線形
方向	下方向
枠線	線なし
位置	［分岐点1/2］33％
	［分岐点2/2］69％

めしべの色	標準の色→黄
枠線	線なし
おしべの色	テーマの色→緑、アクセント6、白+基本色60％
枠線	線なし

MEMO
線分の上でCtrlキー+クリックをすると、頂点の追加・削除がかんたんにできます。

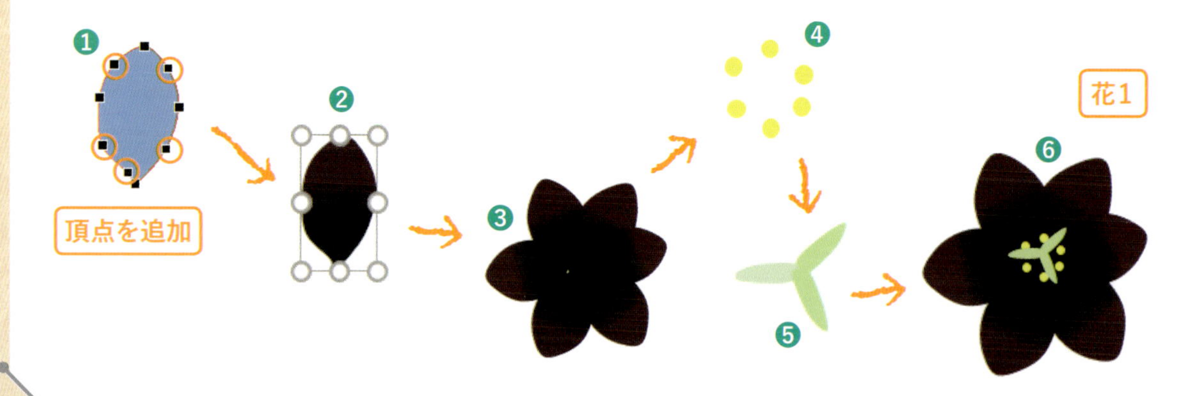

Step 2 • 花2を描く

❶「花1」を複製し、[グループ解除]をします。6枚の花びらそれぞれに、右クリック→[頂点の編集]をして図のように変形します。
❷[図形の作成]→[曲線]を選び、花びらの裏側の図形を3つ描いて色の設定をします。
❸裏側の花びらを手順❶の花びらに重ねます。
❹おしべの2つの図形は[頂点の編集]をして変形します。めしべは[グループ解除]して全体が平たい楕円にします。
❺手順❹の上に裏側の3つの花びらを重ねます。
❻[図形の作成]→[曲線]を選びジクを描き、右クリック→[頂点の編集]で図のような形にします。色の設定をして[最背面へ移動]をします。
❼すべてのパーツを[オブジェクトのグループ化]します。

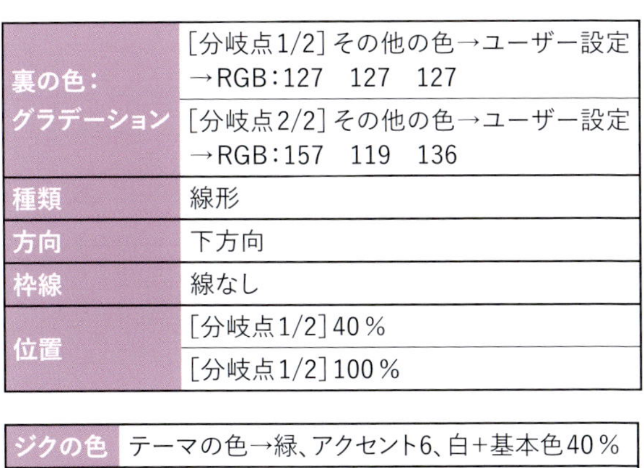

裏の色：グラデーション	[分岐点1/2]その他の色→ユーザー設定→RGB：127　127　127
	[分岐点2/2]その他の色→ユーザー設定→RGB：157　119　136
種類	線形
方向	下方向
枠線	線なし
位置	[分岐点1/2]40％
	[分岐点1/2]100％

ジクの色	テーマの色→緑、アクセント6、白+基本色40％
枠線	線なし

手順❷の花びらと合わせる花びら

❶

❷

❸

❹

❺

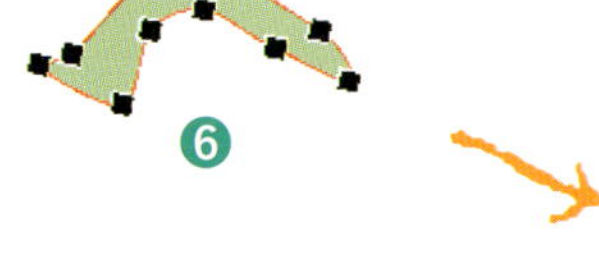

❻

❼

MEMO
[図形の書式設定]では、色、線、効果の設定が一度にまとめてできます。

Step 3 • 葉を描く

❶［図形の作成］→［月］を選び、月を描きます。［調整ハンドル］を移動して図のような葉の図形に調整し、色を設定します。
❷［図形の作成］→［曲線］を選び、葉の図形を描き、図のように頂点を追加します。そのあと色を設定します。
❸手順❶の葉を複製して、回転で向きを変えた葉を用意し、手順❷と同じ色を設定します。
❹［図形の作成］→［曲線］を選び、葉の上で葉脈を描きます。細い葉には1本、幅広の葉には何本か描き入れます。
❺それぞれの葉と葉脈を［オブジェクトのグループ化］します。

MEMO
表以外のグラデーションを作るには、［方向］を変えて色を変化させてみましょう。

❶の葉の色：グラデーション	［分岐点1/2］標準の色→薄い緑
	［分岐点2/2］テーマの色→灰色、アクセント3、白+基本色80％
種類	線形
方向	上方向
枠線	線なし
位置	［分岐点1/2］　15％
	［分岐点2/2］　90％

❷の葉の色：グラデーション	［分岐点1/3］標準の色→薄い緑
	［分岐点2/3］テーマの色→白、背景1、黒+基本色5％
	［分岐点3/3］テーマの色→灰色、アクセント3、白+基本色40％
種類	線形
方向	上方向
枠線	線なし
位置	［分岐点1/3］27％
	［分岐点2/3］60％
	［分岐点3/3］100％

葉脈の色	テーマの色→緑、アクセント6、白+基本色40％
葉脈の太さ	0.75pt

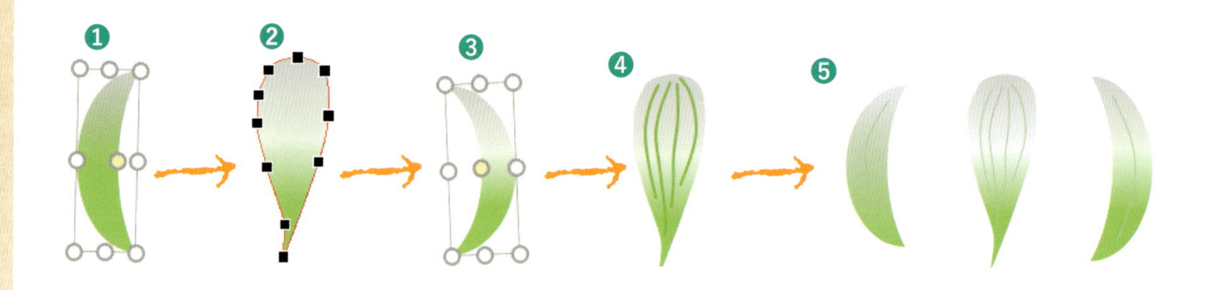

Step 4 • 茎を描く

❶［図形の作成］→［曲線］を選び、茎の図形を描きます。
❷茎に色の設定をします。

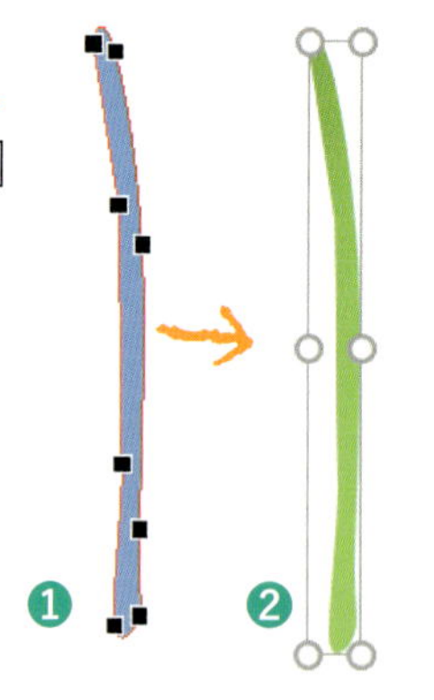

茎の色：グラデーション	［分岐点1/2］標準の色→薄い緑
	［分岐点2/2］テーマの色→緑、アクセント6
種類	線形
方向	右方向
枠線	線なし
位置	［分岐点1/2］0％
	［分岐点1/2］100％

Step 5 ● 花と葉をまとめる

以下の順番にパーツを重ねていきます。
❶はじめに茎を選び、[最背面へ移動]をします。
❷次に葉を複製し、位置を調整して茎に重ねます。
❸最後に2つの花を[最前面へ移動]して位置を調整し、すべてを[オブジェクトのグループ化]します。

Step 6 ● 背景の葉を描く

❶Step3 手順❷で描いた葉を複製します。
❷葉のグループ化を解除して、葉脈は外します。葉の幅を広く変形や頂点を編集して色の設定をします。
❸新しく葉脈を描き、枠線の設定をして葉と葉脈を[オブジェクトのグループ化]します。
❹葉を複製して5枚にして輪に並べます。複製して大きさを変えて二重に重ねます。すべてを選択して[オブジェクトのグループ化]をします。

葉の色：グラデーション	[分岐点1/2]標準の色→薄い緑
	[分岐点2/2]テーマの色→灰色、アクセント3、白+基本色40％
種類	線形
方向	下方向
位置	[分岐点1/2]40％
	[分岐点2/2]100％

葉脈の色	テーマの色→灰色、アクセント3、白+基本色40％

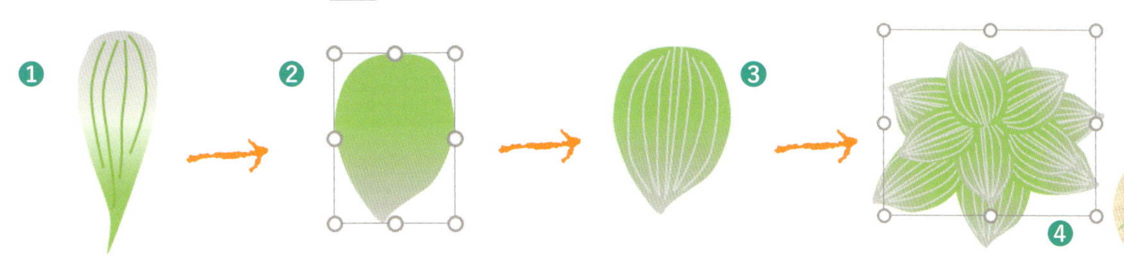

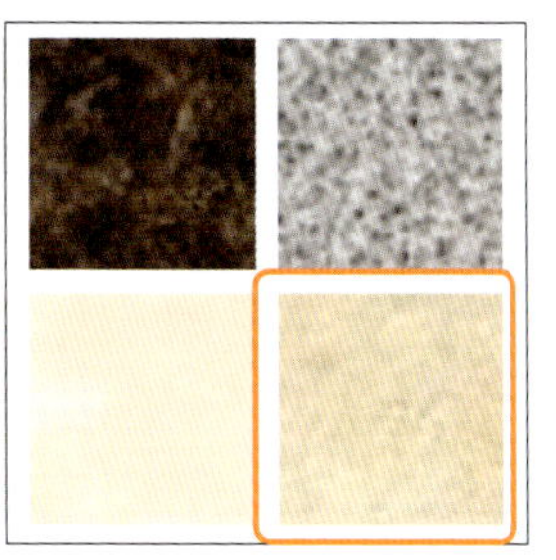

Step 7 ● 背景を描く

❶[図形の作成]→[正方形/長方形]を選び、大きな四角を描いて色の設定をします。

背景の色	[図形の塗りつぶし]→[テクスチャ]→[ひな形](Word 2013は[便箋])
枠線	線なし

Step 8 ● すべてのパーツをまとめる

次の順序でパーツを重ね、グループ化します。
❶はじめに背景を選び、[最背面へ移動]します。
❷次にStep6で描いた大きな葉を重ねます。
❸最後に黒ユリの花を選んで[最前面へ移動]し、すべてを[オブジェクトのグループ化]します。
黒ユリの完成です。

付録2

お殿さまを描く

ほとんどのパーツは図形を使って描きます。ここでのポイントはお姫さまのパーツをコピーして再利用しているところです。

完成ファイル
付録2_お殿さま.docx

使用する図形

Step 1 • 頭、耳、髪を描く

❶[図形の作成]→[楕円]を選び、顔の輪郭を描いて色と枠線の設定をします。

❷[図形の作成]→[月]を選び、髪を描いて色と枠線の設定をします。月の[調整ハンドル]を外側へ移動して変形します。

❸髪を複製し、回転して顔の両脇へ重ねます。

❹[図形の作成]→[楕円]を選び、小さい耳を描いて、色と枠線の設定をします。

❺耳を複製し、縮小して顔の横に付け、[最背面へ移動]をします。すべてを[オブジェクトのグループ化]します。

顔と耳の色	テーマの色→白、背景1
枠線	テーマの色→薄い灰色、背景2

髪の色	テーマの色→黒、テキスト1
枠線	線なし

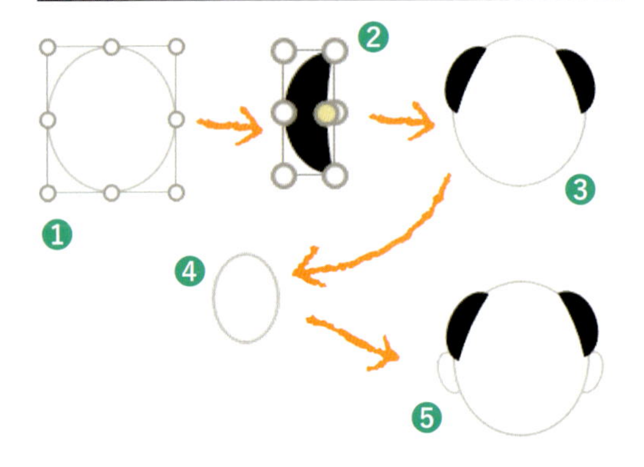

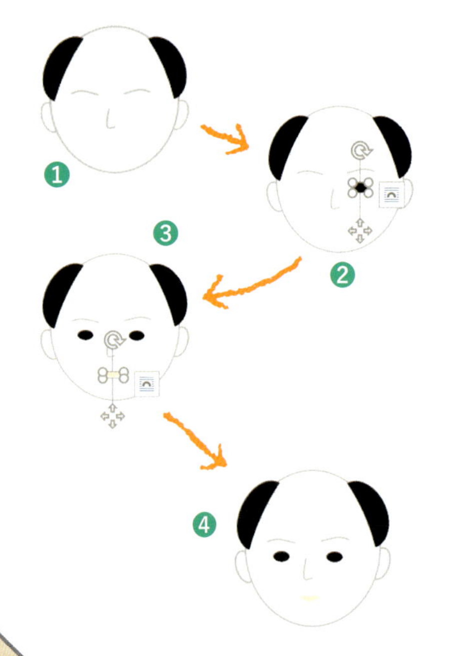

Step 2 • 眉、鼻、目、口を描く

❶[図形の作成]→[曲線]を選び、眉毛と鼻を描いて線の設定をします。

❷[図形の作成]→[楕円]を選び、目を描いて色と枠線の設定をします。楕円は小さく縮小します。

❸[図形の作成]→[ハート]を選び、口を描いて色と枠線の設定をします。平たい形にして縮小します。

❹すべてのパーツを[オブジェクトのグループ化]します。

眉と鼻の線	テーマの色→薄い灰色、背景2
目の色と線	テーマの色→黒、テキスト1
	線なし
口の色と線	テーマの色→ゴールド、アクセント4、白+基本色80％
	線なし

Step 3 • 帽子を描く

❶[図形の作成] →[二等辺三角形] を選び、三角形を描きます。
❷[図形の作成] →[月] を選び、[調整ハンドル] で半月形に変形し、横向きにします。
❸2つの図形の幅を重ね合わせて[オブジェクトのグループ化] をします。月の幅を少しだけ大きくして重ねるのがポイントです。
❹図形に色と線の設定をします。
❺頭の大きさに合わせて形を整え、頭と帽子を[オブジェクトのグループ化] します。

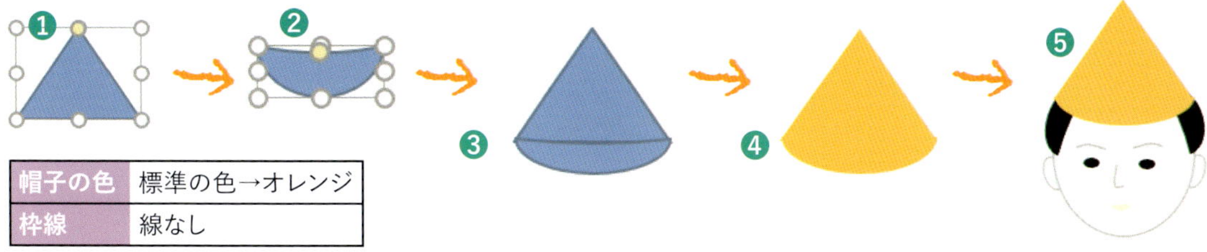

帽子の色	標準の色→オレンジ
枠線	線なし

Step 4 • 着物の襟を描く

❶第3章で描いてたお姫さまの首と白い襟を複製します。
❷お殿さまの顔に合わせて大きさを調整します。
❸白い襟を複製して、色を表のように塗り替えます。
❹紫の襟を少し大きくして白い襟に重ねます。
❺首と襟を[オブジェクトのグループ化] します。

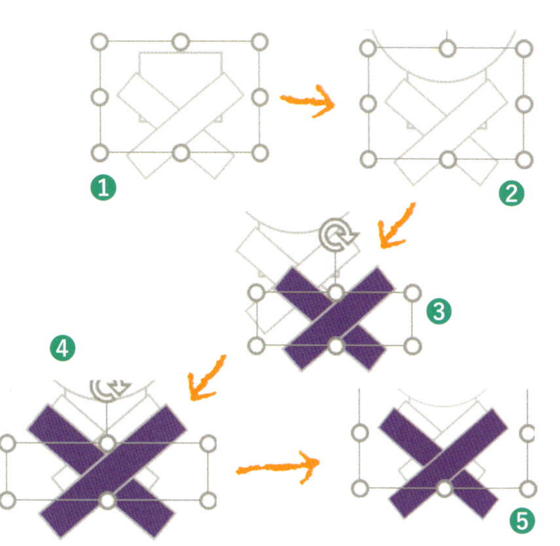

襟の色	標準の色→紫

Step 5 • 前身ごろと胴の部分を描く

前身ごろと胴の色	テーマの色→青、アクセント1、白+基本色80％
枠線	線なし

❶第3章で描いたお姫さまの前身ごろを複製し、色と枠線を塗り替えます。
❷[図形の作成] →[正方形/長方形] を選び、長方形の胴を描きます。色は前身ごろと同じにします。
❸襟と前身ごろと胴を選んで[オブジェクトのグループ化] をします。

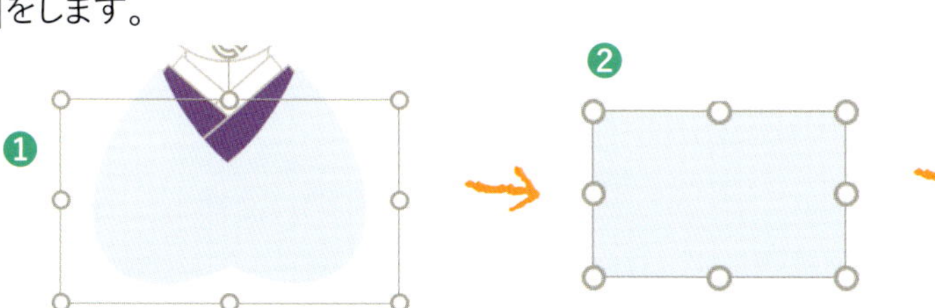

Step 6 • 袴を描く

❶［図形の作成］→［台形］を選び、縦長の図形を描きます。複製して2つの図形を左右に傾けて重ねます。
❷［図形の作成］→［二等辺三角形］を選び、上の部分を描きます。三角形を［オブジェクトの回転］→［上下反転］をし、縮小して台形の上部に重ねます。
❸台形と三角形を組み合わせて［オブジェクトのグループ化］をし、色と枠線の設定をします。

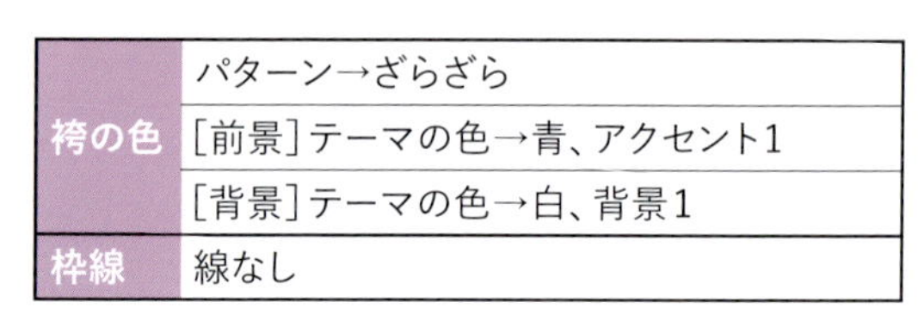

袴の色	パターン→ざらざら
	［前景］テーマの色→青、アクセント1
	［背景］テーマの色→白、背景1
枠線	線なし

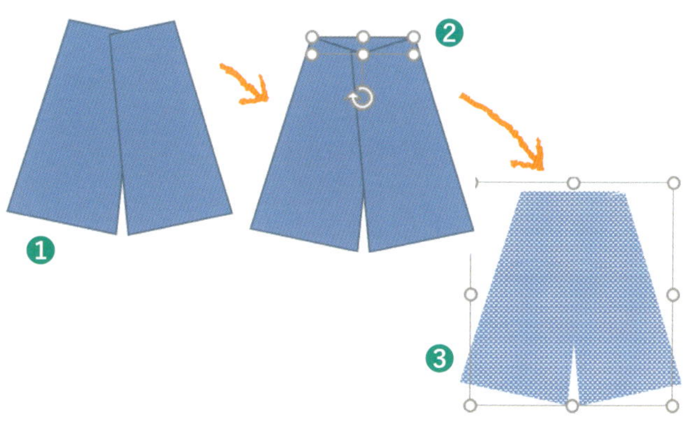

Step 7 • 帯を描く

❶［図形の作成］→［正方形/長方形］を選び、細長い図形を描きます。袴の上部の幅と同じ長さにします。
❷［図形の作成］→［二等辺三角形］と［正方形/長方形］を選び、図形を組み合わせてリボンを描きます。［オブジェクトのグループ化］をします。
❸帯とリボンに色と枠線の設定をします。
❹袴の上部に帯とリボンを重ねて［オブジェクトのグループ化］をします。

帯とリボンの色	標準の色→黄
枠線	オレンジ

Step 8 • 袖を描く

❶［図形の作成］→［フローチャート：カード］を選び、図形を描きます。
❷図形を［オブジェクトの回転］→［上下反転］させたあと、縦長にして色と線の設定をします。
❸図形を複製し、［オブジェクトの回転］→［左右反転］させて、2つの袖を前身ごろの横に付けます。
❹［図形の作成］→［直線］を選び、前見ごろと袖の境目に線を描き入れ、色の設定をします。
❺前身ごろと袖を［オブジェクトのグループ化］します。

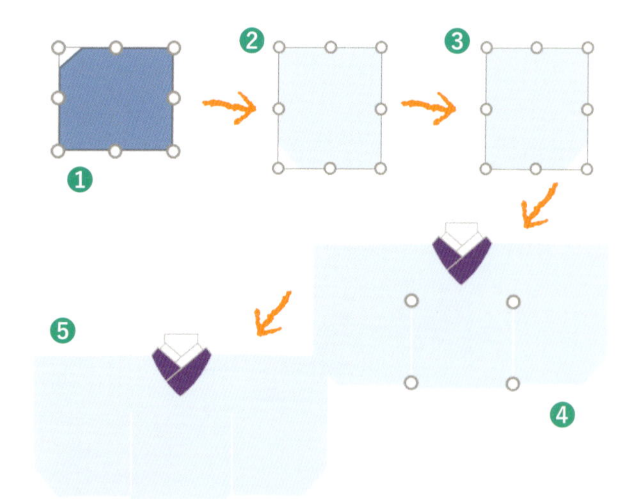

袖の色	テーマの色→青、アクセント1、白+基本色80％
枠線	線なし
境界線	テーマの色→白、背景1

Step 9 • 着物の模様を描く

❶松を描きます。[図形の作成]→[楕円]と[月]を選んで、図のように組み合わせて[オブジェクトのグループ化]をします。
❷複製して2つにします。これを「松1」と「松2」とし、色の設定をします。
❸[図形の作成]→[直線]を選び、松に5本の線を引き、線の色の設定してそれぞれを[オブジェクトのグループ化]します。

松の色	標準の色→松1：薄い緑、松2：緑
枠線	線なし
松の線	標準の色→松1：緑、松2：薄い緑

❶ ❷ 松1 松2 ❸

Step 10 • 絵を図に変換する

❶松を小さく縮小するために図に変換します。松を選択して右クリックし、[コピー]をクリックします。続いて再度右クリックして、「貼り付けのオプション」の[図]をクリックします。同じ形が貼り付けされますが、「図」に変換されています。
❷2種類の松を図に変換します。
❸貼り付いた図を縮小し、複製して前身ごろと袖に重ねます。

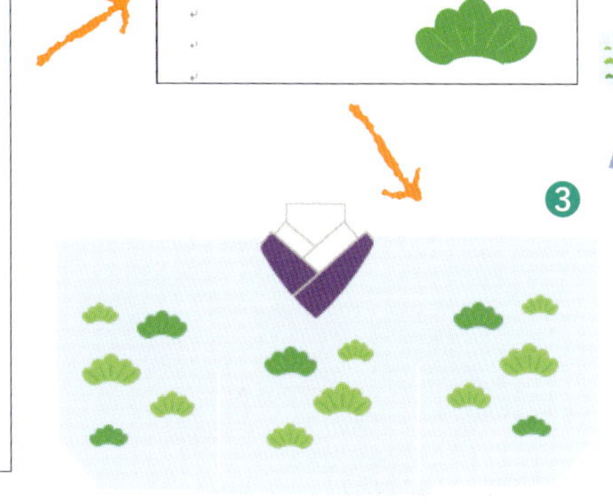

Step 11 • お殿さまのパーツをまとめる

次の手順でパーツを重ね、グループ化します。
❶はじめに袴を選び、[最前面へ移動]し、前身ごろと組み合わせます。
❷次にお殿さまの顔を選び、[最前面へ移動]します。
❸最後に体と顔のバランスを整えてすべてを[オブジェクトのグループ化]します。
お殿さまの完成です。

付録3

桜の屏風を描く

桜の花びらは、ふっくらと描きます。台座に模様を付けて華やかにするのも良いでしょう。参考例を見ながら試してみましょう。

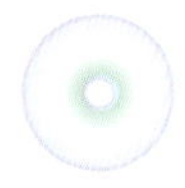

完成ファイル
付録3_桜の屏風.docx

使用する図形

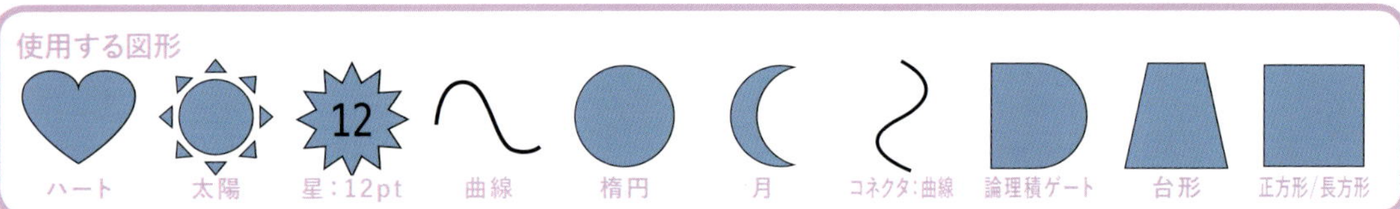

Step 1 • 桜の花を描く

❶［図形の作成］→［ハート］を選び、図形を描いて右クリック→［頂点の編集］をして形を整えます。
❷花びらに色の設定をします。
❸複製して6枚にし、5枚を輪に並べ［オブジェクトのグループ化］をします。残りの1枚は最後のまとめで使います。

花びらの色：グラデーション	［分岐点1/2］その他の色→ユーザー設定→RGB：255 231 243	
	［分岐点2/2］その他の色→ユーザー設定→RGB：255 153 204	
種類	線形	
方向	下方向	
位置	［分岐点1/2］0％	
	［分岐点2/2］100％	
枠線	線なし	

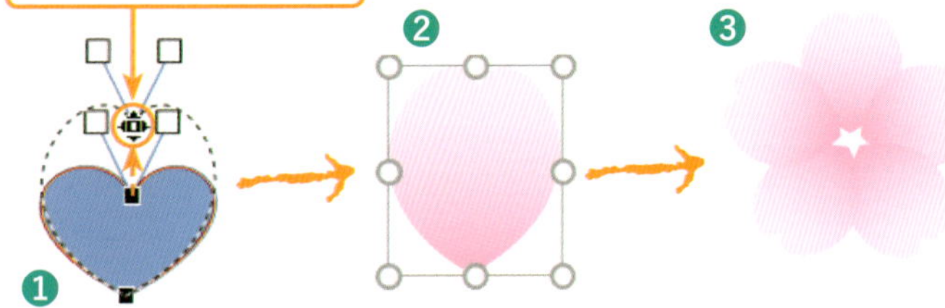

Step 2 • シベを描く

❶［図形の作成］→［太陽］を選び、図形を描いて［調整ハンドル］を中央へ移動します。
❷図形に色の設定をします。これを「シベ1」とします。
❸［星：12pt］を選び、図形を描いて色の設定をします。これを「シベ2」とします。

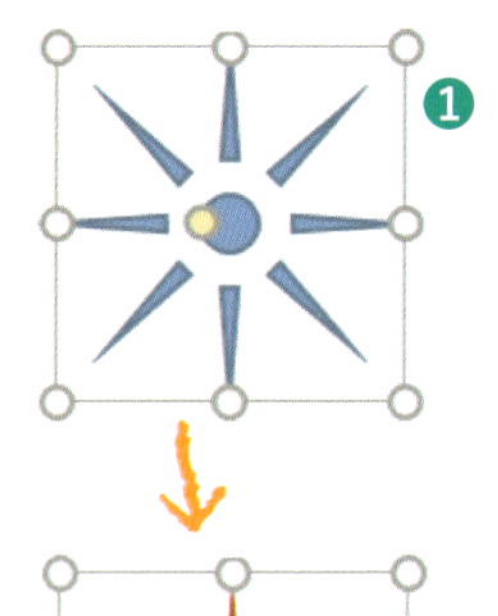

シベ1の色	標準の色→濃い赤
枠線	線なし

シベ2の色	塗りつぶしなし
枠線	標準の色→黄
実線/点線	点線（丸）

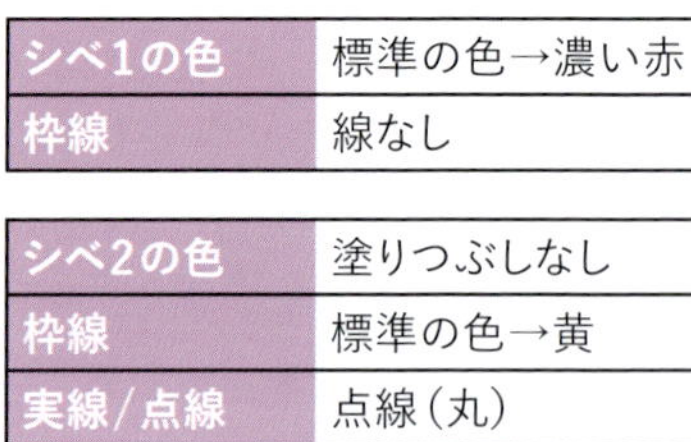

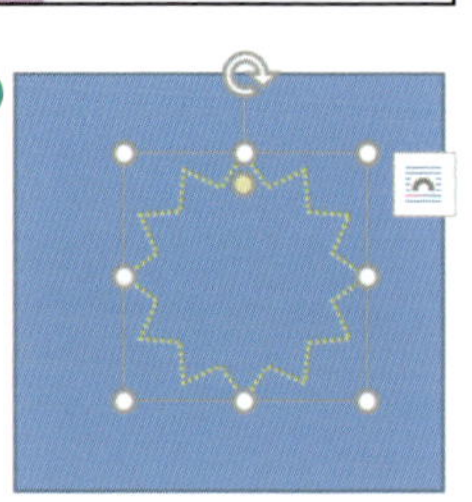

Step 3 • 花をまとめる

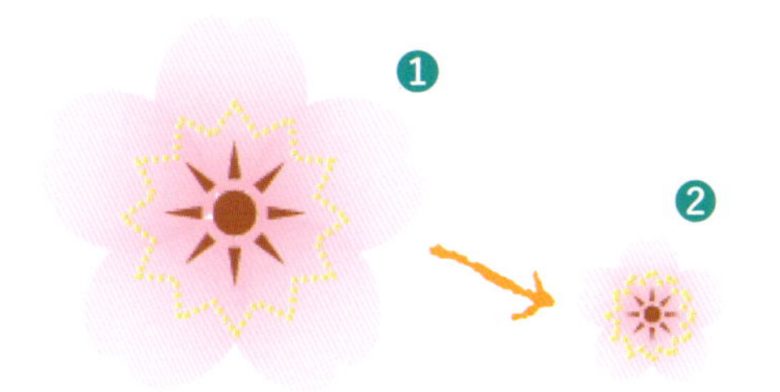

❶花の中央に2つのシベを重ね、位置を調整してすべての図形を[オブジェクトのグループ化]しします。
❷Shiftキーを押しながら縮小します。

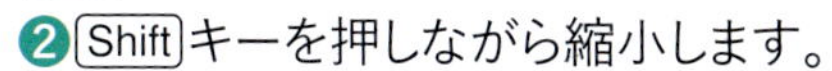

Step 4 • つぼみを描く

❶[図形の作成]→[楕円]を選び、縦長の図形を描いて色の設定をします。花びらの色を[書式のコピー]機能を使ってコピーします。
❷つぼみを複製して3つに増やし、図のように組み合わせて[オブジェクトのグループ化]をします。
❸[図形の作成]→[月]を選び、「ガク」の図形を描き横向きにして色の設定をします。
❹「つぼみ」と「ガク」を組み合わせて[オブジェクトのグループ化]をします。
❺[図形の作成]→[曲線]を選び、茎を描いて色を設定し、つぼみに付けて[オブジェクトのグループ化]します。

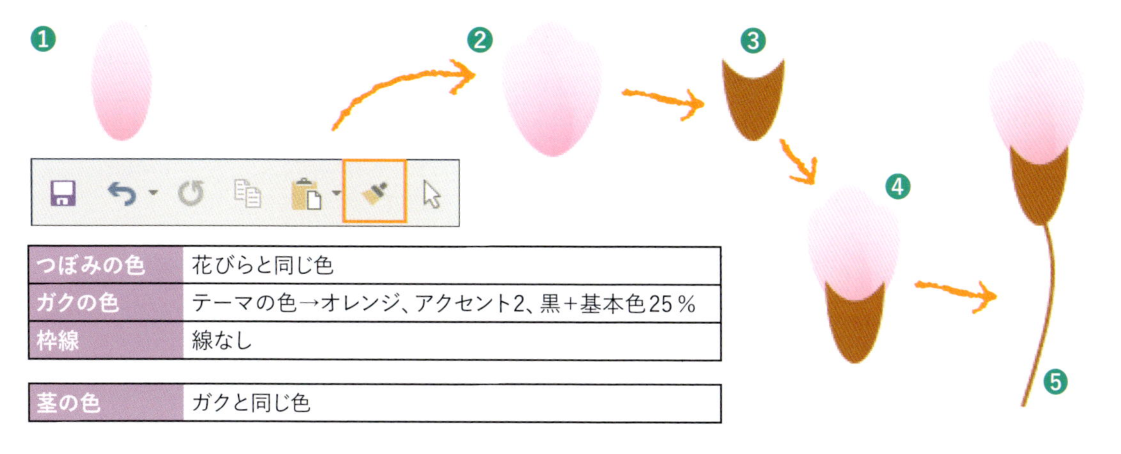

つぼみの色	花びらと同じ色
ガクの色	テーマの色→オレンジ、アクセント2、黒+基本色25％
枠線	線なし

茎の色	ガクと同じ色

Step 5 • 枝を描く

❶[図形の作成]→[コネクタ:曲線]を選び、線を描きます。
❷「ガク」の色を[書式のコピー]機能を使ってコピーし、線の太さを「1.5pt」に設定します。

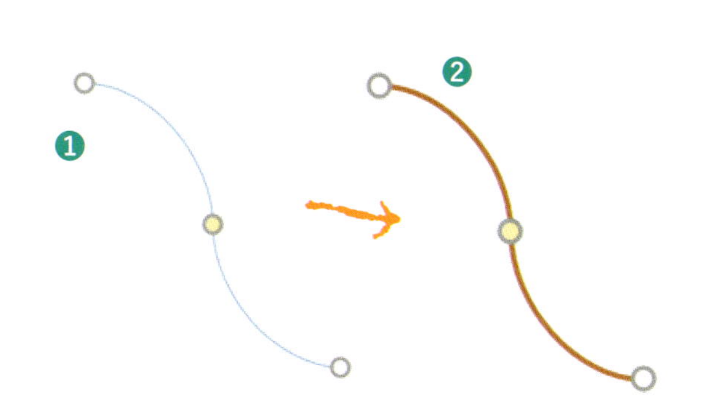

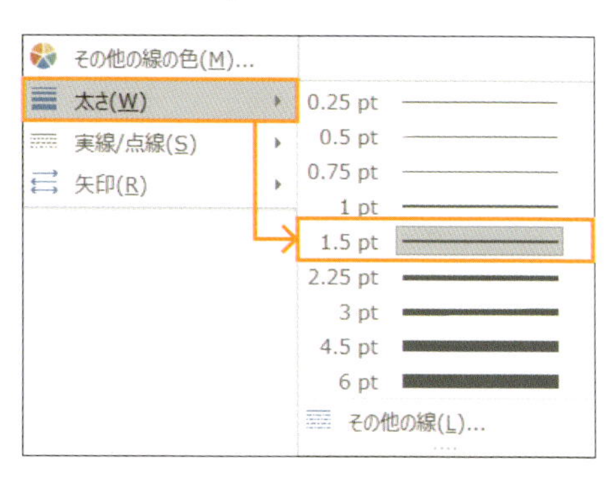

Step 6 • 花のパーツをまとめる

❶枝を[最背面へ移動]し、花とつぼみを複製して配置し、[オブジェクトのグループ化]をします。花とつぼみは大きさを調整します。

Step 7 • 屏風を描く

❶[図形の作成]→[フローチャート:論理積ゲート]を選び、図形を描いて左へ90°回転し色と線の設定をします。

屏風の色	その他の色→ユーザー設定→RGB：255 255 221
枠線	テーマの色→ゴールド、アクセント4、白+基本色80％

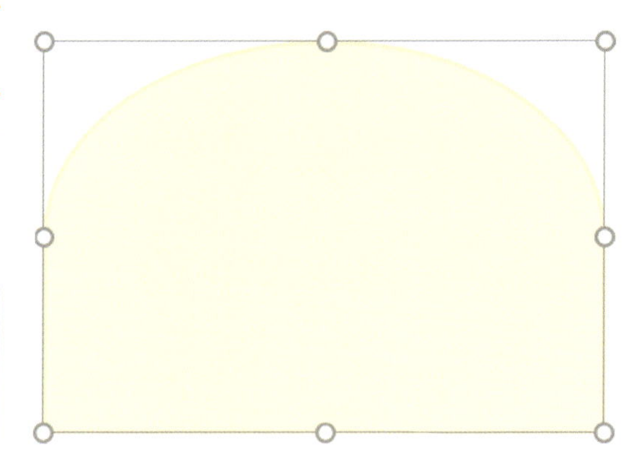

Step 8 • 台を描く

❶[図形の作成]→[台形]を選び、横長に図形を描いて色を設定します。
❷[図形の作成]→[正方形/長方形]を選び、長方形を描いて色を設定します。
❸2つの図形を縦に並べます。

台の色	テーマの色→黒、テキスト1
枠線	テーマの色→薄い灰色、背景2

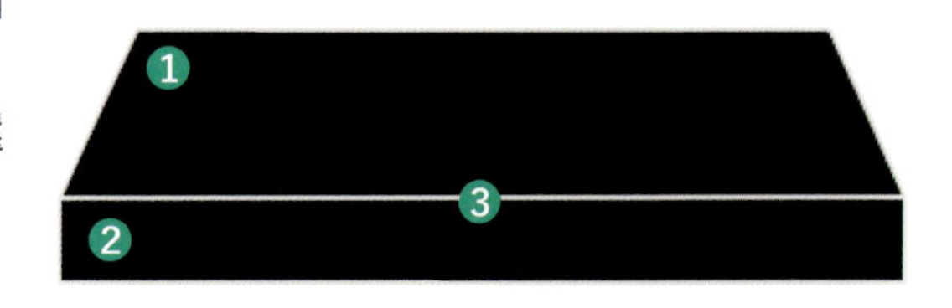

Step 9 • 台に模様を入れる

❶前面の長方形に模様を設定します。続いて「図をテクスチャとして並べる」にチェックを入れます。
❷模様が図形の中に一列だけ表示されるように高さを調整し、2つの図形を[オブジェクトのグループ化]します。

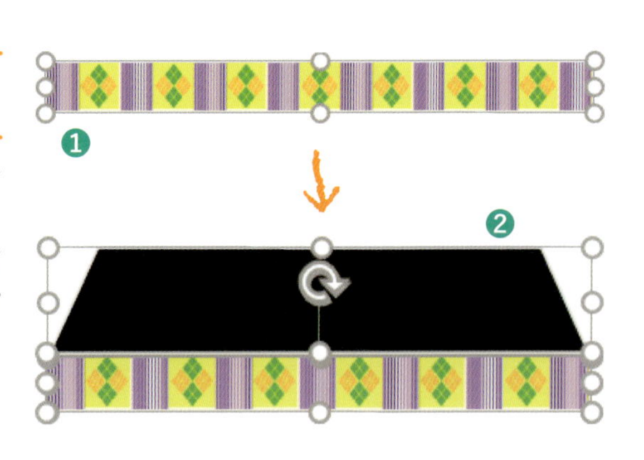

模様の色	[塗りつぶし(図またはテクスチャ)]→[図の挿入元]→[ファイル]→デスクトップの[Wordで素敵なお絵描き]→[付録]→[daiza]ファイル 

Step 10 • 屏風に桜の花を配置する

❶Step6で描いた桜の枝を複製して3つにし、枝の向きを変えて図のようにつなげます。

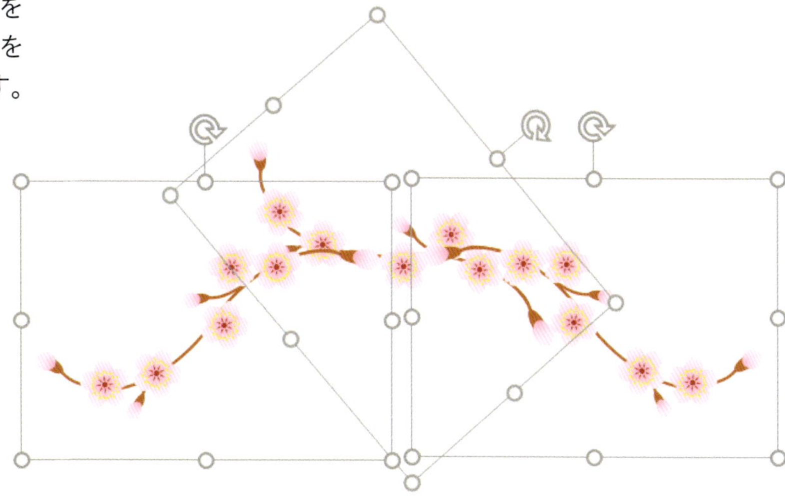

Step 11 • 背景をまとめる

次の順番で重ねていきます。
❶はじめに、屏風と台を選択して[最背面へ移動] をします。続いて大きさを調整します。
❷次に桜の付いた枝を[最前面へ移動] し、Step1でとっておいた桜の花びらを複製して枝の周りに散らして[オブジェクトのグループ化] をします。
❸最後に第3章のお姫さまと、付録2のお殿さまを複製して配置し、すべてを[オブジェクトのグループ化] します。

付録4

桃を描く

図形を重ねて桃らしさを出します。ドイリーの描き方は、線だけを生かしてレースのような模様を作るところがポイントです。

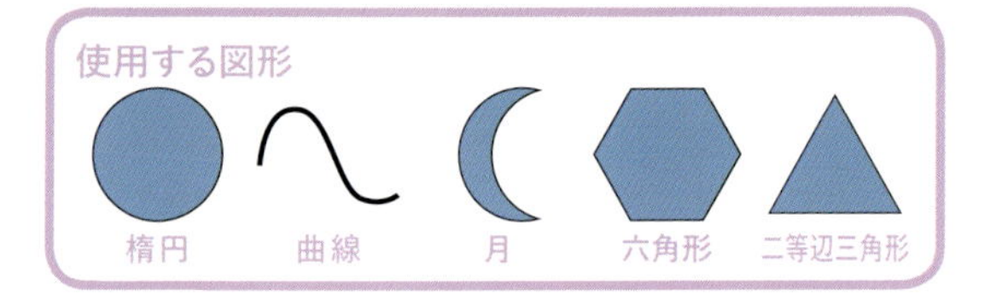

完成ファイル
付録4_桃.docx

Step 1 • 桃1を描く

❶[図形の作成]→[楕円]を選び、図形を描いてグラデーションの色の設定をします。これを「桃1」とします。

桃1の色：グラデーション	[分岐点1/2] その他の色→ユーザー設定→RGB：255 199 201
	[分岐点2/2] その他の色→ユーザー設定→RGB：255 124 128
種類	線形
方向	下方向
位置	[分岐点1/2] 0％
	[分岐点2/2] 100％
枠線	線なし

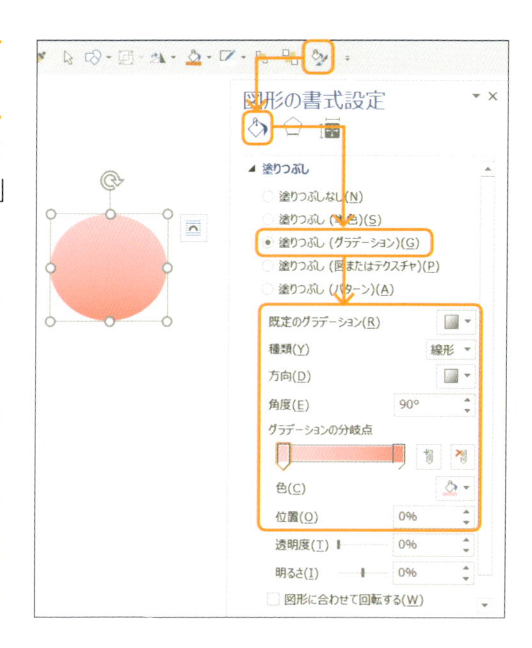

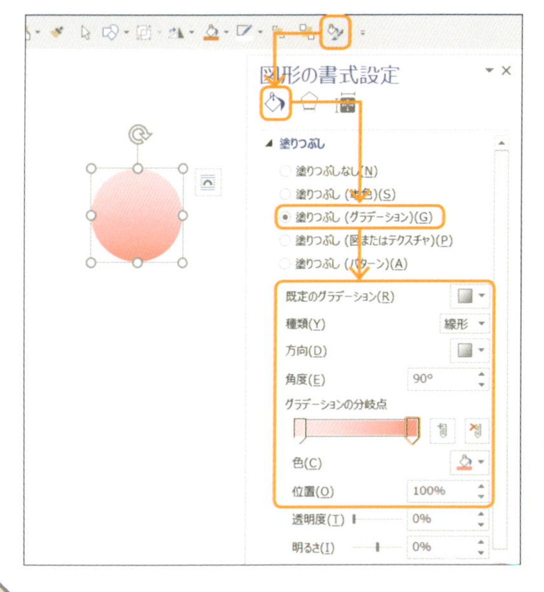

Step 2 • 桃2を描く

❶「桃1」を複製し、「桃2」とします。横幅を少し狭めて、色の設定をします。

桃2の色：グラデーション	[分岐点1/2] その他の色→ユーザー設定→RGB：255 217 219
	[分岐点2/2] その他の色→ユーザー設定→RGB：255 124 128
種類	線形
方向	下方向
位置	[分岐点1/2] 0％
	[分岐点2/2] 100％
枠線	線なし

Step 3 • 枝を描く

❶［図形の作成］→［曲線］を選び、枝の図形を描いて右クリック→［頂点の編集］をして図のように形を整えます。
❷図形に色の設定をします。

枝の色	その他の色→ユーザー設定→RGB：151 71 6
枠線	線なし

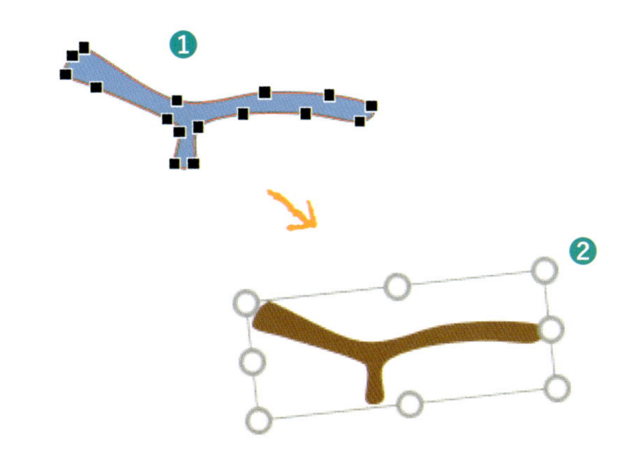

Step 4 • 桃をまとめる

❶「桃1」の上に枝を重ね、「桃2」を［最前面へ移動］をして重ね、［オブジェクトのグループ化］をします（2つの図形で枝を挟みます）。
❷桃を複製して2つにします。

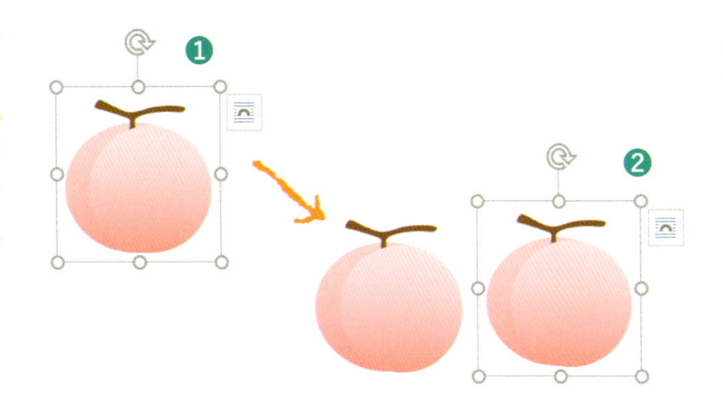

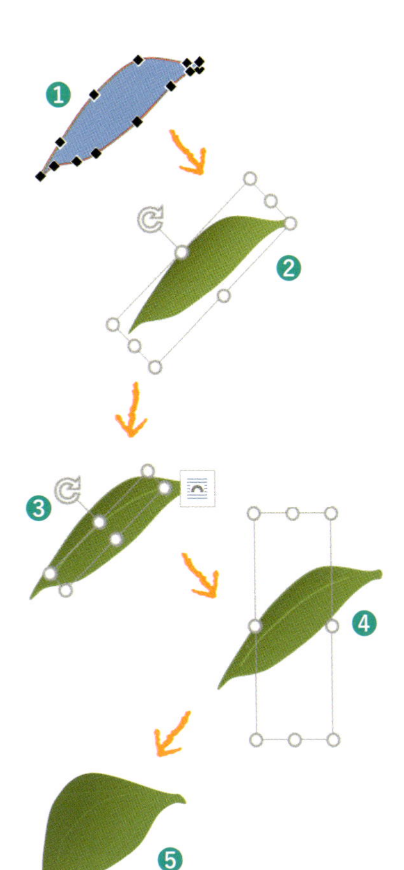

Step 5 • 葉を描く

❶［図形の作成］→［曲線］を選び、葉を描いて右クリック→［頂点の編集］をして図のように形を整えます。
❷葉に色の設定をします。
❸［図形の作成］→［曲線］を選び、葉脈を描き入れて色の設定をします。
❹葉と葉脈を［オブジェクトのグループ化］し、「葉1」とします。
❺「葉1」を複製して長さを縮めて短い葉に変形し、「葉2」とします。

葉の色：グラデーション	［分岐点1/2］その他の色→ユーザー設定→RGB：90 111 46
	［分岐点2/2］その他の色→ユーザー設定→RGB：133 166 68
種類	線形
方向	下方向
位置	［分岐点1/2］0％
	［分岐点2/2］100％
枠線	線なし

葉脈の色	その他の線の色→ユーザー設定→RGB：133 166 68

Step 6 • 桃1に色味を加える

❶[図形の作成]→[楕円]を選び、正円を描きます。
❷正円に色の設定をします。
❸正円にぼかしの設定をします。
❹「桃1」の上に重ねて[オブジェクトのグループ化]をします。

ぼかしの色	テーマの色→ゴールド、アクセント4、白+基本色40％
枠線	線なし
効果	ぼかし→20pt

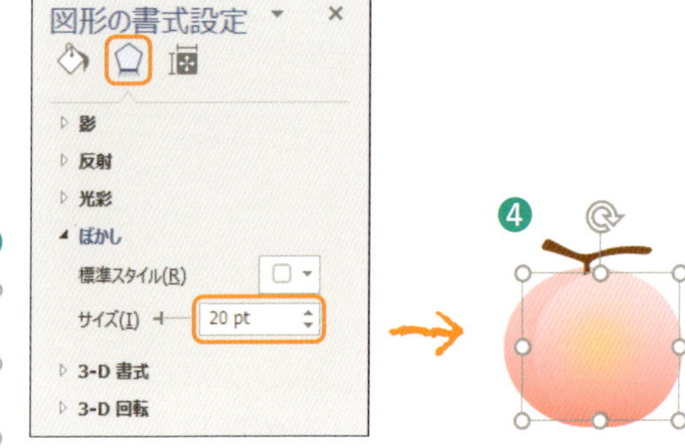

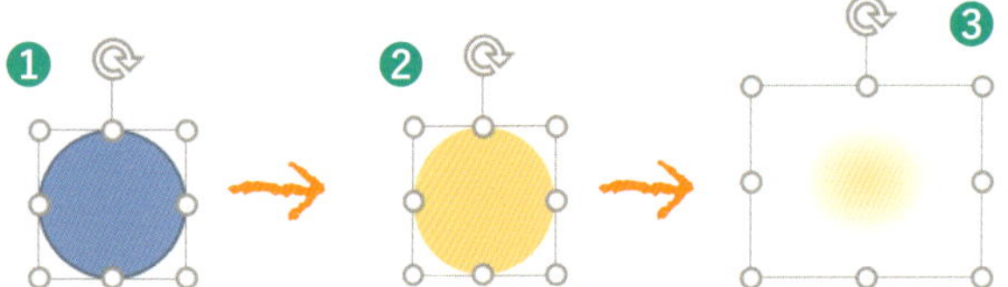

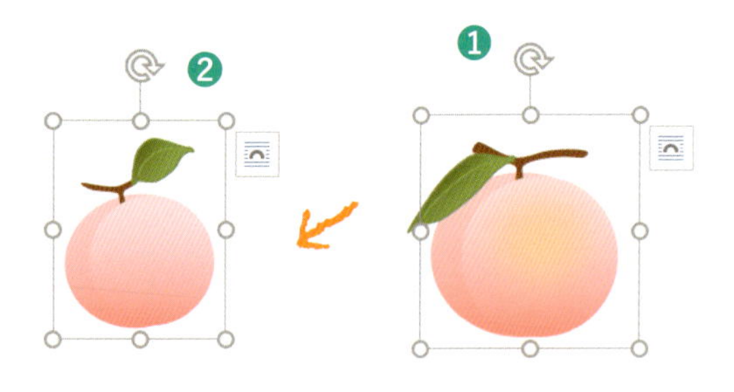

Step 7 • 桃と葉をグループ化する

❶「桃1」に「葉1」を付け、[オブジェクトのグループ化]をします。
❷「桃2」に「葉2」を付け、[オブジェクトのグループ化]をします。「桃2」は全体を少し縮小します。

Step 8 • ガラスの器を描く

❶[図形の作成]→[月]を選び、図形を描き、[オブジェクトの回転]→[左へ90度回転]をします。
❷[図形の作成]→[楕円]を選び、横長の楕円を描きます。
❸月と楕円の幅を同じにして並べ、カーブの線が合うように調整して[オブジェクトのグループ化]をします。
❹図形に色の設定をします。[透明度]のスライダーを右へ移動して透明度を「50％」にします。

器の色	テーマの色→白、背景1
透明度	50％
枠線	テーマの色→青、アクセント1、白+基本色80％

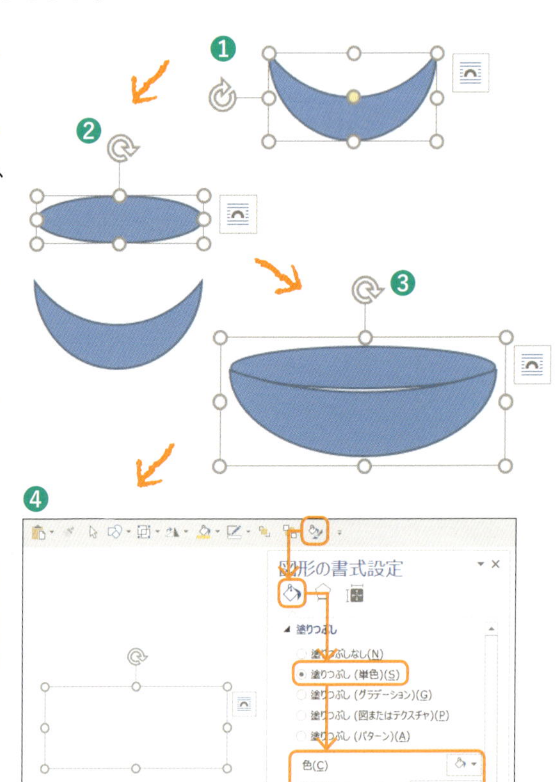

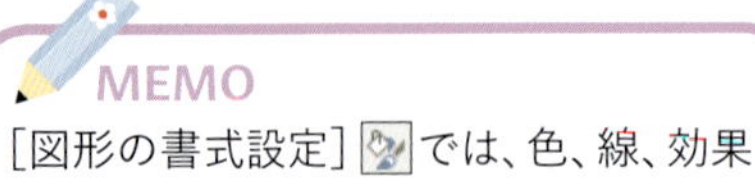
MEMO
[図形の書式設定]では、色、線、効果の設定が一度にできます。

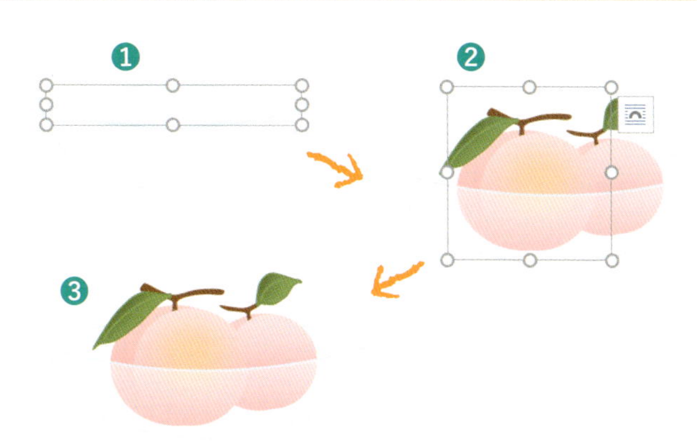

Step 9 • 器と桃をまとめる

❶器のグループ化を解除して、平たい楕円を[最背面へ移動]します。
❷「桃1」と「桃2」を重ねます(ここでは月の図形はすでに前面になっています)。
❸すべてを選択して[オブジェクトのグループ化]をします。

Step 10 • ドイリー※1を描く

※ドイリーとはレース編みで作る敷物です。

六角形の色	塗りつぶしなし

❶[図形の作成]→[六角形]を選びShiftキーを押しながら正六角形を描きます。
❷図形を複製して3つにし、2つの図形を縮小します。間隔を均等にして重ねます。
❸すべての図形に色の設定をします。
❹[図形の作成]→[直線]を選び、六角形の3つの角からそれぞれの対角まで直線を引き、すべての図形を[オブジェクトのグループ化]をします。

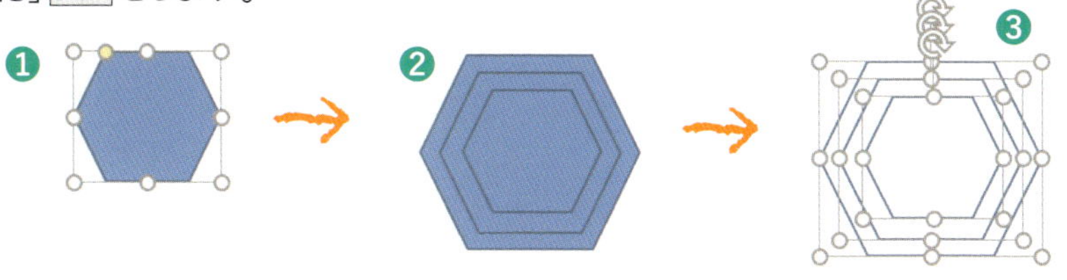

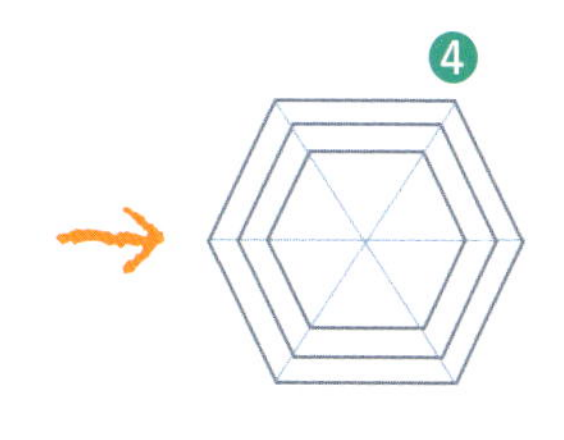

Step 11 • ドイリー2を描く

❶[図形の作成]→[二等辺三角形]を選び、Shiftキーを押しながら正三角形を大きめに描きます。
❷[図形の作成]→[楕円]を選び、Shiftキーを押しながら小さい正円を描きます。
❸正円を複製して10個にし、三角形の内側に各辺に4つずつ並ぶように配置します。
❹外側の大きい正三角形を外し、すべての正円を[オブジェクトのグループ化]します。
❺すべての正円に色の設定をします。

MEMO
図形の位置を微調整するには、キーボードの↑↓←→キーを連続して押します。

正円の色	塗りつぶしなし

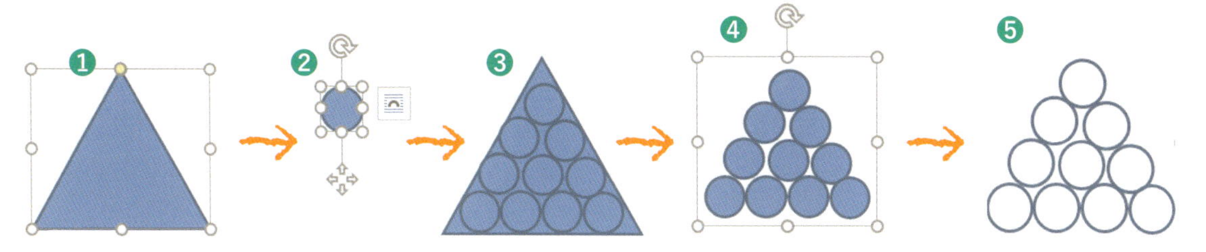

Step 12 • 図形を組み合わせる

❶［図形の作成］→［六角形］を選び、Shiftキーを押しながら大きめに正六角形を描きます。［最背面へ移動］し、ガイド用の図形にします。これを「ガイド図」とします。
❷「ドイリー1」を複製して7個にし、縮小してガイド図の中に図のように並べます。これを「図形1」とします。
❸「ドイリー2」を複製して12個にし（これを「図形2」とします）、縮小して「図形1」のすきま間に並べます。図の位置はキーボードの↑↓←→キーで微調整します。
❹ガイド図の中に「図形1」と「図形2」を並べたら、ガイド図を外し、すべてを［オブジェクトのグループ化］します。

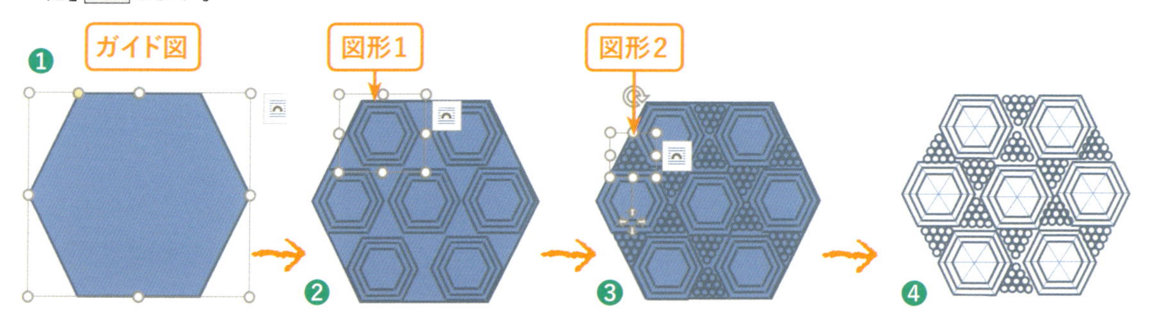

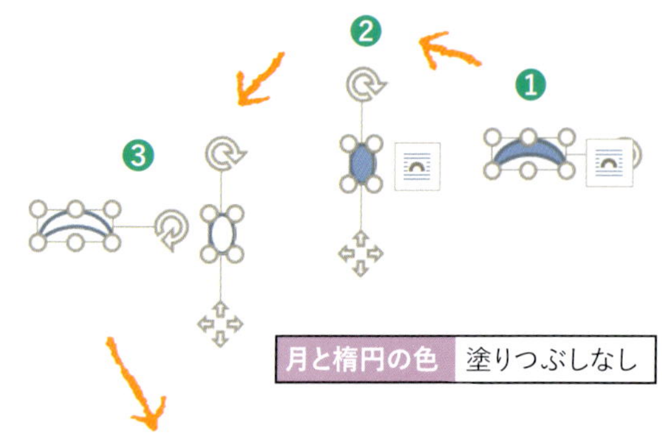

Step 13 • 外側の飾りを描く

❶［図形の作成］→［月］を選び、細めの月を描いて［オブジェクトの回転］→［右へ90度回転］し、横向きにします。月の図形は六角形の一辺と同じ長さに調整します。
❷［図形の作成］→［楕円］を選び、小さい楕円を描きます。
❸月と楕円を選択して色の設定をします。

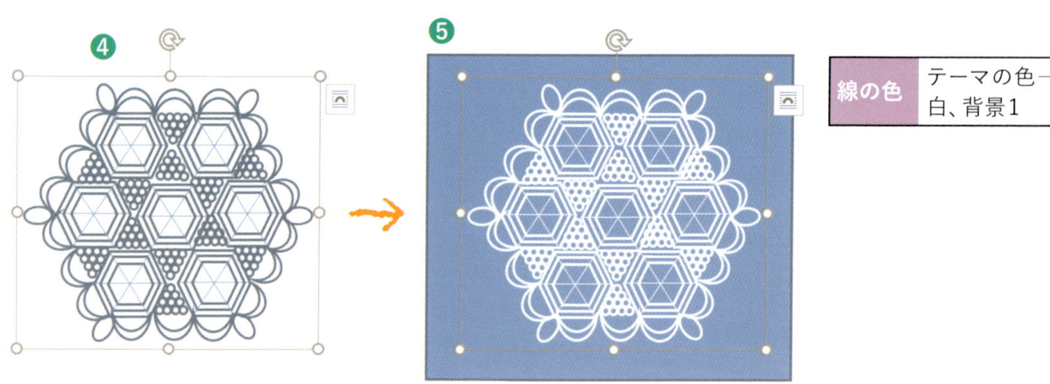

❹図を参考に、2つの図形を複製しながらドイリーの縁へ付けます。付け終わったらすべてを［オブジェクトのグループ化］します。ポイントは六角形の1辺に図形を並べたら［オブジェクトのグループ化］をし、複製してほかの辺に付けるとかんたんです。
❺ドイリー全体を選び、線の色を設定します。前もって、図形が隠れるくらいの四角を描いて［最背面へ移動］をしておくと見えやすいでしょう。

Step 14 • 絵を図に変換する

図形描画で描いたあと、形を崩さずに全体を変形するため図に変換します。
❶白い枠線だけになった模様を選択して右クリックし、[コピー]をクリックします。続いて再度右クリックして、「貼り付けのオプション」の[図]をクリックします。
❷同じ形が貼り付けされますが、「図」に変換されています。拡大・縮小しても形が崩れなくなります。

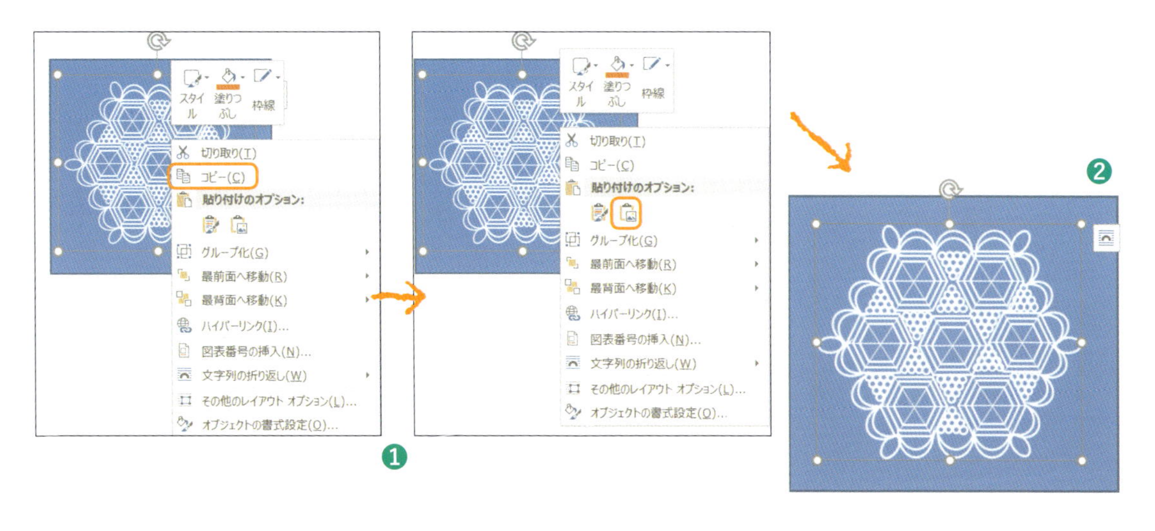

Step 15 • 背景を描いてすべてをまとめる

❶[図形の作成]→[楕円]を選び、横長の楕円を描きます。線の設定をして[最背面へ移動]をします。
❷ドイリーを上下に縮小して、背景の上に重ねます。
❸桃を[最前面へ移動]して重ね、すべてを[オブジェクトのグループ化]します。
桃の絵が完成しました。

MEMO
背景によって作品の雰囲気が大きく変わります。
いろいろ試してみましょう。

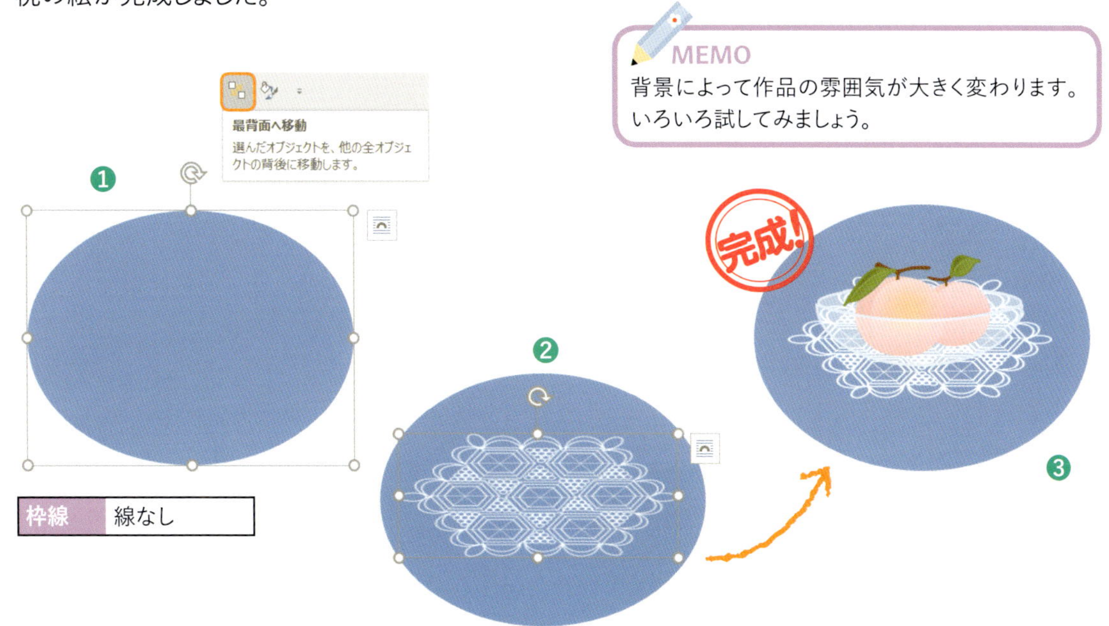

付録4 桃を描く

付録5

リスを描く

少ない図形でも、重ね方や配置のしかたでおもしろい絵ができます。ここのポイントはお腹と顔に重ねたぼかしのパーツの描き方です。

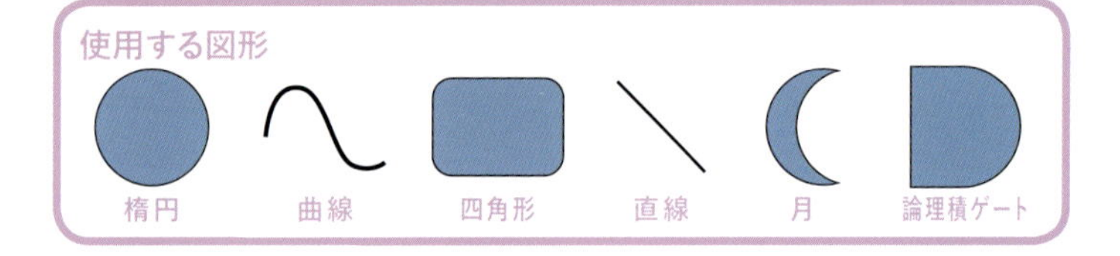

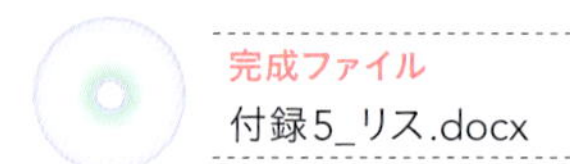

完成ファイル
付録5_リス.docx

Step 1 ● 顔を描く

❶[図形の作成]→[楕円]を選び、図のように図形を2つ描き、重ねて[オブジェクトのグループ化]をします。
❷図形に色の設定をします。
❸顔の図形を複製し、グループ化を解除してから、1つずつ図形にぼかしの設定をします。
❹手順❸を再度[オブジェクトのグループ化]をして顔に重ね、顔とぼかしを[オブジェクトのグループ化]します。図を参考に、大きさと位置を調整してください。

顔の色	その他の色→ユーザー設定→RGB：180 120 0
枠線	線なし

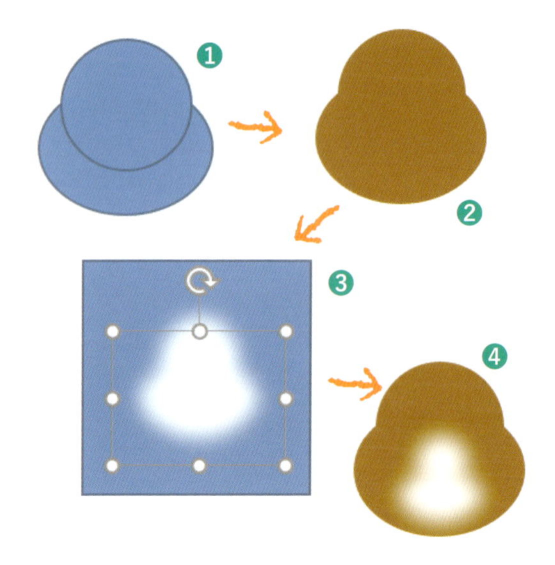

ぼかしの色	テーマの色→白、背景1
枠線	線なし
効果	ぼかし→12pt

Step 2 ● 耳を描く

❶[図形の作成]→[楕円]を選び、細長く描いて色を設定します。
❷複製して2つにし、1つは[オブジェクトの回転]→[左右反転]します。

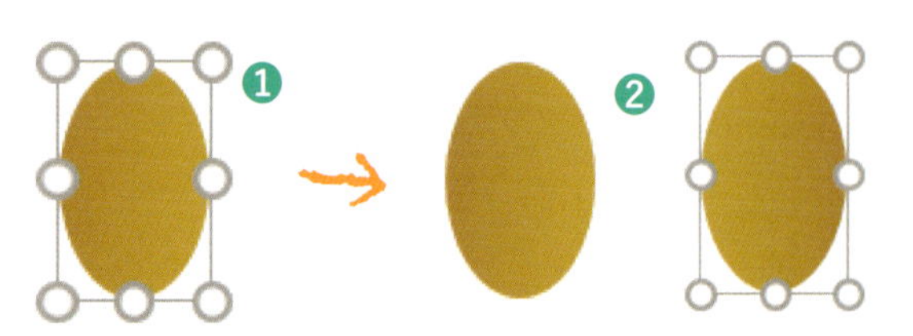

耳の色：グラデーション	[分岐点1/2] その他の色→ユーザー設定→RGB：180 120 0
	[分岐点2/2] その他の色→ユーザー設定→RGB：204 153 0
種類	線形
方向	右方向
位置	[分岐点1/2] 0％
	[分岐点2/2] 100％
枠線	線なし

Step 3 • 顔の模様を描く

顔の模様の色	テーマの色→ゴールド、アクセント4、黒+基本色50%
枠線	線なし

❶[図形の作成]→[楕円]を選び、平たい図形を描いて色の設定をします。
❷複製し、一方を図のように八の字に傾け、[オブジェクトのグループ化]をします。
❸手順❷を複製して2つの模様を作り、図のように1つのセットは[オブジェクトの回転]→[左右反転]をします。

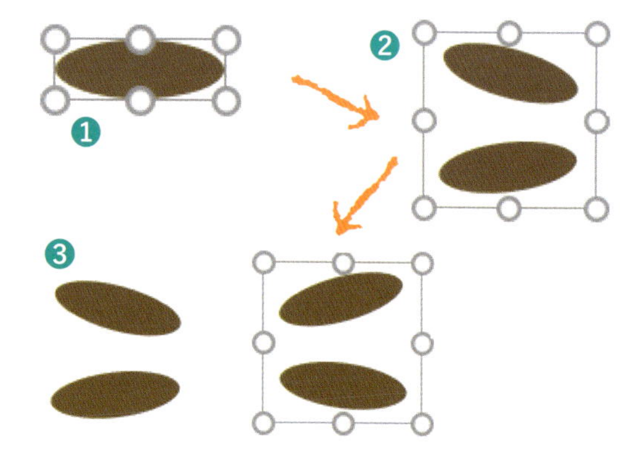

Step 4 • 目を描く

目の色(大)	テーマの色→黒、テキスト1
目の色(小)	テーマの色→白、背景1
枠線	線なし

❶[図形の作成]→[楕円]を選び、大小の図形を描き、色を設定します。
❷黒い円に白い円を重ね、光を付けます。[オブジェクトのグループ化]をし、複製して2つにします。

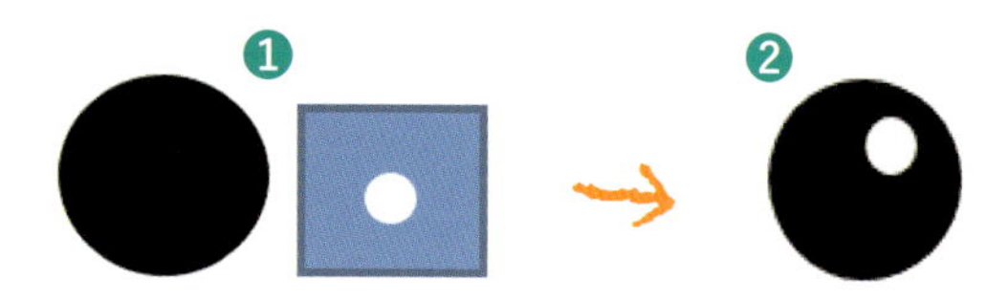

Step 5 • 口、ひげ、鼻を描く

口、ひげの線の色	テーマの色→薄い灰色、背景2、黒+基本色10%

鼻の色	テーマの色→オレンジ、アクセント2、白+基本色60%
枠線	線なし

❶[図形の作成]→[曲線]を選び、図のように口、ひげ、鼻の線を描きます。
❷それぞれに色の設定をし、[オブジェクトのグループ化]をします。

Step 6 • 顔を仕上げる

次のように順番にパーツの大きさを調整しながら重ね、[オブジェクトのグループ化]をします。
❶はじめに、顔の図形に2つの耳を重ねて[最背面へ移動]をします。
❷次に顔の左右の模様と目を重ねます。
❸最後はひげ、鼻、口を重ねます。パーツの位置を少し変えてみると、顔の表情が変わります。

Step 7 • 体を描く

❶[図形の作成]→[楕円]を選び、図のように図形を2つ描き、重ねて[オブジェクトのグループ化]をします。
❷図形に色の設定をします。
❸[図形の作成]→[楕円]を選び、縦長の楕円を描きます。
❹楕円に色とぼかしの設定をして、体の図形に重ね、[オブジェクトのグループ化]をします。白いぼかしはお腹の部分です。図を参考にして大きさを調整してください。

体の色	その他の色→ユーザー設定→RGB：180 120 0
枠線	線なし

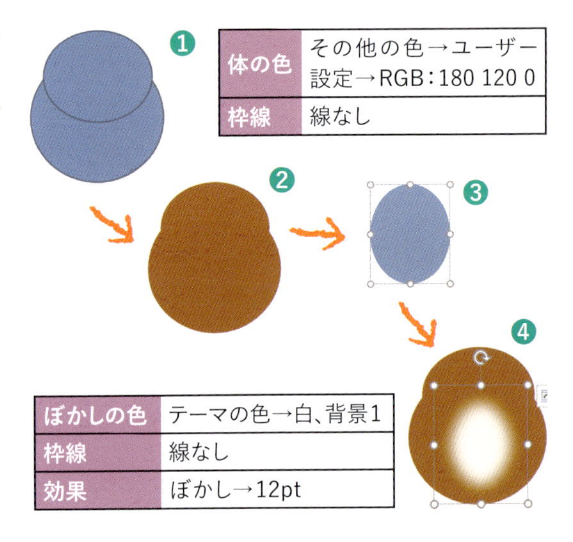

ぼかしの色	テーマの色→白、背景1
枠線	線なし
効果	ぼかし→12pt

Step 8 • 手と足を描く

❶[図形の作成]→[四角形：角を丸くする]を選び手の図形を描き、[調整ハンドル]を内側へ移動して角を丸くします。
❷図形に色の設定をし、複製して2つにします。
❸[図形の作成]→[楕円]を選び足の図形を描いて色の設定をします。
❹[図形の作成]→[直線]を選び、楕円下に、縦に直線を描きます。続いて[曲線]を選び、少しカーブをつけて直線の左右に線を描きます。3本の線に色を設定します。
❺足と線を[オブジェクトのグループ化]し、複製して2つにします。

手、足の色	その他の色→ユーザー設定→RGB：180 120 0
枠線	線なし
足先の線	テーマの色→黒、テキスト1

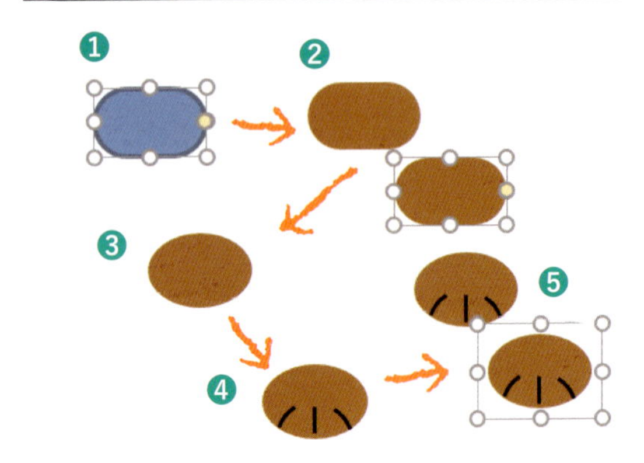

しっぽの色	その他の色→ユーザー設定→RGB：180 120 0
枠線	線なし

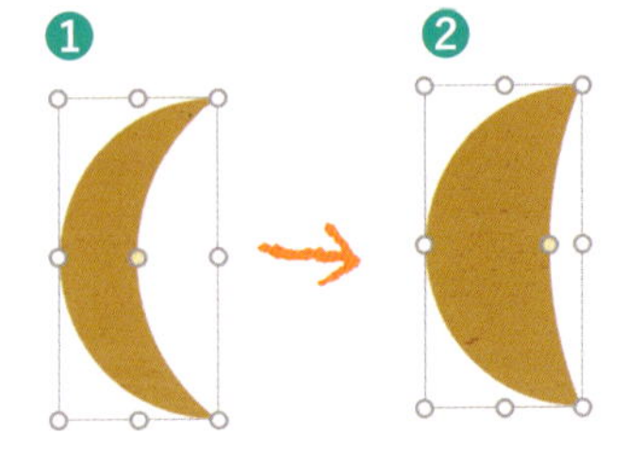

Step 9 • しっぽを描く

❶[図形の作成]→[月]を選び、図形を描いて色を設定します。
❷月の[調整ハンドル]を外側へ移動して幅を広くします。

Step 10 • リスを仕上げる

次の順番にパーツを重ねていき、[オブジェクトのグループ化]をします。
❶はじめに、体の上に手を重ねます。
❷次に、足としっぽを重ねてそれぞれを[最背面へ移動]します。
❸最後に、顔を重ねて[最前面へ移動]をします。顔が最前面へ移動しない場合は、複製して重ねてください。

Step 11 • どんぐりを描く

❶[図形の作成] →[楕円] を選び、実を描いて色を設定します。
❷[図形の作成] →[フローチャート:論理積ゲート] を選び、殻を描き右へ90度回転させて色を設定します。
❸[図形の作成] →[楕円] を選び、ジクを描いて色を設定します。
❹3つの図形を図のように組み合わせて[オブジェクトのグループ化] をします。
❺複製して3つにします。

殻の色:パターン	前景:その他の色→ユーザー設定→RGB:153 102 0
	背景:その他の色→ユーザー設定→RGB:204 153 0
模様	ざらざら
枠線	線なし

ジクの色	その他の色→ユーザー設定→RGB:180 120 0
枠線	線なし

実の色	[分岐点1/3] その他の色→ユーザー設定→RGB:204 153 0
	[分岐点2/3] その他の色→ユーザー設定→RGB:220 185 79
	[分岐点3/3] その他の色→ユーザー設定→RGB:204 153 0
種類	線形
方向	右方向
位置	[分岐点1/3] 0%
	[分岐点2/3] 50%
	[分岐点3/3] 100%
枠線	線なし

Step 12 • 木の葉を描く

葉1の色	標準の色→黄
葉2の色	標準の色→オレンジ
葉3の色	標準の色→赤
枠線	線なし
葉脈の色	テーマの色→ゴールド、アクセント4、白+基本色40%

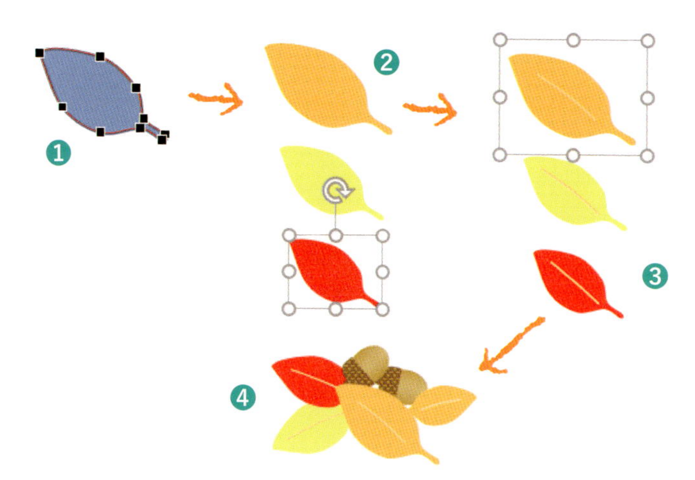

❶[図形の作成] →[曲線] を選び、葉の図形を描いて右クリック→[頂点の編集]で形を整えます。
❷葉を複製して3枚にし、それぞれに色を設定し、葉の形も少し変えます。
❸[図形の作成] →[直線] を選び、葉脈を描きます。色の設定をし、それぞれの葉と葉脈を[オブジェクトのグループ化] します。
❹3つの図形を図のように組み合わせて[オブジェクトのグループ化] をします。

Step 13 • パーツをまとめる

❶リスにどんぐりを持たせ、木の実と木の葉を配置して[オブジェクトのグループ化] をします。
リスの完成です。

付録6

野ぶどうを描く

1枚の葉を曲線で描いて複製し色を変えます。野ぶどうの実に塗る4種類のグラデーションの作り方がポイントです。

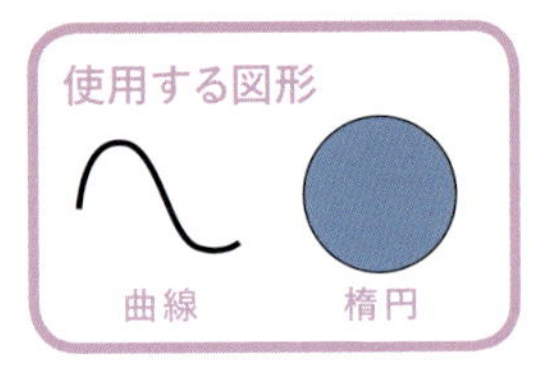

Step 1 ● 葉と葉脈を描く

❶[図形の作成]→[曲線]を選び、葉を描きます。右クリック→[頂点の編集]で頂点を編集して図のように調整します。
❷複製して2つにし、「葉1」と「葉2」とします。
❸2つの葉に色と線の設定をします。
❹[図形の作成]→[曲線]を選び、葉の上から葉脈を描いていきます。
❺葉脈だけを選択して、[オブジェクトのグループ化]をします。
❻葉脈に色の設定をします。葉脈を複製してもう1つの葉に付けます。「葉1」と「葉2」の葉脈の色は同じにします。
❼葉と葉脈をそれぞれ[オブジェクトのグループ化]をします。
❽[図形の作成]→[曲線]を選び、短いジクを描き、曲線に色を設定します。
❾ジクを葉に付け、[オブジェクトのグループ化]をします。
❿「葉1」を複製して3枚にします。

葉1:グラデーション	[分岐点1/2]その他の色→ユーザー設定→RGB:92 208 46
	[分岐点2/2]その他の色→ユーザー設定→RGB:198 239 182
葉2:グラデーション	[分岐点1/2]その他の色→ユーザー設定→RGB:162 229 135
	[分岐点2/2]その他の色→ユーザー設定→RGB:255 255 204
種類	線形
方向	下方向
位置	[分岐点1/2]0%
	[分岐点2/2]100%
枠線	線なし
葉脈の色	テーマの色→緑、アクセント6、白+基本色60%
ジクの色	テーマの色→ゴールド、アクセント4、黒+基本色25%

Step 2 • 野ぶどうの実を描く

❶[図形の作成] →[楕円] を選び、小さい楕円を描きます。
❷複製して楕円を4つにします。
❸それぞれに色と線を設定します。上からA、B、C、Dとし、それぞれにグラデーションと枠線の設定をします。
❹[図形の作成] →[楕円] を選び、小さい楕円を描きます。
❺[図形の書式設定] にある[効果]でぼかしの設定をします(P.188のStep6手順❸を参照)。
❻実を複製して8つにし、はじめの4つはぼかしを付けます。残りの実はStep5で使います。
❼実とぼかしを[オブジェクトのグループ化] します。
❽実を縮小します。

Aの色	[分岐点1/2] その他の色→ユーザー設定→RGB:172 0 172
	[分岐点2/2] その他の色→ユーザー設定→RGB:102 102 153
Bの色	[分岐点1/2] その他の色→ユーザー設定→RGB:0 128 128
	[分岐点2/2] その他の色→ユーザー設定→RGB:153 204 255
Cの色	[分岐点1/2] その他の色→ユーザー設定→RGB:51 102 255
	[分岐点2/2] その他の色→ユーザー設定→RGB:204 153 255
Dの色	[分岐点1/2] その他の色→ユーザー設定→RGB:204 153 255
	[分岐点1/2] その他の色→ユーザー設定→RGB:255 204 153
種類	線形
方向	左上から右下
位置	[分岐点1/2] 0%
	[分岐点2/2] 100%
枠線	線なし

ぼかしの色	テーマの色→白、背景1
枠線	線なし
効果	ぼかし→1pt

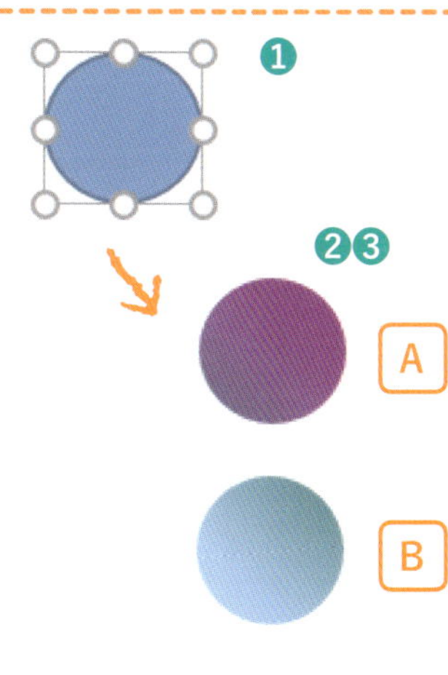

❷❸

A

B

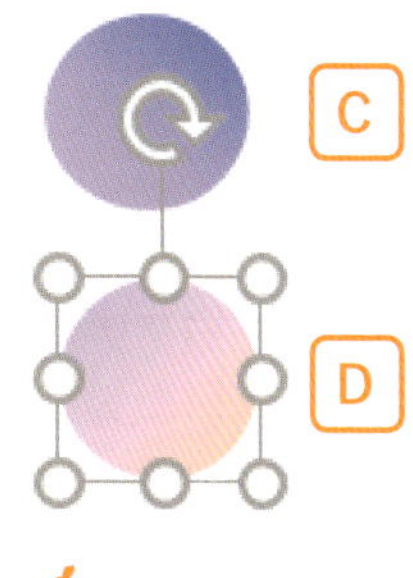

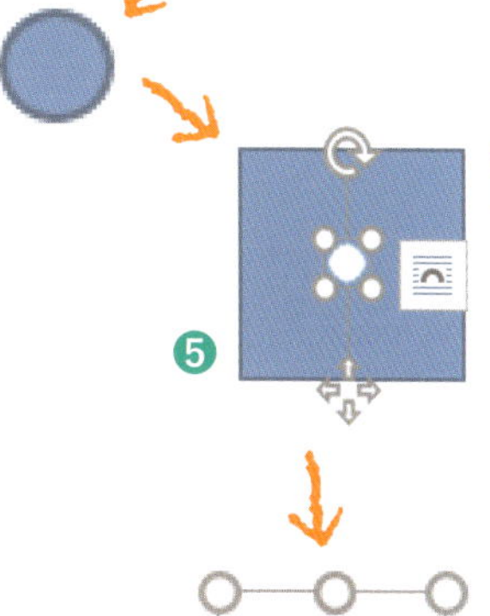

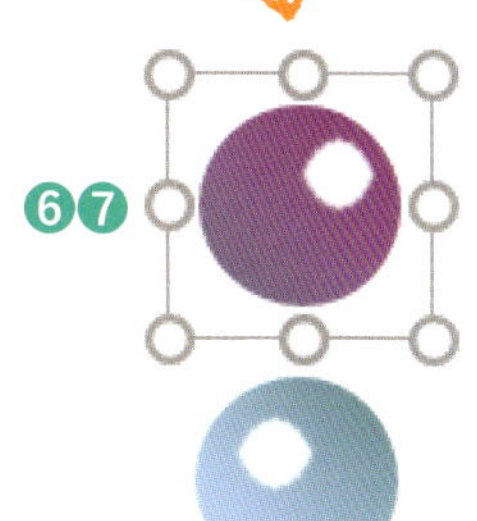

MEMO
ぼかしが見えなくなったときは、ぼかしの楕円の大きさを調整します。グループ化後でも、図形を選択すると大きさを変えることができます。

Step 3 • 小枝を描く

❶[図形の作成]→[曲線]を選び、図のように曲線を数本描きます。
❷4本の曲線を[オブジェクトのグループ化]します。
❸色は、ジクと同じに設定します。
❹複製して3つにします。

小枝・大枝の色	テーマの色→ゴールド、アクセント4、黒+基本色25％
大枝の太さ	2.25pt

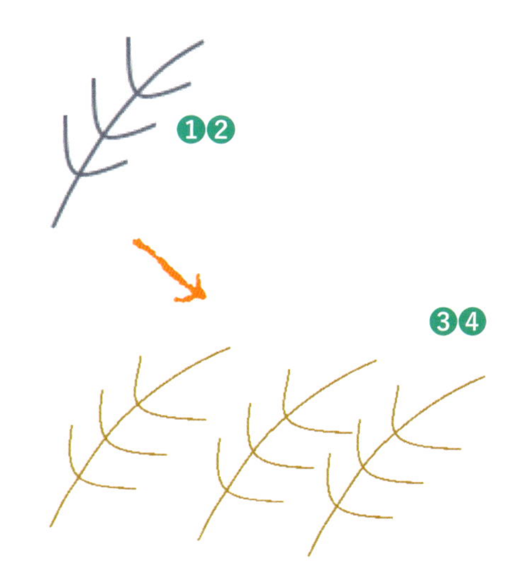

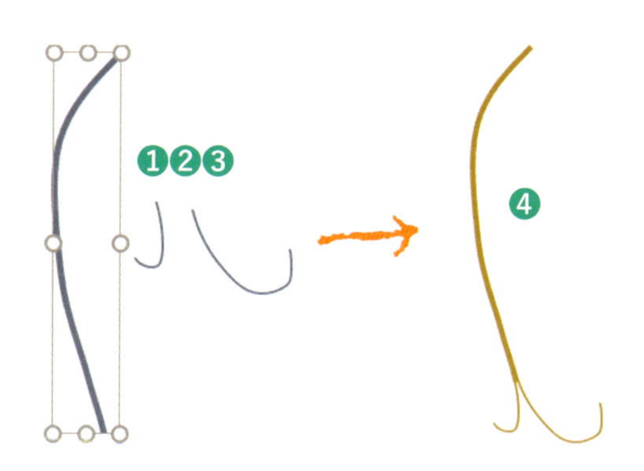

Step 4 • 大枝を描く

❶[図形の作成]→[曲線]を選び、長い線を1本と短い線を2本描きます。
❷長い線だけは太さを「2.25pt」に設定します。
❸長い線と短い線を組み合わせて[オブジェクトのグループ化]をします。
❹色は**Step3**の枝と同じに設定します。

Step 5 • パーツを組み合わせる

❶3本の細い枝を[最背面へ移動]し、実を複製しながら重ねます。3つの小枝を作成します。
❷小枝と実を[オブジェクトのグループ化]します。
❸太い枝を[最背面へ移動]します。
❹実が付いた小枝と4枚の葉を重ねます。
❺前面になる葉はジクを削除します。図のように葉は大きさを変えて配置します。
❻すべてを[オブジェクトのグループ化]します。
野ぶどうの完成です。

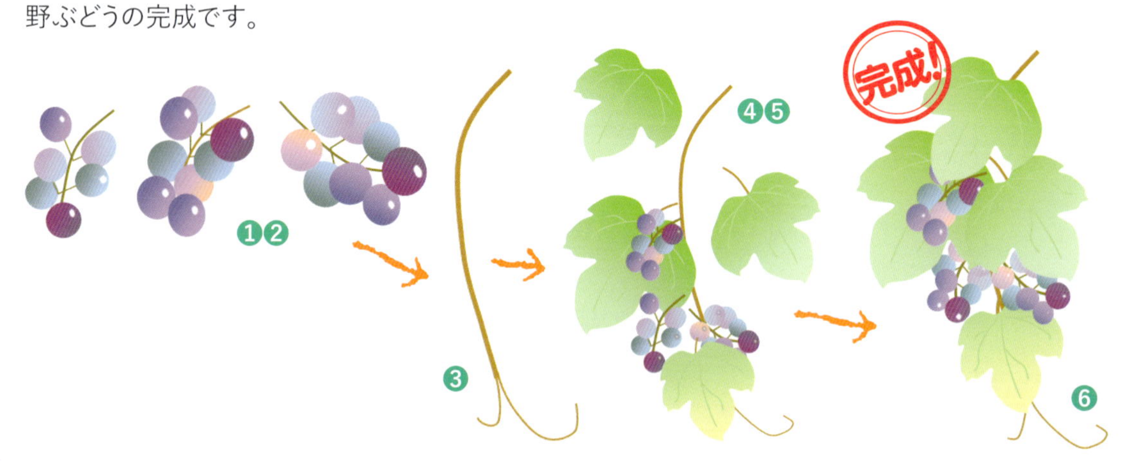

Step 6 • 絵を図に変換する

野ぶどうは、付録7のランプシェードの模様にも使用します。形が崩れないように、絵を図に変換します。
❶グループ化した野ぶどうを選択して右クリックし、[コピー]をクリックします。続いて再度右クリックして、「貼り付けのオプション」の[図]をクリックします。
❷同じ形が貼り付けされますが、「図」に変換されています。
❸図を右クリックし、[図として保存]を選びます。
❹保存場所をデスクトップに指定して、「nobudo」というファイル名で保存します。

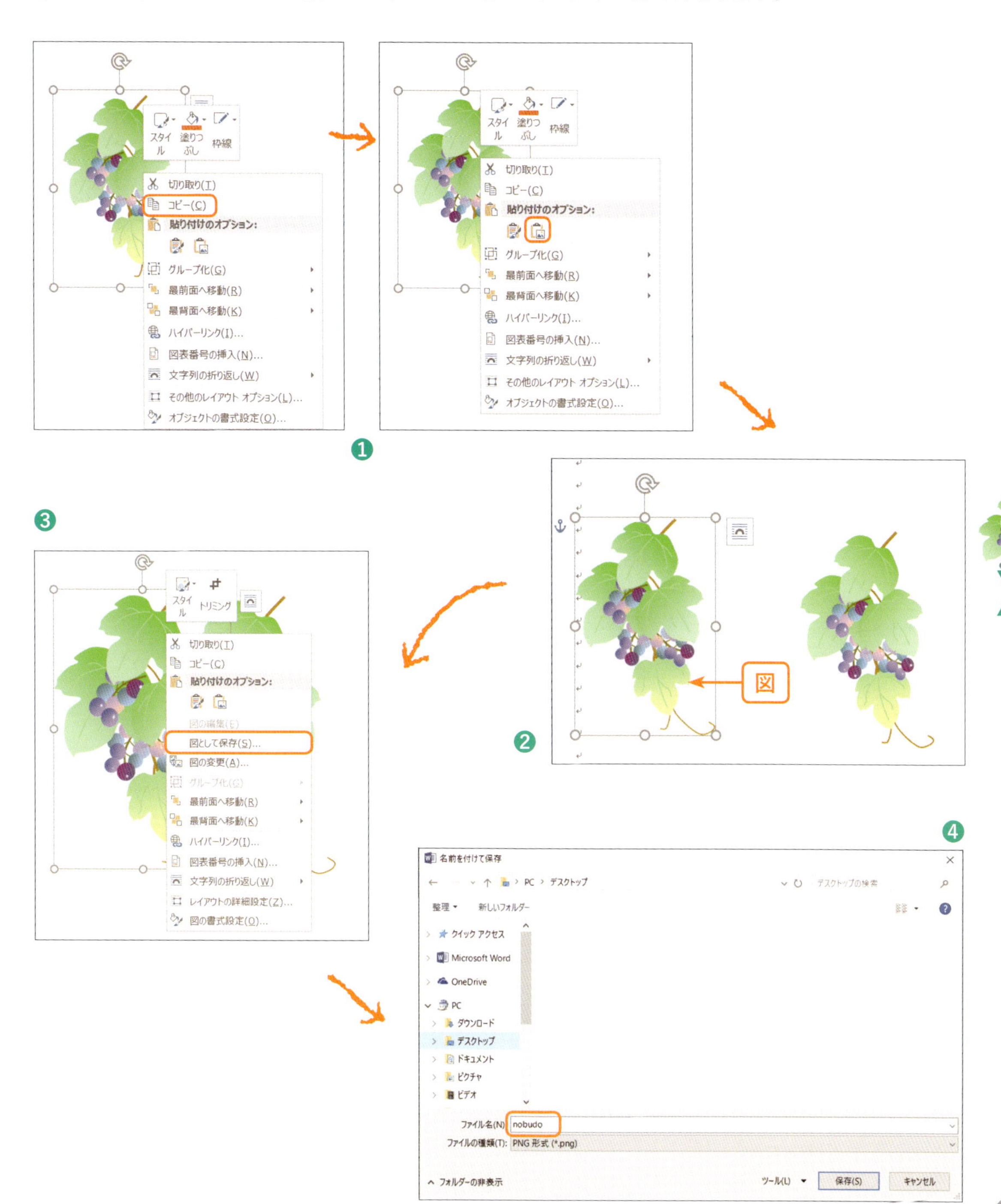

付録6 野ぶどうを描く

付録7

ランプを描く

直線の図形が頂点の編集で曲線の図形に変わります。テクスチャを挿入することで、特別な雰囲気を出すことができます。

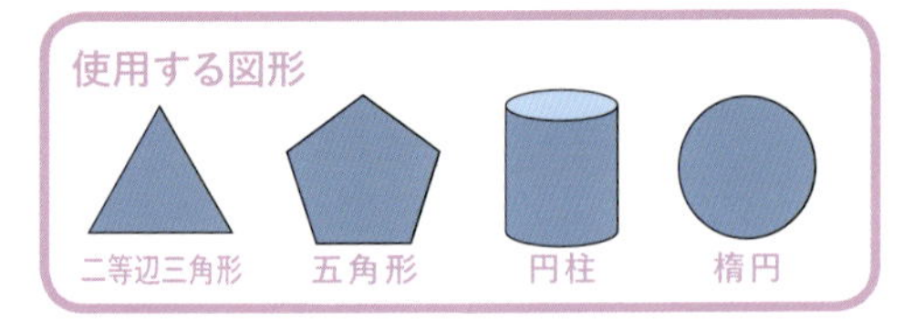

完成ファイル
付録7_ランプ.docx

Step 1 • ランプシェードを描く

❶[図形の作成]→[二等辺三角形]を選び、横長の図形を描きます。

❷図のように左右にある頂点を編集して線をなだらかにできます。右クリック→[頂点の編集]で右側の頂点を右クリック→[頂点を中心にスムージングする]を選びます。そのあと、左側の頂点も同じようにスムージングします。

❸図を参考にしながら形を整えていきます。線分の上で右クリック→[頂点の追加]を選び頂点を追加します。

❹シェードの色と線の色を設定します。

シェードの色	塗りつぶし(図またはテクスチャ)→[図の挿入元]→[ファイル]→デスクトップの[Wordで素敵なお絵描き]→[付録]→[lamp]ファイル
枠線	線なし

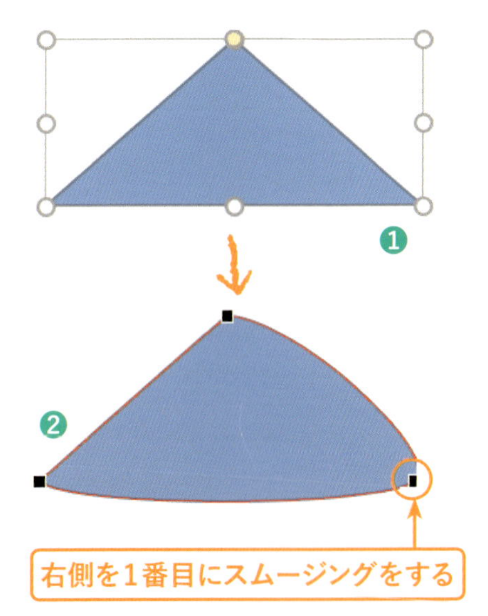

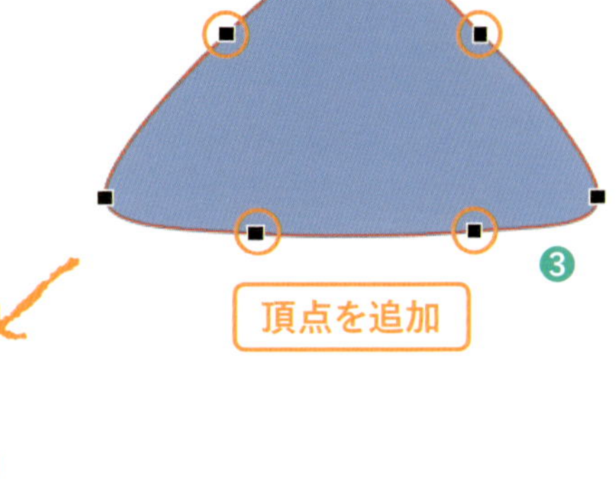

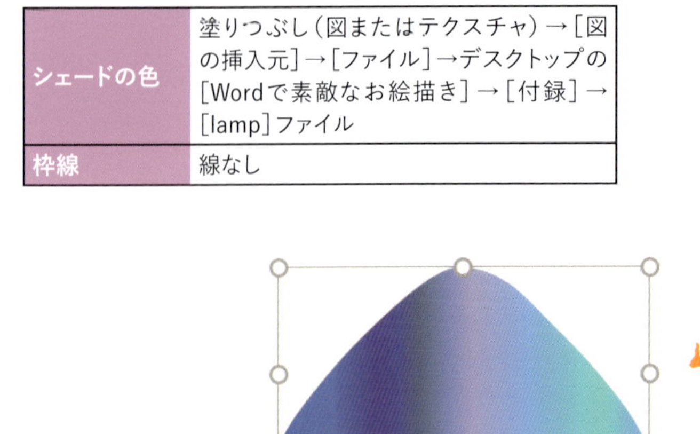

MEMO
線分の上でCtrlキー+クリックをすると頂点の追加・削除がかんたんにできます。

MEMO
ここでは、テクスチャの絵柄を取り込んでいますが、自分で好きな色のグラデーションを設定してみるのもいいでしょう。

Step 2 • ランプのスタンドを描く

❶[図形の作成] →[五角形] を選び、縦長の図形を描きます。
❷図のように右クリック→[頂点の編集]で、右側の頂点を右クリック→[頂点を中心にスムージングする]を選びます。そのあと、左側の頂点も同じようにスムージングします。
❸図を参考にして線分の上に頂点の追加をして形を整えます。
❹スタンドの色と線の色を設定します。

スタンドの色	塗りつぶし(図またはテクスチャ)→[図の挿入元]→[ファイル]→デスクトップの[Wordで素敵なお絵描き]→[付録]→[lamp2]ファイル
枠線	線なし

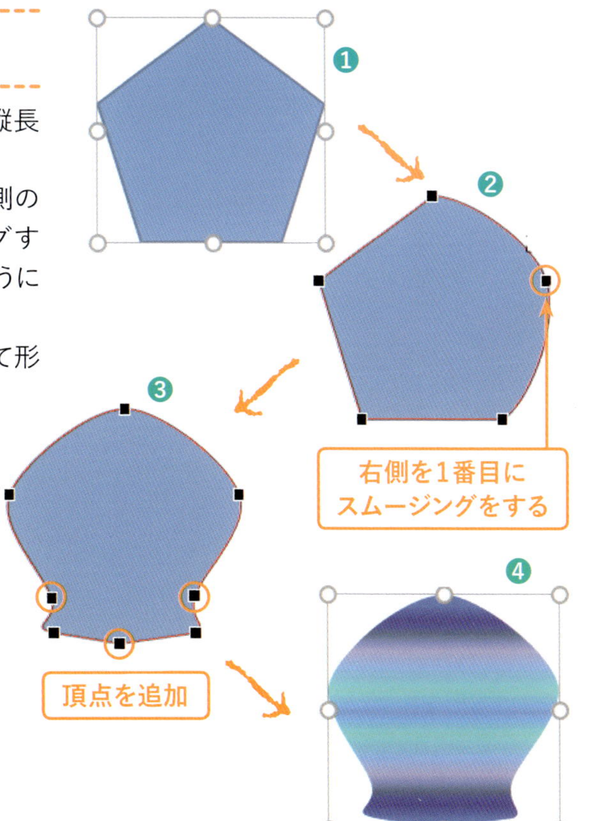

Step 3 • ランプの台を描く

❶[図形の作成] →[円柱] を選び、横長の図形を描いて、[調整ハンドル] を下へドラッグします。
❷表を参考にしながら、円柱にテクスチャ(「lamp3」ファイル)を挿入します。続いて、[図をテクスチャとして並べる]にチェックを入れます。
❸[図形の作成] →[楕円] を選び、横長の図形を描きます。円柱の上面と同じ大きさに合わせます。
❹楕円に色の設定をします。
❺台と上部を[オブジェクトのグループ化] します。

台(円柱)の色	塗りつぶし(図またはテクスチャ)→[図の挿入元]→[ファイル]→デスクトップの[Wordで素敵なお絵描き]→[付録]→[lamp3]ファイル
枠線	線なし

上部(楕円)の色	その他の色→ユーザー設定→RGB:255 255 217
枠線	線なし

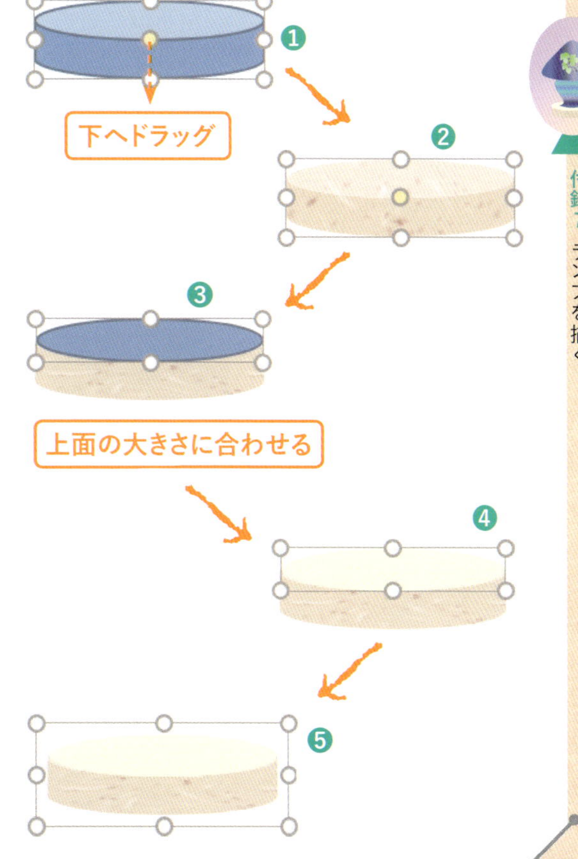

Step 4 • ランプを仕上げる

次の順番にパーツを重ね、大きさを調整して[オブジェクトのグループ化]をします。

❶まず、ランプの台を選び、[最背面へ移動]をします。

❷次にスタンドを選び、[最前面へ移動]をします。

❸ランプシェードを選び、[最前面へ移動]をします。

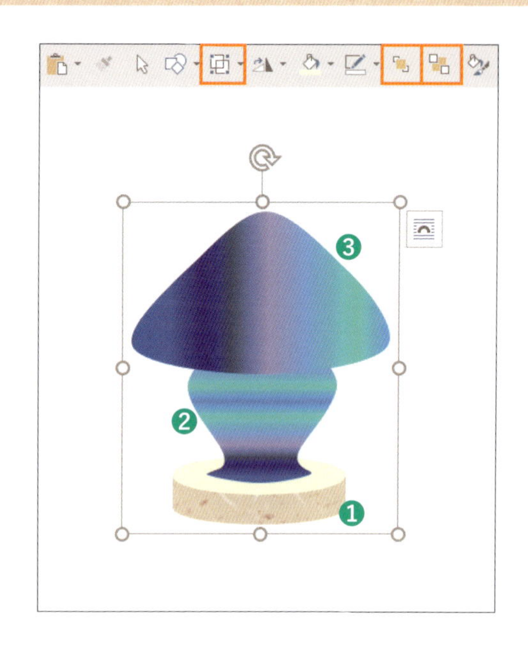

Step 5 • ランプシェードに絵柄を付ける

❶ここでは付録6で作成して保存した、野ぶどうの画像(PNG)を配置します。[挿入]タブ→[画像]をクリックし、デスクトップの[Wordで素敵なお絵描き]→[付録]→[nobudo]ファイル(または、デスクトップにある自分で作成した[nobudo]ファイル)をクリックして[挿入]をクリックします。

❷挿入された野ぶどうの絵を縮小してシェードに貼り付け、[オブジェクトのグループ化]をします。

Step 6 • 背景を描いてまとめる

❶[図形の作成]→[正方形/長方形]を選び、ランプの上で図形を描いて、色と線の設定をします。
❷背景の四角を[最背面へ移動]します。
❸ランプの位置を確認して[オブジェクトのグループ化]をします。
これでランプの完成です。

背景の色	[分岐点1/2] その他の色→ユーザー設定→RGB:203 169 229
	[分岐点2/2] その他の色→ユーザー設定→RGB:255 230 205
種類	線形
方向	下方向
枠線	線なし
位置	[分岐点1/2] 0%
	[分岐点2/2] 100%

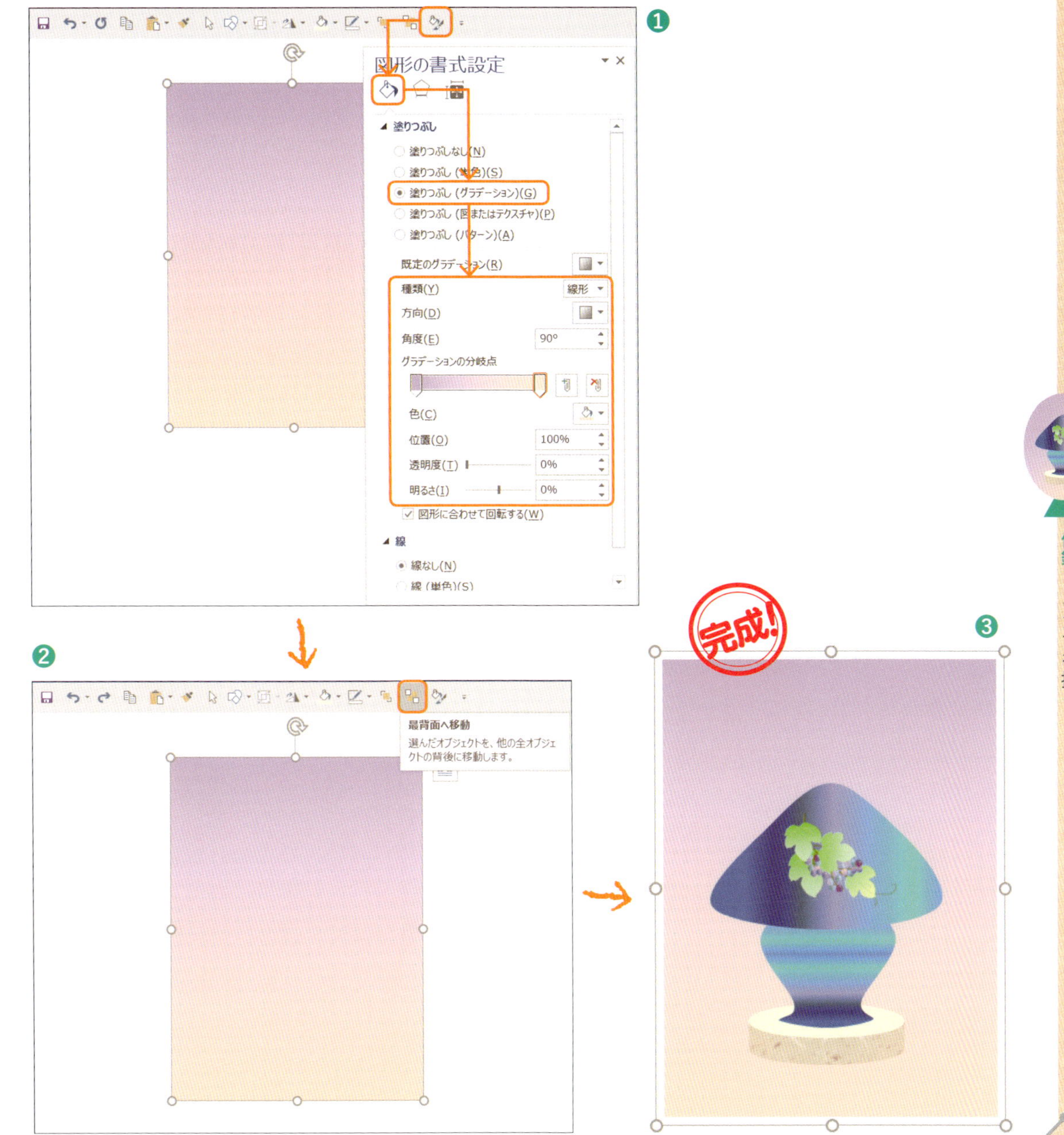

付録8

クリスマスローズを描く

1つの図形を描いて、葉と花に変化させるのがポイントです。パーツを効率良く使ってかんたんに描くことができます。

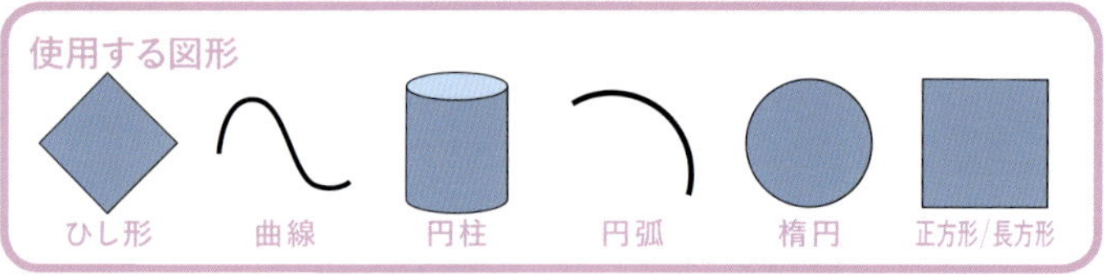

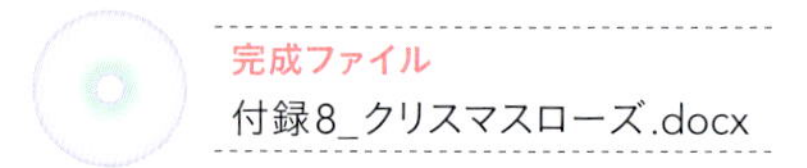

Step 1 • 葉を描く

❶[図形の作成] →[ひし形] を選び図形を描きます。
❷図形の左右の頂点をスムージングして変形します(P.120手順❸を参照)。
❸葉に色の設定をします。
❹[図形の作成] →[曲線] を選び、葉の上で葉脈を描いて色を塗ります。
❺葉脈と葉を[オブジェクトのグループ化] します。
❻複製して葉を6枚にし、5枚を輪に並べて[オブジェクトのグループ化] をします。残りの1枚は、Step2 手順❶で使います。
❼[図形の作成] →[曲線] を選び、茎を描きます。
❽茎に色の設定をします。
❾葉と茎を[オブジェクトのグループ化] します。

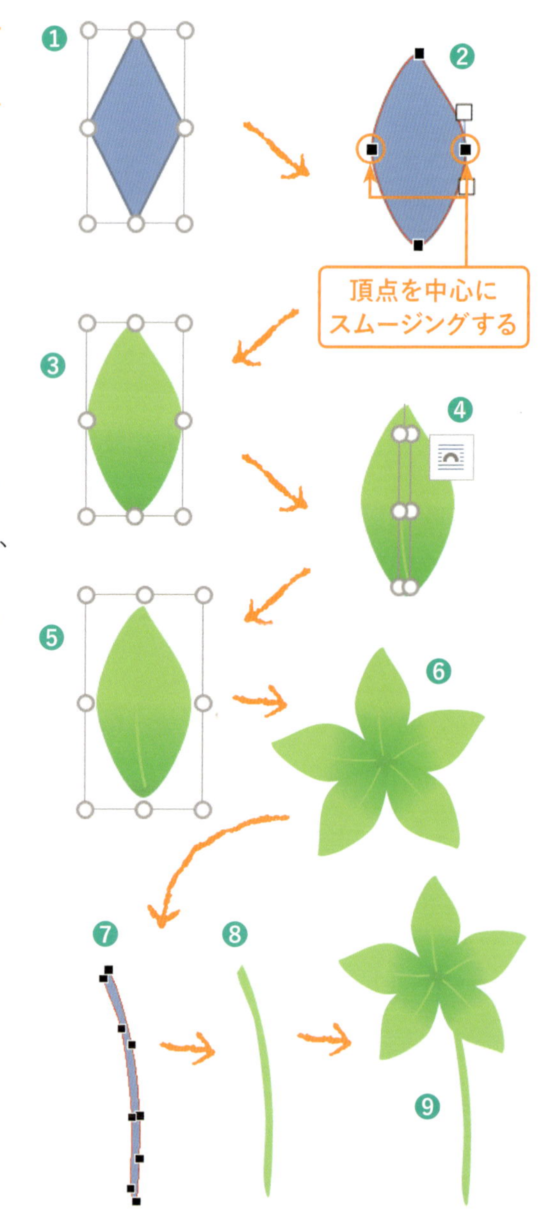

葉の色: グラデーション	[分岐点1/2]標準の色→薄い緑 [分岐点2/2]標準の色→緑
種類	線形
方向	下方向
枠線	線なし
位置	[分岐点1/2]0% [分岐点2/2]100%

葉脈の色	標準の色→薄い緑

茎の色	標準の色→薄い緑
枠線	線なし

Step 2 • ガク（花に見える部分）を描く

❶Step1手順❻で描いた残りの葉のグループ化を解除して、葉脈は外します。
❷葉の左右の頂点をドラッグして、幅を広げます。
❸図形の色と線の色を塗り替えます。
❹複製して葉を5枚にして輪に並べ、[オブジェクトのグループ化]をします。

ガクの色：グラデーション	[分岐点1/2] その他の色→ユーザー設定→RGB：255 255 153
	[分岐点2/2] その他の色→ユーザー設定→RGB：204 255 204
種類	線形
方向	下方向
枠線	線なし
位置	[分岐点1/2] 50％
	[分岐点2/2] 100％

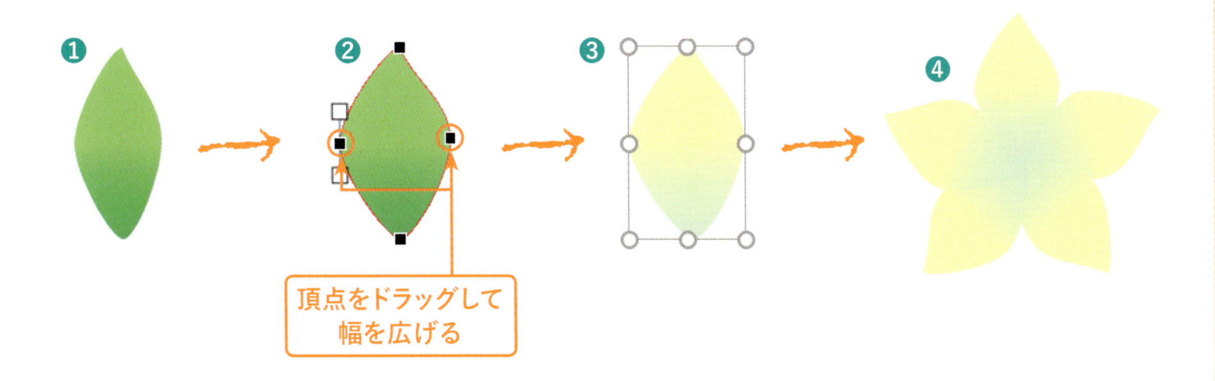

Step 3 • 花を描く

❶[図形の作成]→[円柱]を選び、小さく図形を描いて色を塗ります。
❷複製して5つにし、図を参考にしながら、おおよそ90度の範囲に5つの図形を重ね、[オブジェクトのグループ化]をします。
❸複製して4つにし、輪に並べます。
❹輪を[オブジェクトのグループ化]します。

花の色：グラデーション	[分岐点1/2] その他の色→ユーザー設定→RGB：128 0 0
	[分岐点2/2] その他の色→ユーザー設定→RGB：255 255 153
種類	線形
方向	下方向
位置	[分岐点1/2] 0％
	[分岐点2/2] 100％
枠線	その他の色の線→ユーザー設定→RGB：255 255 153

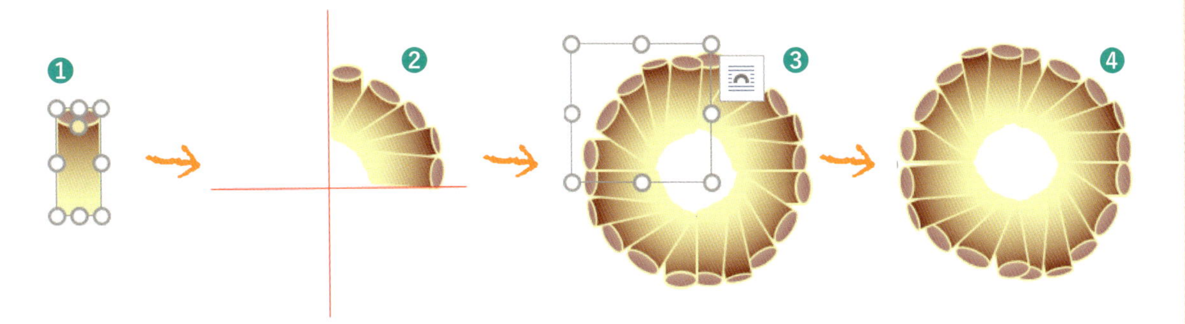

Step 4 • シベを描く

❶［図形の作成］→［円弧］を選び、線を描いて色を塗ります。
❷［図形の作成］→［楕円］を選び、小さい円を描いて色を塗ります。
❸円弧を13本ほど複製し、輪に並べます。適宜、長さや向きを変えて変化をつけましょう。
❹小さい楕円を複製して円弧の先端に付け、［オブジェクトのグループ化］をします。
❺［図形の作成］→［楕円］を選び、図形を描いてパターンの色を塗ります。
❻シベの輪の上に楕円を重ねて［オブジェクトのグループ化］をします。

❶ 円弧	その他の色の線→ユーザー設定→RGB：153 204 0
❷ 楕円（小）	
色	標準の色→黄
枠線	その他の色の線→ユーザー設定：RGB 153 204 0
❺ 楕円（大）	
塗りつぶし（パターン）	前景：その他の色の線→ユーザー設定→RGB：153 204 0
	背景：テーマの色→白、背景1
	パターン：紙ふぶき（大）
枠線	その他の色の線→ユーザー設定→RGB：153 204 0

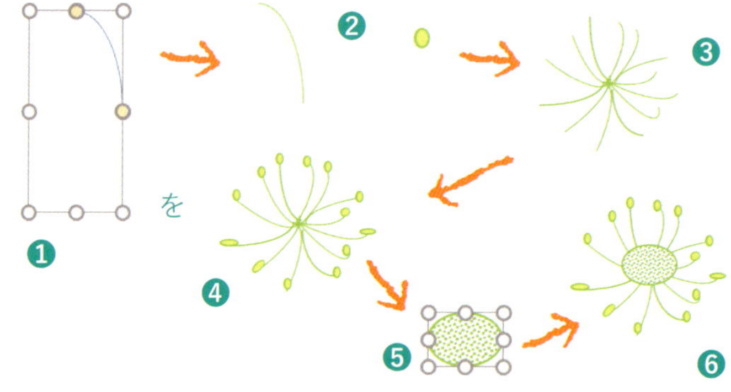

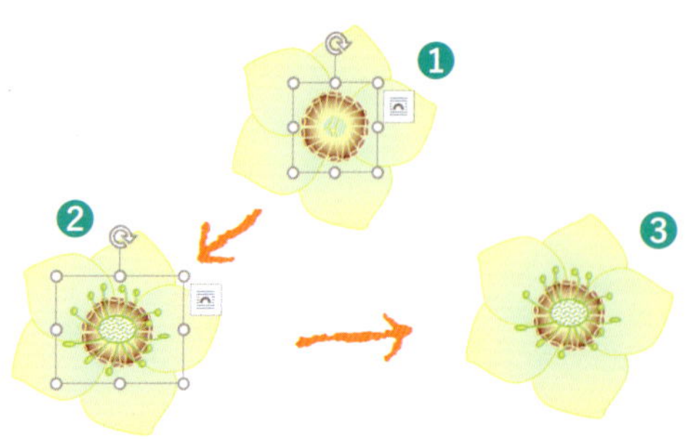

Step 5 • 花を仕上げる

❶黄色のガクの中心へ、茶色の花を重ねます。
❷シベを［最前面へ移動］して重ねます。
❸すべてを［オブジェクトのグループ化］します。各パーツの大きさは図を参考にしてください。

Step 6 • つぼみを描く

❶［図形の作成］→［楕円］を選び、小さい楕円を3つ描いて重ねます。
❷3つの楕円を［オブジェクトのグループ化］して色の設定をします。
❸**Step1**手順❾で描いた葉を複製し、グループ化を解除して茎を外します。
❹葉をつぼみの背面へ移動します。
❺葉は右へ少し回転させてから縮小します。
❻つぼみも少しだけ向きを変えます。
❼外した茎を［最背面へ移動］して［オブジェクトのグループ化］をします。

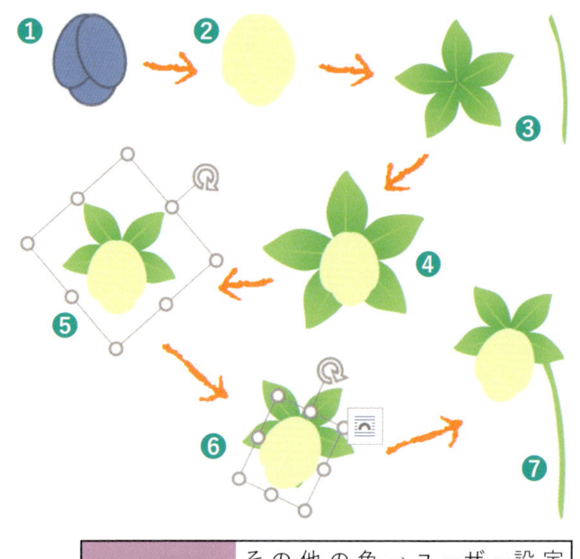

つぼみの色	その他の色→ユーザー設定→RGB：255 255 153
枠線	その他の線の色→ユーザー設定→RGB：250 250 168

Step 7 • 葉と花をまとめる

❶中央に1つ、大きめの葉を配置します。
❷葉を複製してサイズや向きを変え、大きい葉の周りに配置します。背を高くするには、一度グループ化を解除して茎を長くします。
❸つぼみと花を重ねます。
❹すべてを[オブジェクトのグループ化] します。花が完成しました。

Step 8 • 背景と雪を描く

❶[図形の作成] →[正方形/長方形] を選び、横長の四角を描いて色の設定をします。
❷四角を[最背面へ移動] し、Step7の完成図を重ねます。
❸[図形の作成] →[楕円] を選び、小さい円を描いて色の設定をします。
❹小さい円にぼかしの設定をします(P.188のStep6手順❸参照)。これが雪になります。
❺花の上に雪を複製して配置し、[オブジェクトのグループ化] をします。クリスマスローズの絵が完成しました。

❸ 小さい楕円	
色	テーマの色→白、背景1
枠線	線なし
❹ 効果	ぼかし→2.5pt

背景:グラデーション	[分岐点1/2] その他の色→ユーザー設定→RGB:139 193 103
	[分岐点2/2] テーマの色→白、背景1
種類	放射
方向	中央から
枠線	線なし
位置	[分岐点1/2] 0%
	[分岐点2/2] 100%

著者プロフィール

高倉　幸江（たかくら　ゆきえ）

東京都生まれ。
パソコンとの出会いは1993年。2001年末に「シニア情報生活アドバイザー」の資格を得て、2002年から老人ホームのパソコンボランティアとして活動を始める。ボランティアを続けているうち、キーボードを使うのが難しいシニアにでも描けるWordのお絵かきを思いつく。それ以降いろいろな方のご支援により、シェイプアート（Wordで描くお絵かき）をシニアの講習会などでご紹介する活動をしている。2009年『Wordでできる大人のお絵かき』（Word2007対応・学習研究社刊）の本を出版。

ホームページ
「ゆめパレット」http://yumepalette.com

装丁・本文デザイン…NILSON（望月 昭秀、木村 由香利）
DTP ……………………酒徳 葉子（技術評論社制作業務部）
編集……………………小林 未来

絵心（えごころ）がなくてもできる Word（ワード）で素敵（すてき）なお絵描（えか）き

2016年10月25日　初版第1刷発行

著者　高倉（たかくら） 幸江（ゆきえ）
発行者　片岡　巌
発行所　株式会社技術評論社
東京都新宿区市谷左内町21-13
電話　03-3513-6150　販売促進部
03-3513-6160　書籍編集部
印刷／製本　共同印刷株式会社

定価はカバーに表示してあります。

造本には細心の注意を払っておりますが、万一、乱丁（ページの乱れ）や落丁（ページの抜け）がございましたら、小社販売促進部までお送りください。送料小社負担にてお取り替えいたします。

ISBN978-4-7741-8365-7 C3055
Printed in Japan

■お問い合わせについて

本書に関するご質問については、本書に記載されている内容に関するもののみとさせていただきます。本書の内容と関係のないご質問につきましては、一切お答えできませんので、あらかじめご了承ください。また、電話でのご質問は受け付けておりませんので、必ずFAXか書面にて下記までお送りください。
なお、ご質問の際には、必ず以下の項目を明記していただきますようお願いいたします。

①お名前
②返信先の住所またはFAX番号
③書名
（絵心がなくてもできるWordで素敵なお絵描き）
④本書の該当ページ
⑤ご使用のOSとWordのバージョン
⑥ご質問内容

なお、お送りいただいたご質問には、できる限り迅速にお答えできるよう努力いたしておりますが、場合によってはお答えするまでに時間がかかることがあります。また、回答の期日をご指定なさっても、ご希望にお応えできるとは限りません。あらかじめご了承くださいますよう、お願いいたします。ご質問の際に記載いただきました個人情報は、回答後速やかに破棄させていただきます。

■お問い合わせ先

〒162-0846
東京都新宿区市谷左内町21-13
株式会社技術評論社　書籍編集部
「絵心がなくてもできるWordで素敵なお絵描き」
質問係

FAX番号 03-3513-6167
本書サポートサイト
http://gihyo.jp/book/2016/978-4-7741-8365-7

本書付属CD-ROMは、図書館およびそれに準ずる施設において、館外に貸し出すことはできません。